# AutoCAD 2019 中文版 计算机辅助绘图全攻略

李永民 主编
纪克玲 王承军 杨华雪 副主编

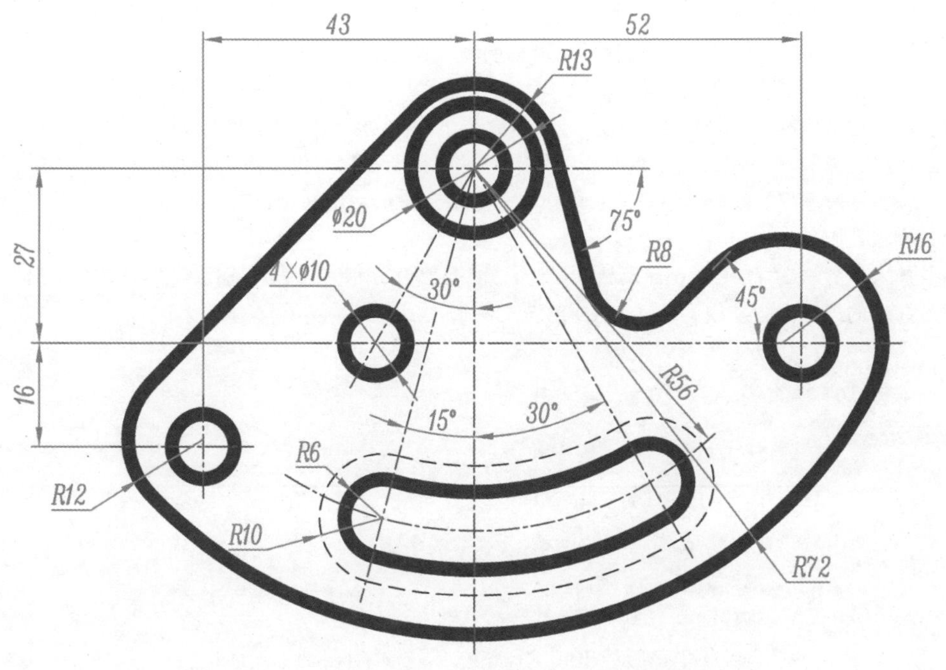

人民邮电出版社
北京

**图书在版编目（CIP）数据**

AutoCAD 2019中文版计算机辅助绘图全攻略 / 李永民主编. -- 北京 : 人民邮电出版社, 2019.4
ISBN 978-7-115-50537-8

Ⅰ. ①A… Ⅱ. ①李… Ⅲ. ①AutoCAD软件 Ⅳ. ①TP391.72

中国版本图书馆CIP数据核字(2018)第298993号

## 内 容 提 要

知识结构新潮与实用相结合、快速入门与阶段成就相结合、知识搭载与趣味美感相结合，是本书的主要特点。

本书第 1 章介绍了 AutoCAD 的基本概况，阐述了正向、逆向设计等新潮知识，传授学习绘图软件的方法。第 2 章在内容设置上前半部分简单明晰，便于快速入门，后半部分进一步完善入门知识体系。第 3 章介绍了图形的绘制和编辑。第 4 章是在第 2 章、第 3 章基础上的进阶提高，讲述夹点编辑、快捷键操作和绘图技巧等内容。第 5 章介绍了块的创建和尺寸标注。第 6 章介绍了模板的定制方法。第 7 章和第 8 章设置了绘图闯关环节，目的在于强化知识体系，帮助读者巩固所学绘图知识，提高学习兴趣和阶段成就感。第 9 章介绍了多格式图形输出知识，便于 AutoCAD 图形打印输出或为其他软件服务。

本书融入作者近 30 年工程设计及教学经验，知识结构清晰、新颖，案例选材独具匠心，是作者团队倾力打造的一本高效实用的 AutoCAD 绘图类图书。

◆ 主　　编　李永民
副 主 编　纪克玲　王承军　杨华雪
责任编辑　李永涛
责任印制　马振武

◆ 人民邮电出版社出版发行　　北京市丰台区成寿寺路 11 号
邮编　100164　　电子邮件　315@ptpress.com.cn
网址　http://www.ptpress.com.cn
北京瑞禾彩色印刷有限公司印刷

◆ 开本：787×1092　1/16
印张：15
字数：355 千字　　2019 年 4 月第 1 版
印数：1 – 2 800 册　　2019 年 4 月河北第 1 次印刷

定价：79.80 元

**读者服务热线：(010) 81055410　印装质量热线：(010) 81055316**
**反盗版热线：(010) 81055315**
**广告经营许可证：京东工商广登字 20170147 号**

# 前言

将有益的专业、学科、技能知识声色并茂地展现出来，是本书追求的目标。

作者自2004年起致力于富媒体教材的开发和研究，梦想使教材形式变得丰富，使读者阅读和学习变得更快乐、更容易。十几年来，我们做了很多数字媒体教材开发的尝试，积累了很多资料和经验。大部分读者还有阅读纸质图书的习惯，数字媒体教材的普及和推广暂时受到限制。鉴于这种情况，作者决定编写一套“彩印图解图书”，将丰富的多媒体元素嫁接到纸质教材中，使读者的阅读学习过程就像看童话书一样容易。

作者顺应读者阅读纸质图书的习惯，将版式及美工设计、图解图像、操作视频、知识点提示、阅读指引等多媒体属性赋予图书，将难题分解、简化，将抽象知识形象化、理性知识实践化、知识体系真实化。我们致力于强化知识、载体、受众三者之间的亲和力，着力解决主流教材过分追求详尽和严谨，忽略了学生的接受能力和学习效率，内容单调呆板的问题，以及智慧校园、智能教室等发达的数字媒体教学手段内容匮乏等问题。

本书并没有采用AutoCAD说明书式的写作方式，而是根据作者多年的教学经验，总结各种层次学员的学习特点，将“快速入门、循序渐进、培养兴趣与阶段成就感”的教学理念融入教材，知识结构清晰新颖，案例选材独具匠心。

本书在知识结构和表现形式上有以下特点。

- 图解视图大量替代文字，配备教学视频，使读者像看电影一样喜闻乐见，像读童话书一样容易明白。
- 案例选材注重知识搭载与趣味美感相结合，寓教于乐。知识结构上力求快速入门、由浅入深、循序渐进、引人入胜，倡导轻松快乐的学习。
- 本书在知识结构和案例选材上，注重实际和实践，力求真实和直观，和生产实际吻合。作者将近30年工程设计绘图经验倾囊相授，为学员学会工程制图，达到专业绘图水准打下基础。

感谢您选择本书，希望我们的努力能给您带来帮助，欢迎交流探讨相关知识内容，恳请您留下宝贵的意见。

我们的联系邮箱：liyongtao@ptpress.com.cn（责任编辑）；289140352@qq.com（作者）。

作　者

2018年12月

# 目录

## 1 认识AutoCAD 2019

# 2 AutoCAD入门要领

# 3 图形的绘制和编辑

## 5 创建块与尺寸标注

# 7 趣味绘图大闯关

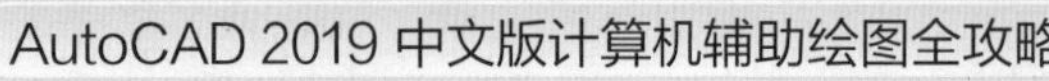

# 9 图形的打印输出

1

# 第1章 认识AutoCAD 2019

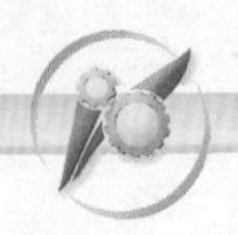



AutoCAD（Autodesk Computer Aided Design）是 Autodesk（欧特克）公司于1982 年开发的计算机辅助设计软件，用于二维绘图、详细绘制、设计文档和基本三维设计，现已经成为国际上广为流行的绘图工具。它在机械、建筑、电气工程、化工、广告、模具、电子和服装设计等行业应用得较为广泛。AutoCAD 2019 是目前 AutoCAD 的最新版本，集 Autodesk 公司多年研究之大成，其操作更加方便、性能更加优越、功能更加强化，其应用也将更加广泛。

# 第一节　计算机辅助设计

## 一、了解 AutoCAD 2019

### 1. 启动 AutoCAD 2019

（1）通过桌面快捷方式启动

（2）通过“开始”菜单启动 ①

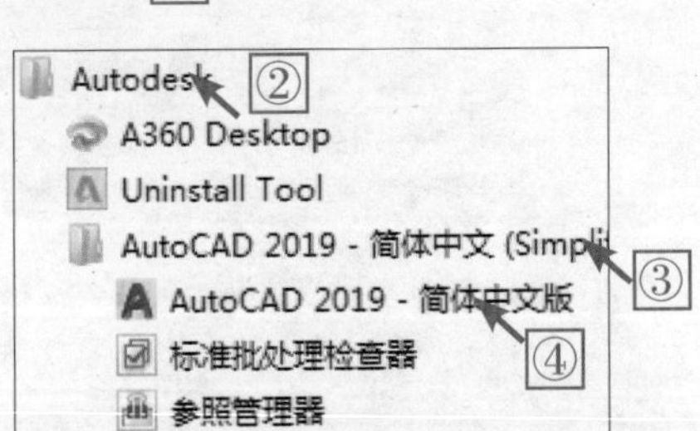


（3）通过双击与 AutoCAD 2019 相关联的文件启动

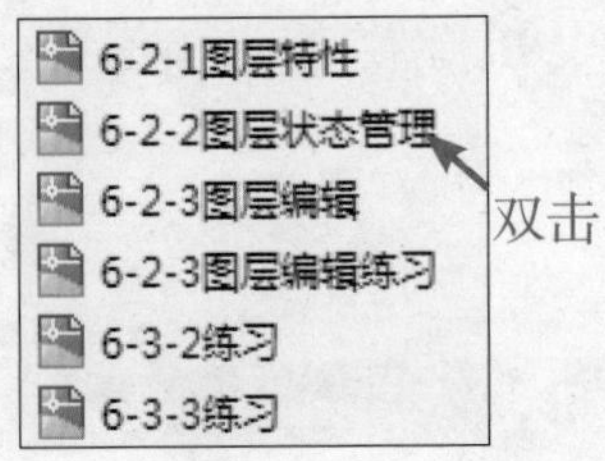


### 2. AutoCAD 2019 的工作界面

◆ AutoCAD 2019 的开始界面如下图所示。

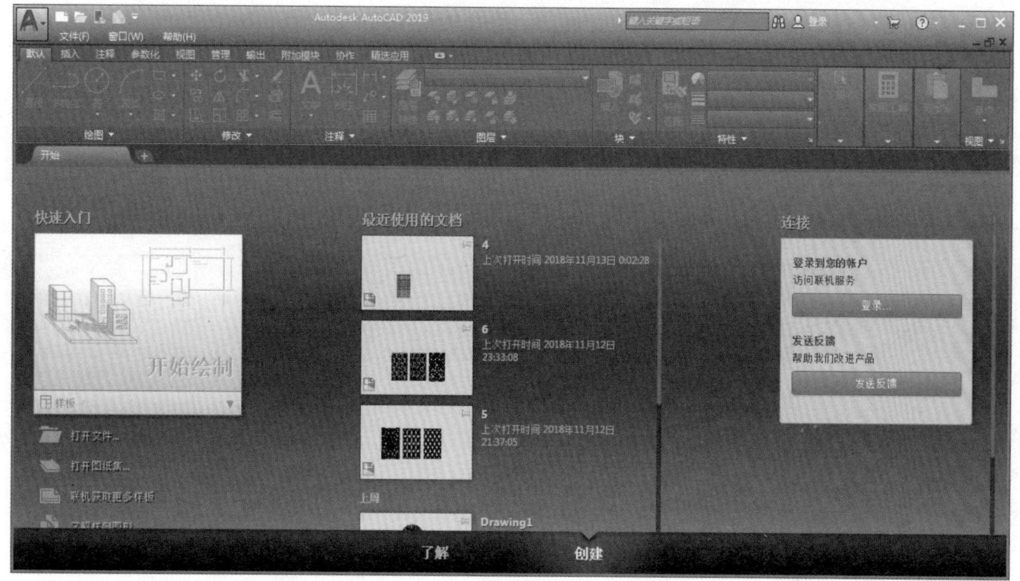

开始界面

◆ AutoCAD 2019 的操作界面如下图所示。

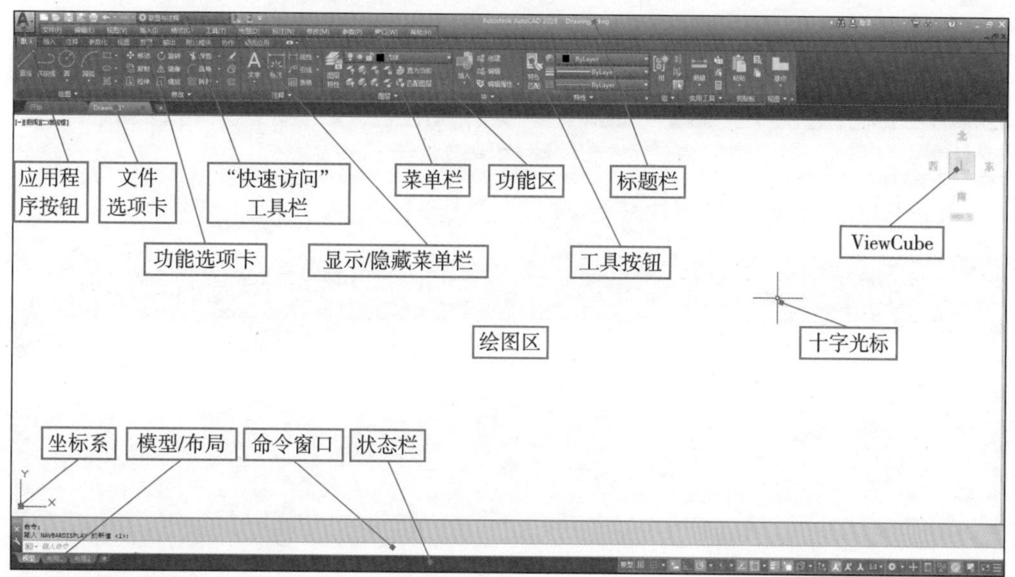

操作界面

## 3. AutoCAD 简介

AutoCAD 从最早的 V1.0 版发展到现在的 2019 版，经过了数十次的改版，现在的 AutoCAD 功能强大，界面美观，而且更易于用户的操作。AutoCAD 2008 之前版本界面没有本质变化，但 Autodesk 公司对 AutocAD 2009 的界面做了很大调整，由原来工具条和菜单栏的结构变成了菜单栏和选项卡的结构。从 AutoCAD 2010 开始加入了参数化功能。AutoCAD 2013 增加了 Autodesk 360 和 BIM 360 功能，AutoCAD 2014 增加了从三维转换二维图的功能，AutoCAD 2016 增加了智能标注功能。随着 AutoCAD 的发展，性能日趋稳定，功能日趋强大，AutoCAD 已经成为计算机辅助绘图中使用最广泛的软件之一。

AutoCAD 2019 的默认界面如下图所示。

默认界面

AutoCAD 2019 的经典界面如下图所示。

经典界面

### 4. AutoCAD 的基本功能

AutoCAD 具有广泛的适用性，具有以下基本功能。

（1）绘制机械工程图、建筑工程图

AutoCAD 能快速创建和编辑图形，并可以标注和定制样式，加之绘图的准确性无与伦比，所以被全球工程领域确定为工程制图的首选软件。

（2）绘制几何图形、概念模型、地图、导向图等平面图形

AutoCAD 绘图非常准确快捷，图形元素之间垂直、平行等关系很容易准确确定，更有轴测图功能，可以精确表达立体结构。

（3）创建和渲染三维效果图

AutoCAD 可以精确创建 3D 实体及表面模型，可以运用光源、材质和雾化，将模型渲染为具有真实感的图像。

## 二、了解计算机辅助设计的基本知识

### 1. 计算机辅助设计的概念

利用计算机及其图形设备帮助设计人员进行设计工作，简称 CAD（Computer Aided Design）。在工程和产品设计中，计算机可以帮助设计人员担负计算、存储信息和制图等工作。

20 世纪 50 年代在美国诞生第一台计算机绘图系统，开始出现具有简单绘图输出功能的被动式的计算机辅助设计技术，现在，CAD 技术在建筑设计、电工电子、科学研究、机械设计、软件开发、工业机器人、服装加工、出版印刷、工厂自动化、土木工程、地质勘探、文体艺术等各个领域得到了广泛应用。

### 2. 计算机辅助设计类软件

其他计算机辅助设计类软件简要介绍如下。

（1）UG

Unigraphics NX，简称 UG，由 Siemens（西门子）PLM Software 公司出品，用于产品造型，对产品设计和工艺设计提供虚拟验证的解决方案。

（2）Inventor

Inventor 是 Autodesk 公司出品的一套全面的设计工具，用于创建和验证完整的数字样机，减少物理样机投入，加速概念设计到产品制造的整个流程。

（3）Fusion 360

Fusion 360 是 Autodesk 公司新近出品的一款三维可视化 CAD 软件，采用较先进

的直接建模技术、T 样条建模技术、基于联结的装配技术、自顶向下的参数化建模技术、云端数据管理等，是非常先进的 CAD 软件。

（4）SolidWorks

SolidWorks 是达索系统旗下 SolidWorks 公司出品的一款三维机械设计软件。SolidWorks 软件是世界上第一个基于 Windows 开发的三维 CAD 系统，最先使用了 Windows OLE 技术、直观式设计技术。

（5）Creo

Creo 是美国 PTC 公司于 2010 年推出的 CAD 设计软件包，整合了 PTC 公司的三个软件，Pro/ENGINEER 的参数化技术、CoCreate 的直接建模技术和 ProductView 的三维可视化技术。

（6）CATIA

CATIA 是法国达索公司的产品，主要用于产品的风格和外型设计、机械设计、设备与系统工程、管理数字样机、机械加工、分析和模拟制造。

（7）Revit

Revit 是 Autodesk 公司出品的一款建筑三维可视化设计软件，可帮助建筑设计师设计质量更好、能效更高的建筑。

### 3. 正向设计与逆向设计

（1）正向设计

早期的设计师在设计产品时，先从概念设计开始（构思概念草图），手工（或 CAD）绘制图纸，反复试制样机，待产品定型后，再重新绘制工程图纸，作为制造检验的技术依据。

近代设计师可利用计算机辅助设计和绘图，也可利用三维软件进行建模和数控制造。但从概念草图到设计图纸，再到产品试制定型，修改定型图纸，最后批量生产，这种设计流程不变。

以上两种传统的设计流程，我们称为正向设计。

（2）逆向设计

现代设计师利用高端 CAD 软件（如 Inventor、UG 等），通过建模、装配、机构原理仿真、物理力学性能数据采集和修正，可进行数据采集、数据处理、模型重构，产品试制过程很大程度上在计算机上完成，可大幅度节约成本和缩短设计周期。最后在数字模型的基础上，生成工程图纸。区别于传统正向设计，我们称之为逆向设计。

（3）正向、逆向设计的流程

正向设计的流程：概念设计→概念草图→样机试制→定型图纸→批量生产。

逆向设计的流程：数字样机→机构原理仿真→计算机物理、力学性能计算→数据采集、数据处理、模型重构→计算机生成工程图纸→批量生产。

# 第二节　绘图软件的学习方法

## 一、正确学习绘图软件

### 1. 快速入门

本书汇集了编者 30 多年 CAD 设计经验，总结了 AutoCAD 入门的 5 大要领，掌握这 5 大要领，可在一天（6 个课时）之内入门 AutoCAD 软件，学会基本绘图。

**入门 AutoCAD 软件的 5 大要领**

①鼠标的使用；②选择的常用三种方法；③坐标；④精确绘图；⑤快速绘图

### 2. 任务驱动

本书主张基本入门后就开始绘图，积累够用的操作经验后，带着疑问再继续学习。

本书精心汇编 24 个基本图形，涵盖了大部分绘图操作要领和技巧。

### 3. 循续渐进

本书主张按照以下步骤，逐渐进阶成为绘图高手。

AutoCAD 进阶的步骤：基本图形绘制→绘制机械（建筑）工程图→绘制机构效果图。

## 二、成为工程绘图高手

### 1. 定制软件

设定符合中国国家标准的图层样式、标注样式、字体样式、打印样式，设定必

要的单位图幅、图块，最后将所有设置汇总集成在样板文件中，新建文件时可直接启动采用，大幅度提高绘图效率。

### 2. 正确使用快捷键

软件操作属人机交互范畴，先进的交互方式有多种，但快捷键操作效率远大于菜单操作。本书建议初学者，快捷键操作和软件学习同步进行，先从软件基本操作、窗口控制、常用绘图和修改命令开始，学会并习惯使用快捷键，直至快捷键操作覆盖软件操作的 90% 以上。

### 3. 了解行业规范

CAD 绘图有基本概念绘图、工程绘图、产品设计 3 个层次，高层次绘图行业规范要求很高，要想成为绘图高手必须掌握足够的专业知识和行业规范，如工程制图国家标准、工程制造与设计专业知识等。

2

# 第2章 AutoCAD入门要领

# 第一节　鼠标的使用和图形元素的选择

## 一、正确使用鼠标左键、右键、中键

### 鼠标左键、右键的作用

◆左键——选择执行，包括中间步骤选择执行。

◆右键——打开快捷菜单或确认结束，包括中间步骤确认结束。可用“回车（Enter）”键和“空格”键代替。

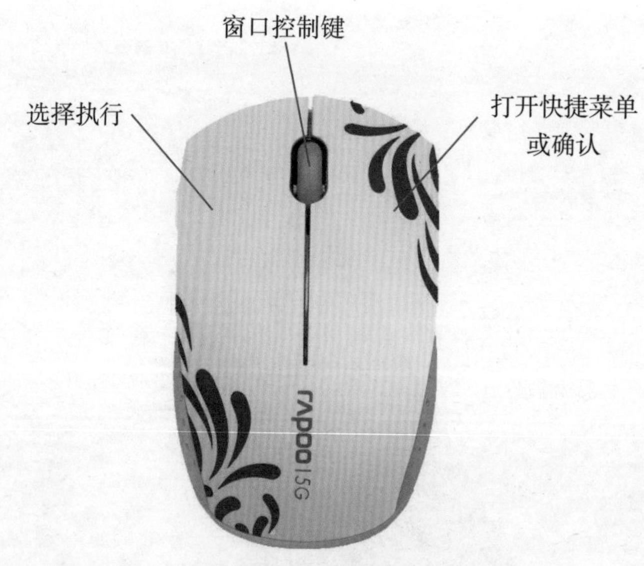


鼠标左键、右键、中键

例 1　画正六边形。

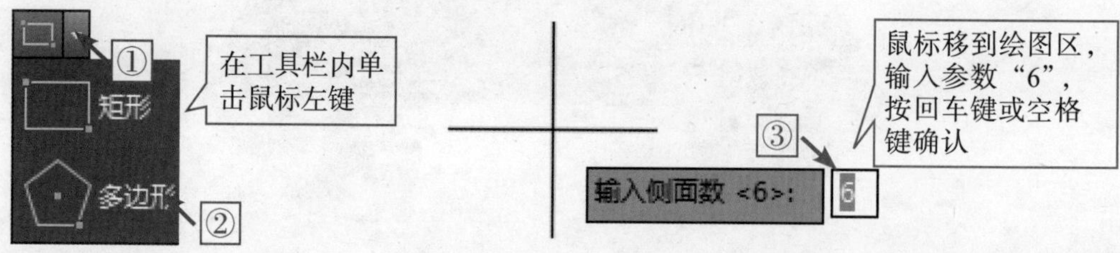

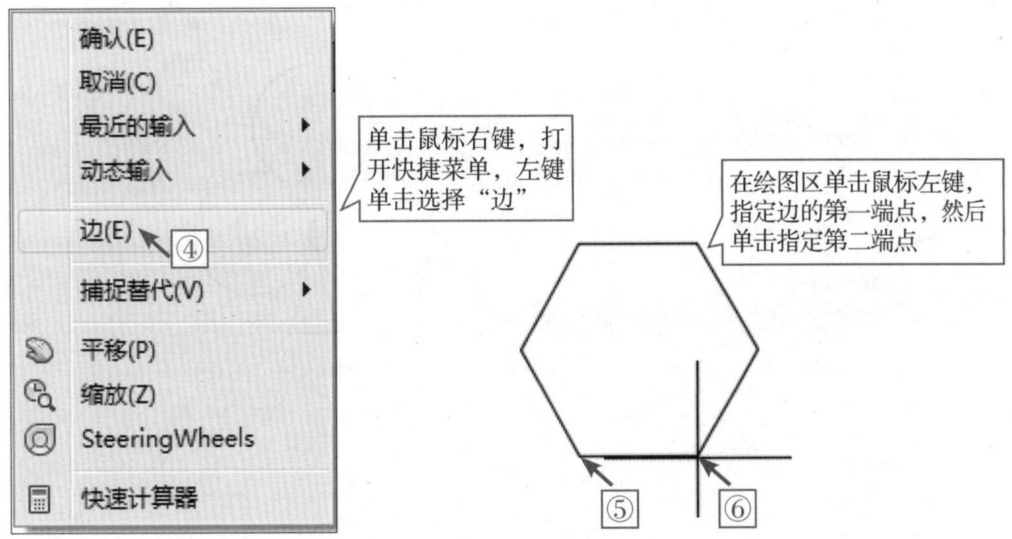


至此，完成正六边形的绘制。

例 2　修剪图线，修剪下面左图，达到下面右图所示的效果。（备注：不指明操作键时，均为左键操作）

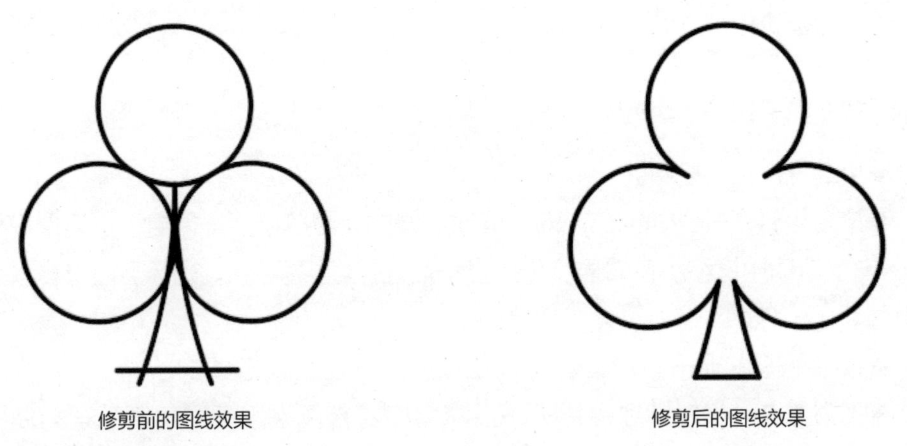

修剪前的图线效果
修剪后的图线效果


打开素材文件。

按回车键或空格键，默认选择全部对象作边界 ②

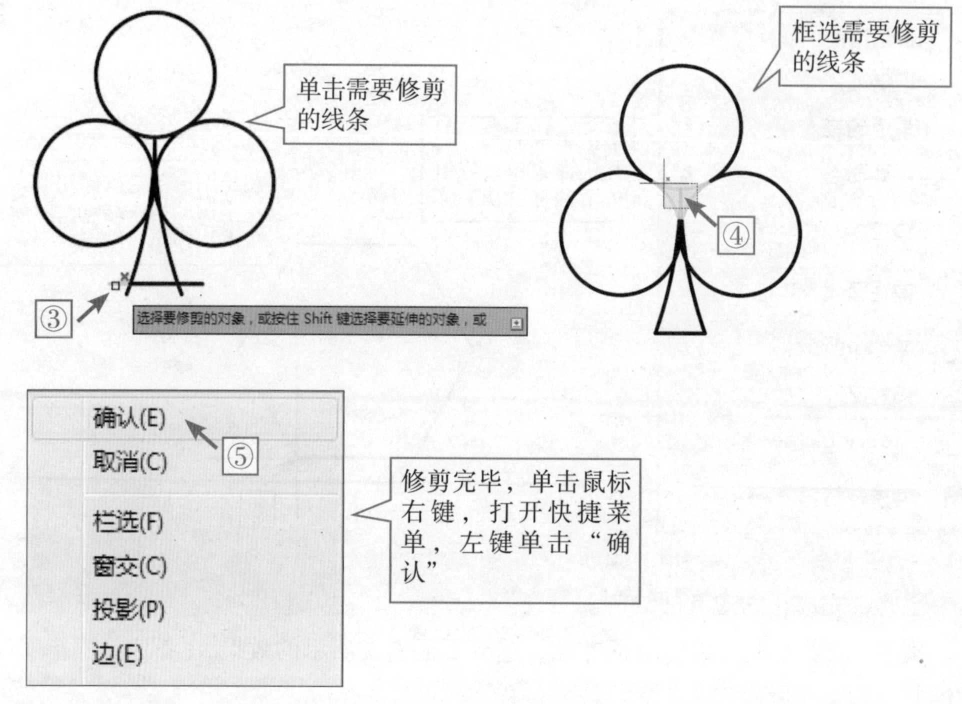


修剪命令执行结束。

**鼠标中键的作用**

◆**中键**——窗口控制键。

◆**滚动中键**——缩放窗口，向上滚动中键放大窗口显示（相当于拉近摄像机镜头）；向下滚动中键缩小窗口显示（相当于推远摄像机镜头）；光标当前位置就是缩放中心。

◆**按下中键拖动**——平移窗口，相当于在同一视角浏览图形。

◆**同时按下 Shift 键和中键**——摇移窗口，方便采用不同角度观察立体图形元素。

◆**双击中键**——全屏显示所有图形元素。

## 二、选择图形元素的方法

### 1. 单击选择

鼠标左键单击图形元素框线上任意位置，选择单个（或单组）图形；选中某个图形后，再单击其他图形，可实现加选。

## 2. 框选

（1）按下鼠标左键，从左向右拖曳划框，完全包括在框内的图形元素被选中，与边框交叉的不被选中。

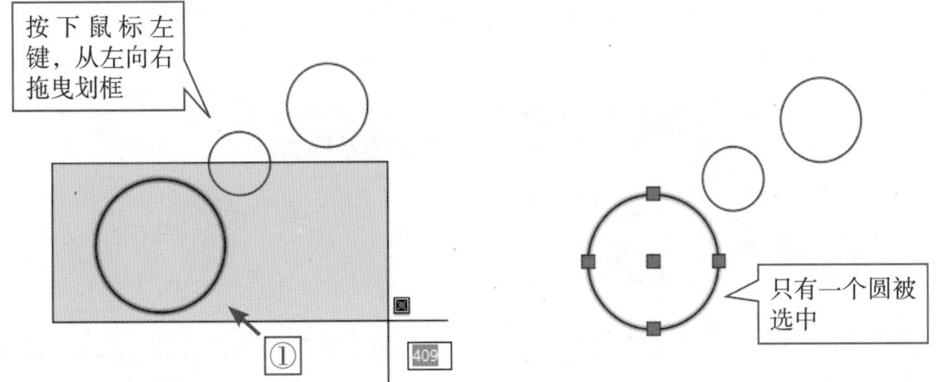


按 Esc 键，取消选择 ②

（2）从右向左划框，框内的图形以及与边框交叉的都被选中。

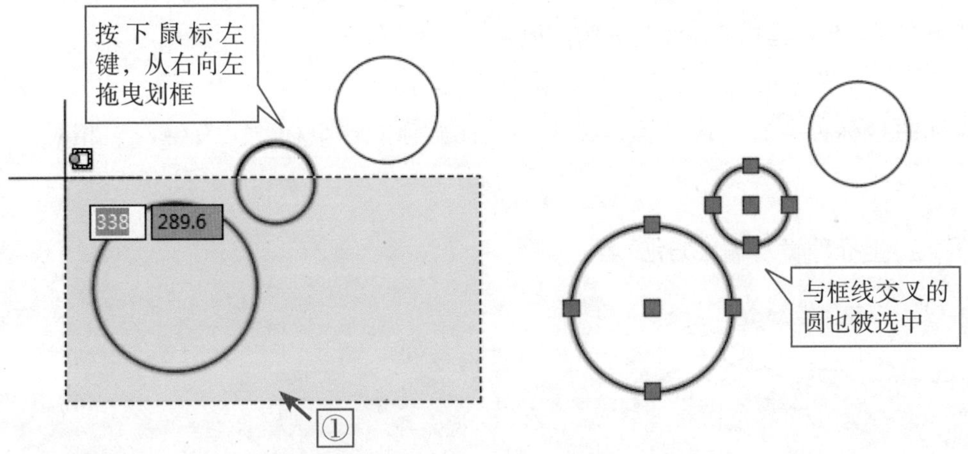


按 Esc 键，取消选择 ②

## 3. 其他选择对象的常用操作

◆ Ctrl+A——全选。

◆按下 Shift 键单击鼠标左键或画框——减选。

◆ Esc 键——取消选择。

◆ P 键——上次选择。

◆在选择对象的提示下，输入一个 Select 命令中所述的有效选择模式。

有效模式包括：窗口（W）、上一个（L）、窗交（C）、长方体（BOX）、全部（ALL）、栏选（F）、圈围（WP）、圈交（CP）、组（G）、添加（A）、删除（D）、多个（M）、上一个（P）、放弃（U）、自动（AV）、单个（SI）、主题（SU）、对象（O）。

# 第二节　坐标系统

## 一、理解坐标的概念

在解析几何中，点的位置用平面坐标系来确定，地理位置用经度、纬度来确定，这就是坐标的应用。

### 1. 坐标的概念

坐标系统是描述物质存在的空间位置的参照系，通过定义特定基准及其参数形式来实现。坐标是描述位置的一组数值。

笛卡儿坐标系统包括直角坐标系统和斜角坐标系统。用于定义 AutoCAD 点坐标的坐标种类有直角坐标、极坐标、柱坐标、球坐标，又有绝对、相对坐标之分。

### 2. 坐标种类及输入方法

（1）直角坐标

输入方法：二维（$X$，$Y$）；三维（$X$，$Y$，$Z$）。

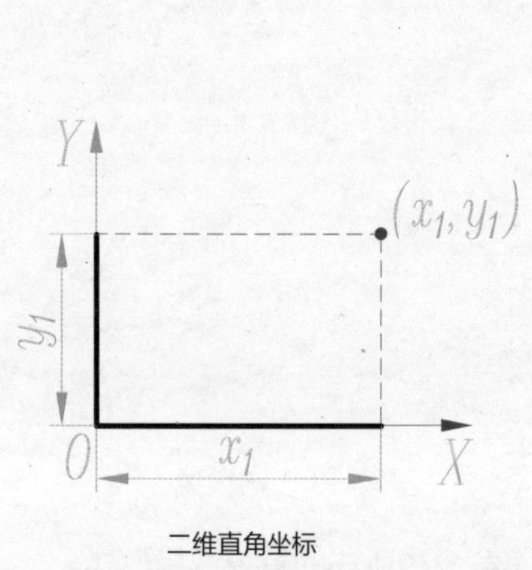


二维直角坐标

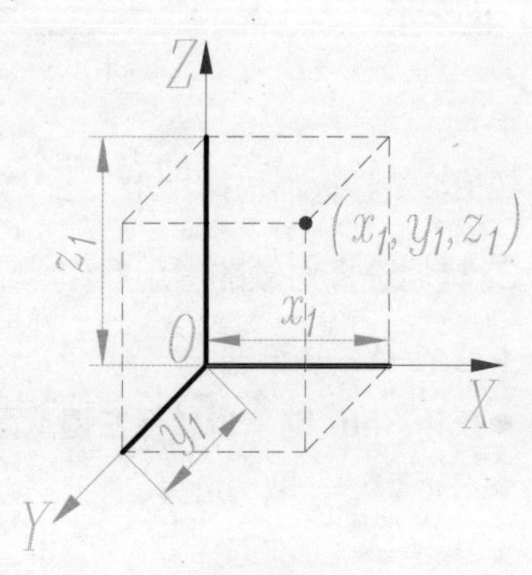


三维直角坐标

（2）极坐标

输入方法：二维（$R<\alpha$）。

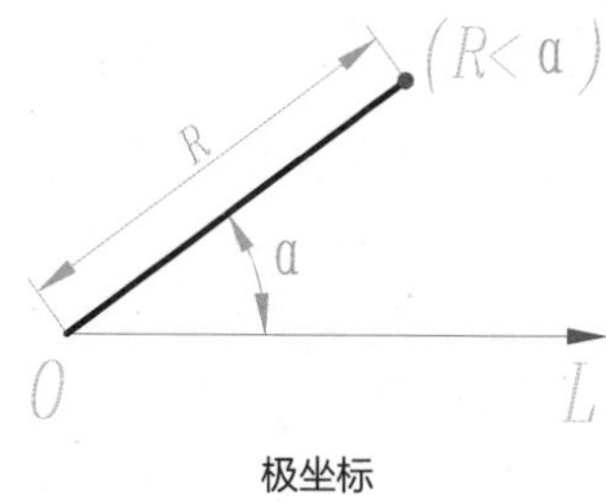


极坐标

（3）柱坐标

输入方法：三维（$R<\alpha$，$H$）。

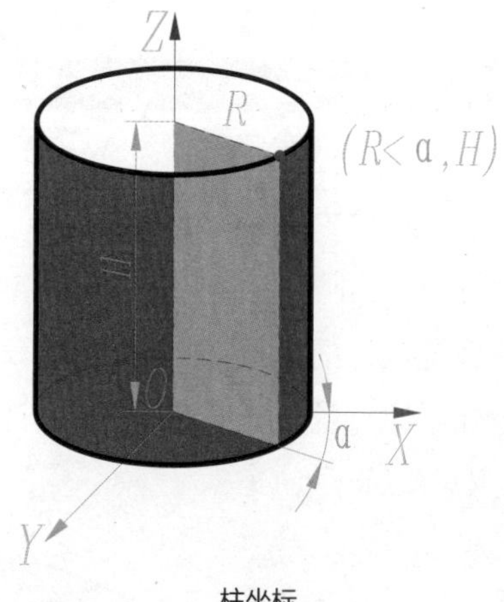


柱坐标

（4）球坐标

输入方法：三维（$R<\alpha<\beta$）。

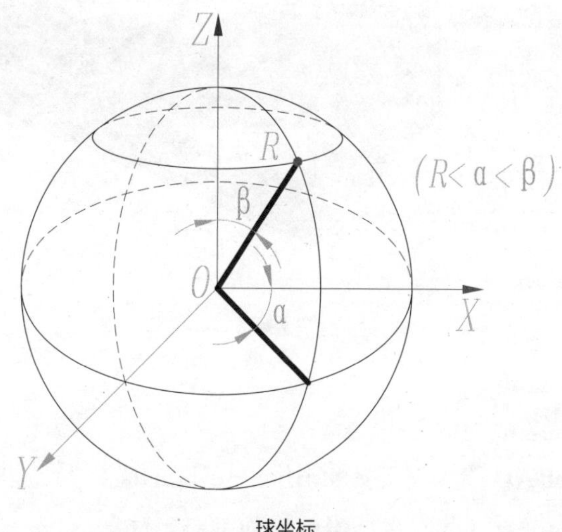


球坐标

## 二、AutoCAD 中点坐标的定义和输入方法

### 1. 世界坐标系与用户坐标系

世界坐标系（WCS）是 AutoCAD 的基本坐标系，也是用于图形变换的起始坐标系，最大尺寸是 $2^{32}$ 单位高，$2^{32}$ 单位长，$2^{32}$ 单位宽。世界坐标系由 3 个互相垂直并相交的坐标轴 *X*、*Y*、*Z* 组成。

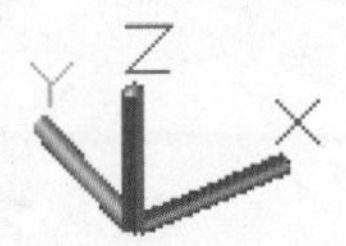

世界坐标系

在屏幕上，*X* 轴正向水平向右，*Y* 轴正向为垂直向上，*Z* 轴正向为垂直屏幕指向操作者，坐标原点在屏幕左下角。世界坐标系是一个固定不变的坐标系，其坐标原点和轴方向都不会改变，是系统默认的坐标系。

用户可根据需要改变坐标系原点的位置和坐标轴的方向（3 个坐标轴仍然互相垂直），改变后的坐标系称为用户坐标系（UCS）。

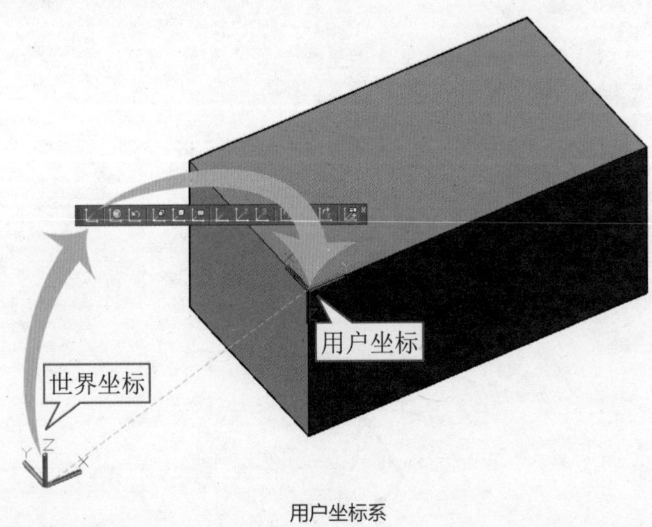


用户坐标系

### 2. 绝对坐标和相对坐标

绝对坐标：AutoCAD 绘图时，始终用同一不变的坐标系（世界坐标系或用户坐标系）定义多个点的位置，此时点的坐标称为绝对坐标。

相对坐标：AutoCAD 绘图时，为方便操作，可定义当前点为坐标原点，省去累计计算的烦琐程序。

**例**　绘制折线，可按绝对坐标和相对坐标方法输入，也可按下面所述操作步骤，执行点坐标输入。

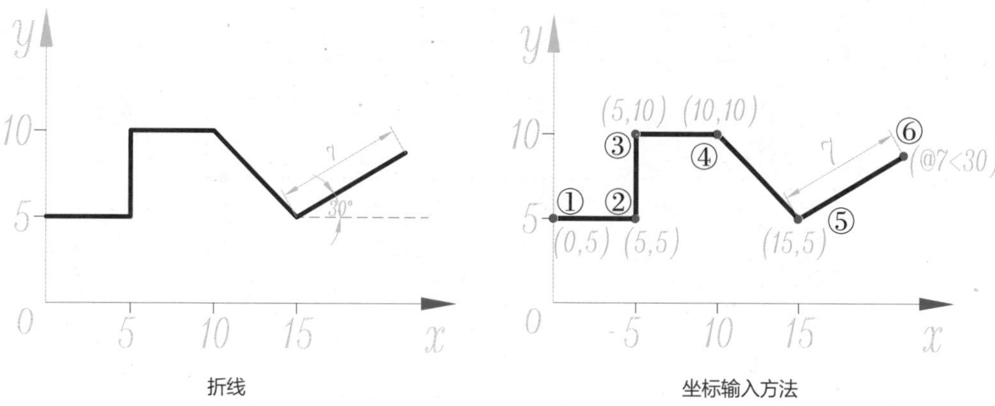


折线　　坐标输入方法

**操作步骤：**（打开捕捉和追踪）

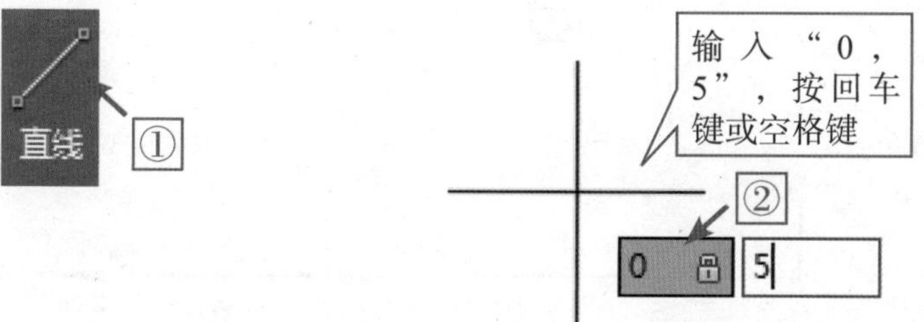


得到下图

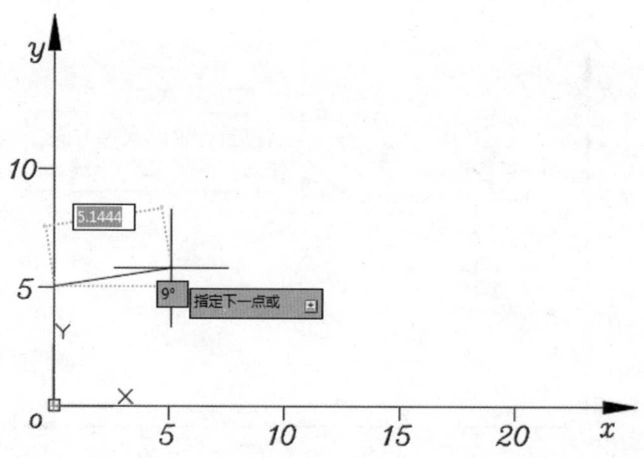

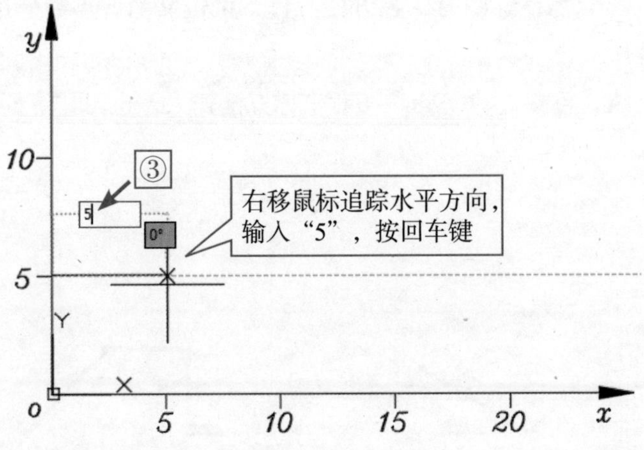

y
10
③
5
0°
右移鼠标追踪水平方向，
输入“5”，按回车键
5
Y
o
5
10
15
20
x


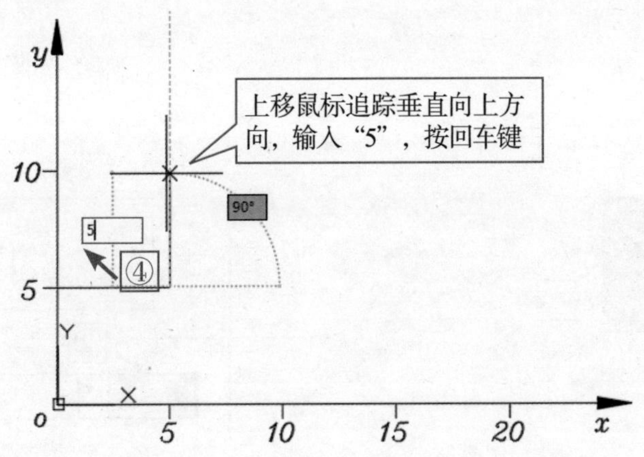

y
上移鼠标追踪垂直向上方
向，输入“5”，按回车键
10
90°
5
④
5
Y
o
5
10
15
20
x


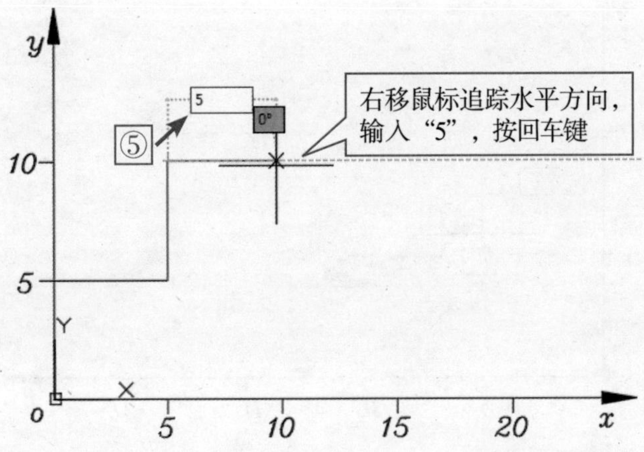

y
5
0°
右移鼠标追踪水平方向，
输入“5”，按回车键
⑤
10
5
Y
o
5
10
15
20
x

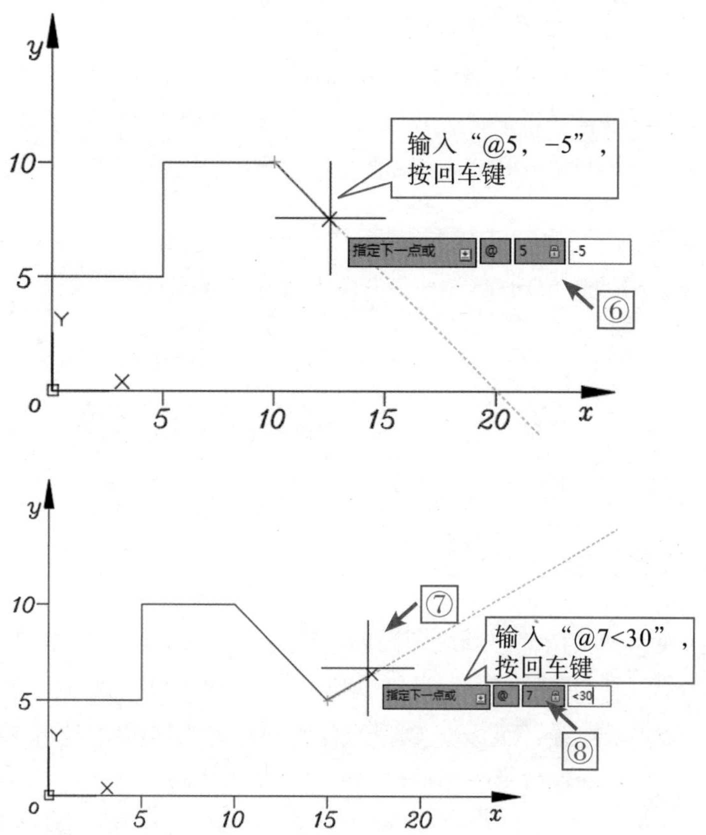


绘制效果如下图所示。

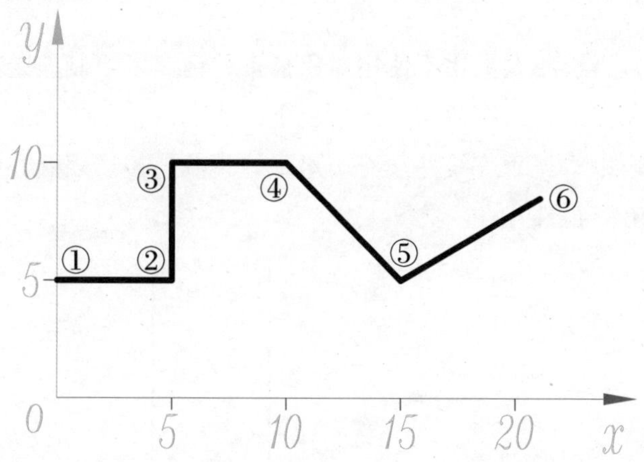


详解：

点①：用绝对坐标（0，5）定义起始点。

点②③④：只输入一个数值，移动鼠标确定方向。这种确定点的位置的方式，我们称之为简化坐标。

点⑤：（@5，5）是相对坐标的输入方法。

点⑥：（@7<30）是相对极坐标的输入方法。

点⑥：也可以这样定义，打开极轴追踪，设置极轴增量角为 30° 。移动鼠标到当前点（点⑤）右上方，极轴追踪 30° 方向，输入 7 后回车键。

可见，简化坐标的输入方法是在相对极坐标的基础上，省略输入“@”“<”“角度值”，鼠标配合极轴追踪精确定位倾斜方向（角度），再简化输入长度（半径）值即可。

# 第三节 捕捉和追踪

## 一、理解捕捉的定义

捕捉实质上就是精准对齐绘图区内的特殊点，从而保证绘图质量。创建每一个对象均有多个可供选取的点，用户可以利用这些点绘制其他对象。创建一个对象时，必须定义一个点或位置，而这些点必须是准确的，否则会影响绘制图形的准确性。

形象一点讲，捕捉就是吸住目标，也可以称为磁吸。

<u>捕捉的要领</u>：在执行命令的过程中，需要定义点的位置时，光标靠近目标点附近，并没有与目标点重合，此时光标被自动吸到目标点上，此时单击鼠标定义点，该点将严格与目标点重合。AutoCAD的捕捉和追踪没有误差，非常精确。

如下图所示，当绘图人员在不使用对象捕捉的情况下绘制一条垂直线，其端点与水平线的端点相接。在未缩放窗口的情况下，两线段看上去是连接的；但是当放大相交的区域，可以看见垂直线并没有与水平线正确连接。因此在绘图中使用对象捕捉是保证绘制出精准图形的必要条件。

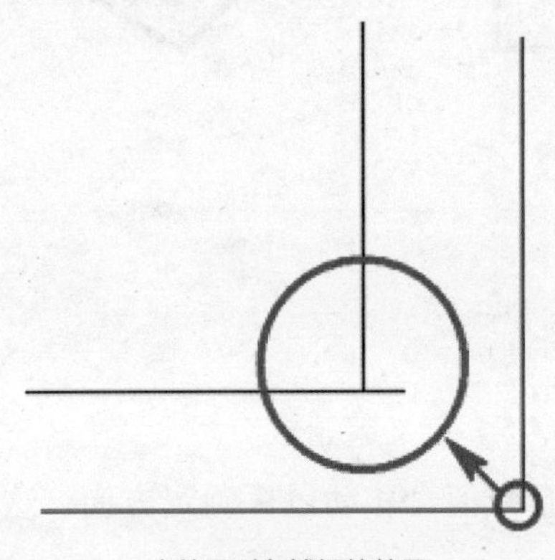

未使用对象捕捉的效果

# 二、认识和理解特征点

在绘图过程中，需要指定点时，选中相应的特征点按钮并打开捕捉开关，将光标移到要捕捉的特征点附近，即可捕捉到所需的点。各特征点标识如下图所示。

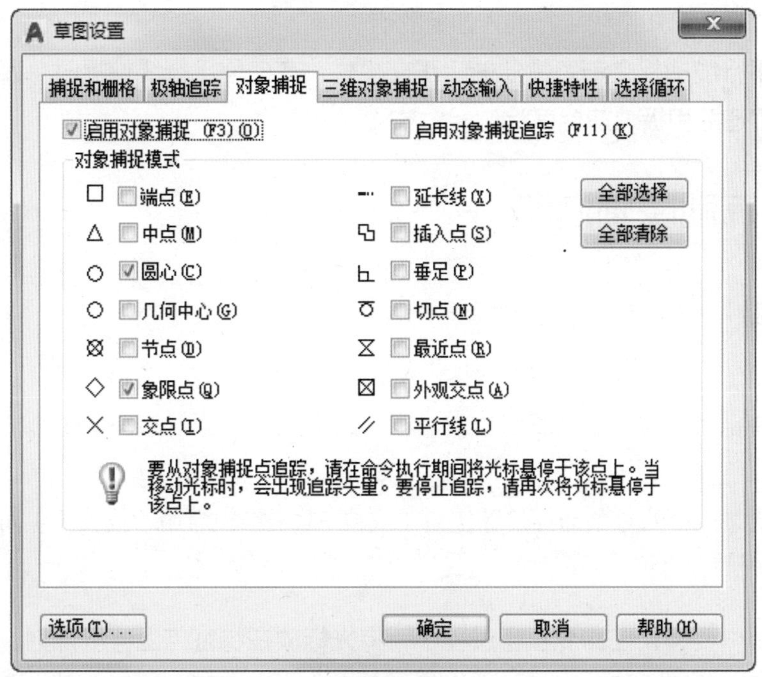


对象捕捉设置

## 对象捕捉目标特征点及其含义

端点：直线、多线、多段线、样条曲线、面域或射线的端点，或实体、三维面的角点。

中点：直线、圆弧、多线、多段线、面域、实体边或样条曲线的中点。

圆心：圆、圆弧、椭圆、椭圆弧等的圆心。

几何中心：规则图形的重心。

节点：单点或等分点。

象限点：圆、圆弧、椭圆、椭圆弧等图形，在 0°、90°、180° 270° 方向上的点。

交点：图形、对象之间的交叉点。

延长线：直线、圆弧、椭圆弧、多段线等图形延长线上的点。

插入点：插入图块的基点。

垂足：某指定点到已知直线、圆、圆弧、椭圆、椭圆弧、多段线或样条曲线等图形的垂直点。

切点：圆、圆弧、椭圆、椭圆弧、多段线或样条曲线等对象的相切点。

最近点：与图线重合的靠近光标的任意点。

外观交点：三维空间中异面直线在投影方向上的交点。

平行线：与已知直线平行的方向上的点。

使用平行线捕捉之前，需要关闭正交模式。在使用平行线捕捉时，系统自动关闭对象捕捉追踪和极轴捕捉追踪。

## 三、追踪和极轴追踪

### 1. 追踪

追踪就是追寻踪迹，带有方向性。AutoCAD 中的追踪就是追寻特征点的横平竖直方向、特定角度方向、延长线方向、平行线方向。可同时追踪两个方向，捕捉追踪交点。

单击状态栏中的对象捕捉追踪按钮（或按 F11 键），启用（或关闭）对象捕捉追踪功能。

追踪操作要领：在命令执行过程中，将光标放在特征点上停留片刻，此时特征点高亮显示，移开光标，沿特征点出现一条虚线，光标再次放到特征点上，将取消追踪，单击（或输入数值），点将定义在追踪方向上。

例 1　将矩形和圆形以圆心对齐。

利用追踪对齐图形

**操作步骤：**

①

选中矩形，单击鼠标右键，结束选择 ②

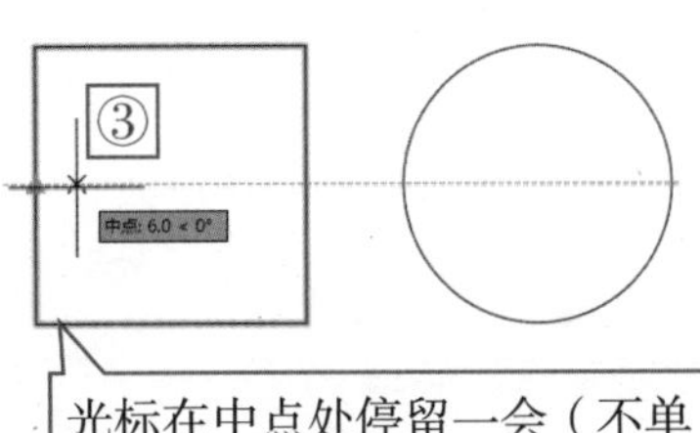


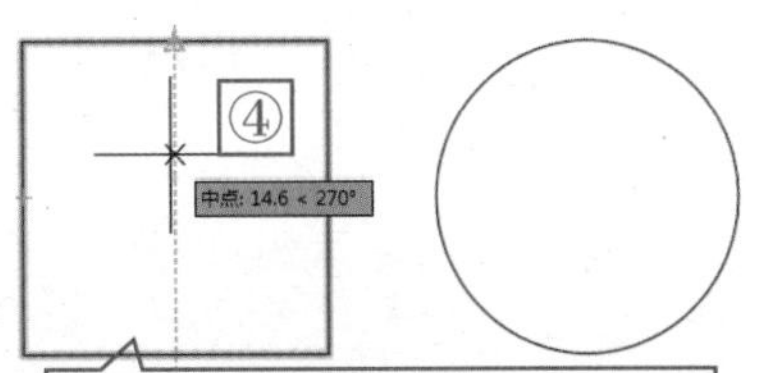


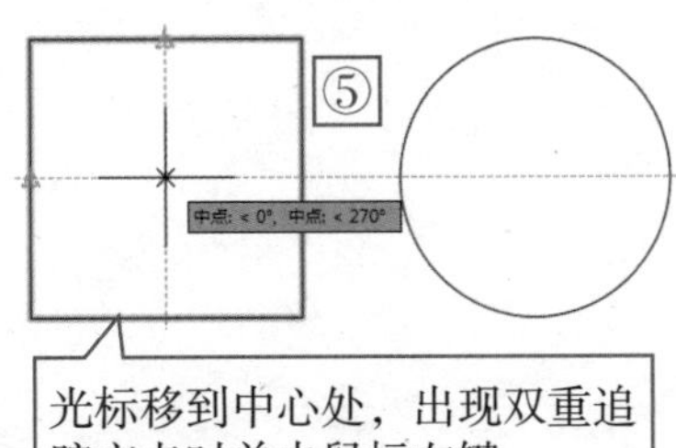


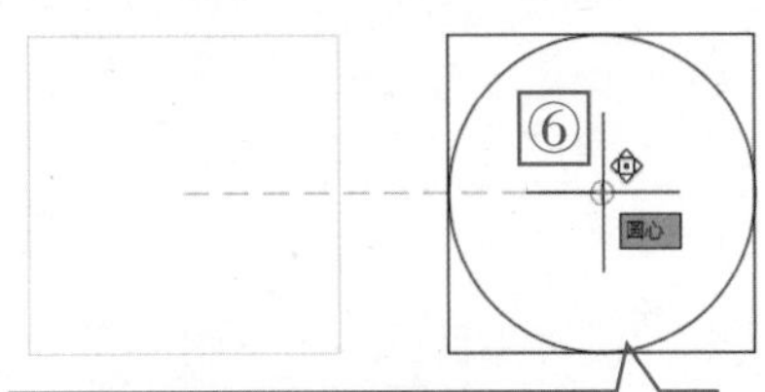


光标在中点处停留一会儿（不单击），垂直向下移动鼠标

光标移到中心处，出现双重追踪交点时单击鼠标左键

向右拖动鼠标，将矩形拖动到圆心处单击鼠标左键，结束操作

例 2　绘制下图所示的图形。

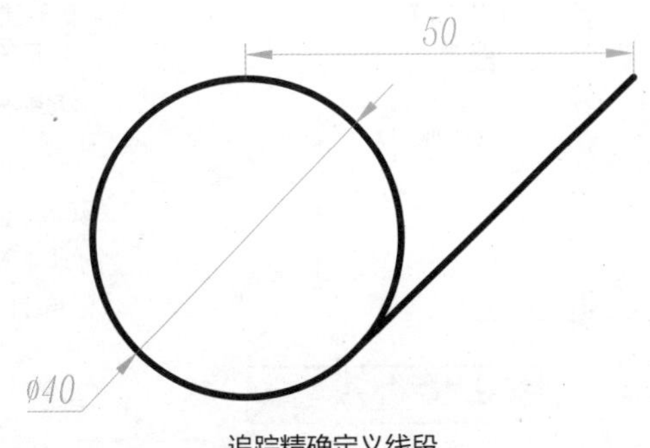


追踪精确定义线段

**操作步骤：**绘制一个半径为 20 的圆形。①

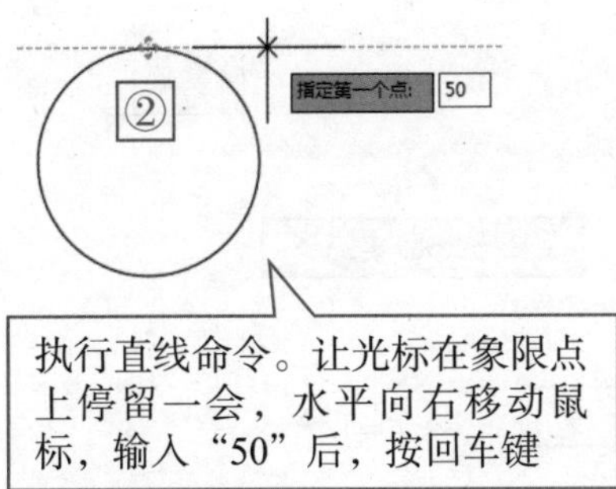

②
指定第一个点: 50
执行直线命令。让光标在象限点上停留一会，水平向右移动鼠标，输入“50”后，按回车键


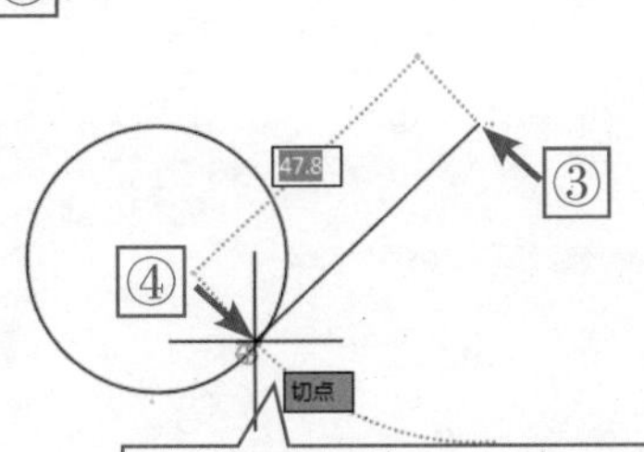


拖动鼠标移动到切点附近，出现切点标识时，单击鼠标左键，结束绘图

## 2. 极轴追踪

（1）极轴角测量——绝对

运用极轴追踪，绘制下图所示的图形（标注角度仅作指示，不必绘制）。

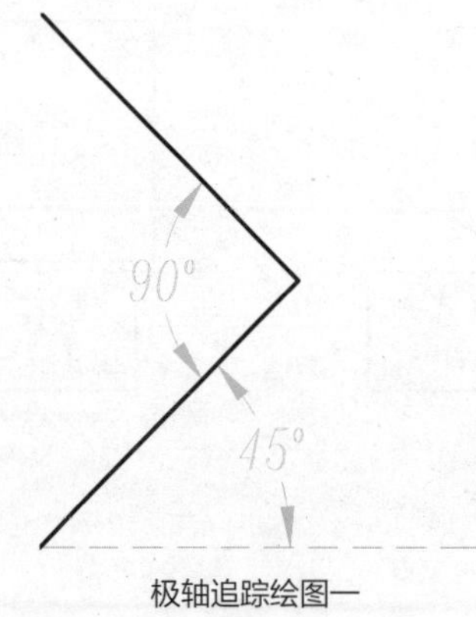


极轴追踪绘图一

设置“极轴追踪”，如下图所示。①

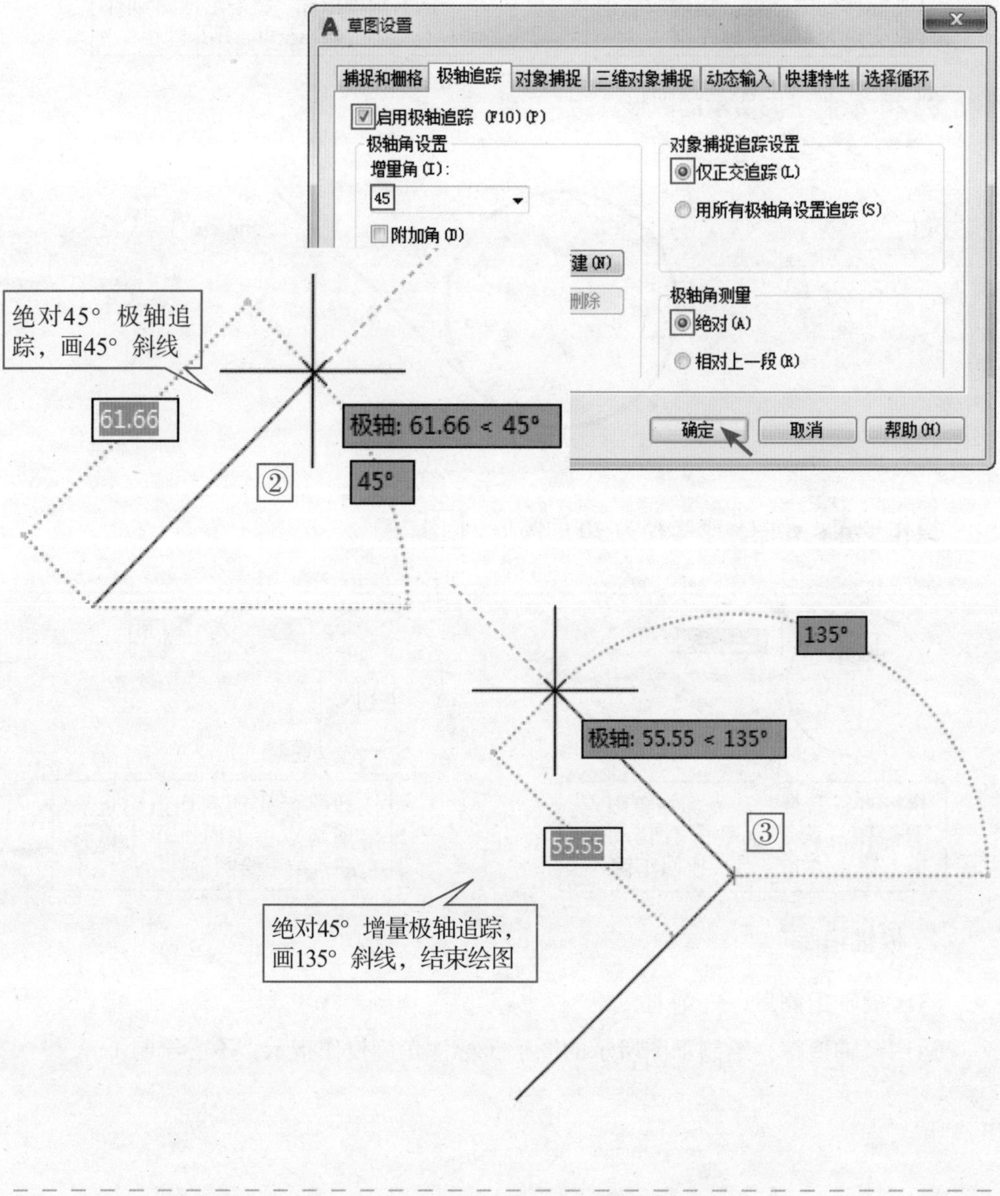

草图设置

捕捉和栅格 极轴追踪 对象捕捉 三维对象捕捉 动态输入 快捷特性 选择循环

启用极轴追踪 (F10)(P)

极轴角设置

增量角(I):

45

附加角(D)

建(N)

删除

对象捕捉追踪设置

仅正交追踪(L)

用所有极轴角设置追踪(S)

极轴角测量

绝对(A)

相对上一段(R)

确定 取消 帮助(H)

绝对45° 极轴追踪，画45° 斜线

61.66

极轴: 61.66 < 45°

②

45°

135°

极轴: 55.55 < 135°

55.55

③

绝对45° 增量极轴追踪，画135° 斜线，结束绘图

（2）极轴角测量——相对上一段

绘制下图所示的图形。

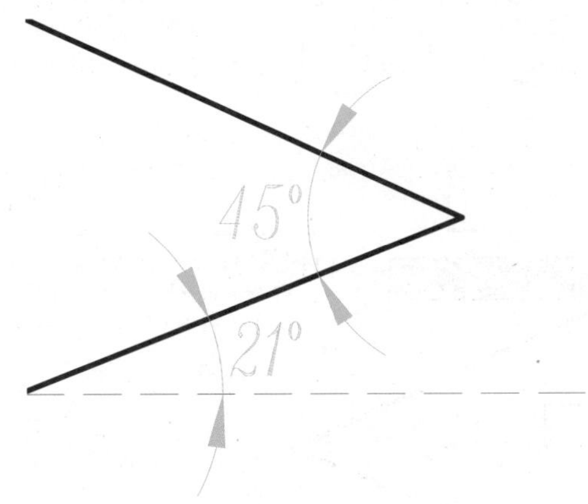


极轴追踪绘图二

设置“极轴追踪”，如下图所示。①

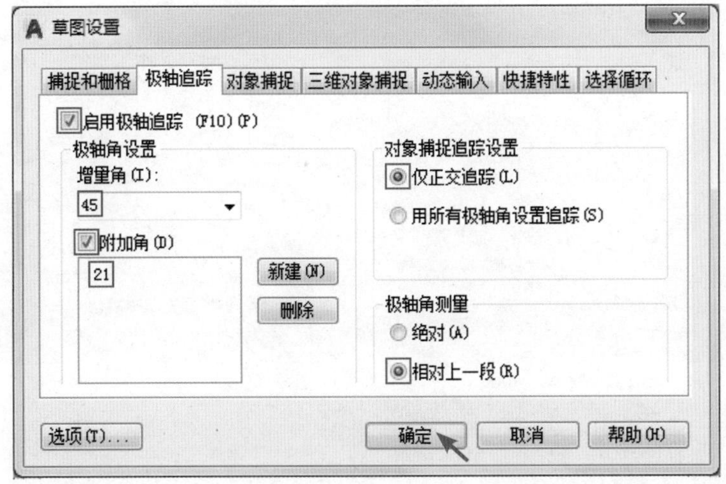


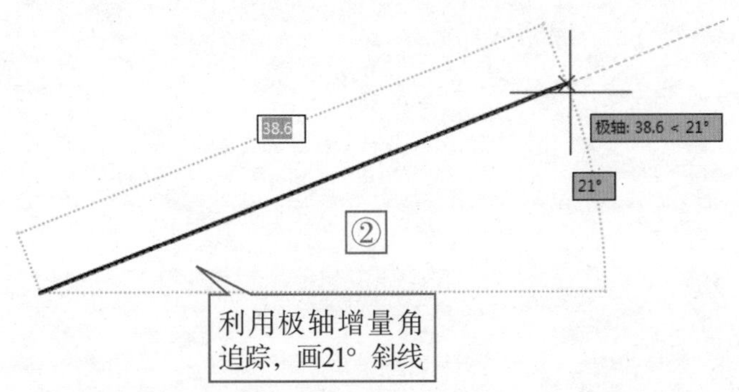

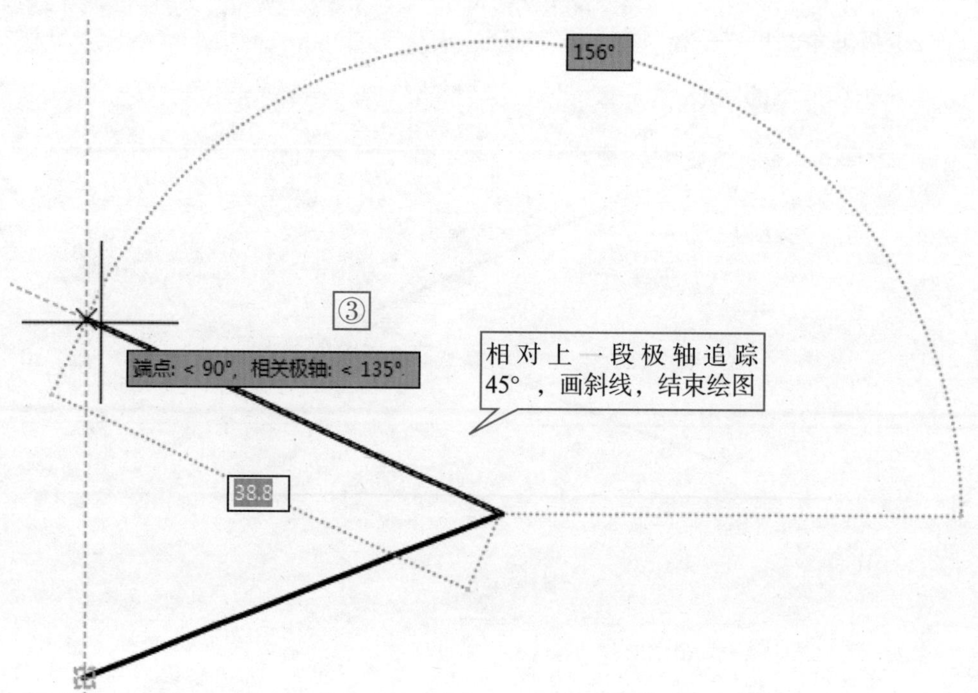
156°
③
端点: < 90°, 相关极轴: < 135°
相对上一段极轴追踪45°，画斜线，结束绘图
38.8

3

# 第3章 图形的绘制和编辑

# 第一节　图形绘制

本节将介绍使用 AutoCAD 2019 绘制基本二维图形的方法。

任何一张出色的图纸，都是由基本的图形对象组成的。每个初学者学习使用 AutoCAD 来绘制图纸时，首先要学习并掌握 AutoCAD 中圆、圆弧、直线等基本图形对象的绘制方法，并能熟练地加以应用，最终才能够绘制出复杂的二维图形。

## 一、绘制圆、圆弧、椭圆、椭圆弧

圆、圆弧、椭圆、椭圆弧是工程绘图中常见的基本实体，可以用来表示轴、轮、孔、轮廓等结构，我们首先来学习在 CAD 中如何绘制圆、圆弧、椭圆、椭圆弧。

### 1. 绘制圆

绘制圆的方法见下表。

| 绘制圆的方法 | 圆 | 操作步骤 |
| --- | --- | --- |
| | 圆心，半径 | ①输入或指定圆心；②输入或指定半径 |
| | 圆心，直径 | ①输入或指定圆心；②输入或指定直径 |
| | 两点 | ①输入或指定第一点；②输入或指定直径方向上的第二点 |
| | 三点 | ①输入或指定第一点；②输入或指定第二点；③输入或指定第三点 |
| | 相切，相切，半径 | ①在已有图形元素上指定第一个切点；②指定第二个切点；③输入半径 |
| | 相切，相切，相切 | ①在已有图形元素上指定第一个切点；②指定第二个切点；③指定第三个切点 |

例 1　以圆心、半径方法绘制圆。

**操作步骤：**

例 2　以相切、相切、半径方法绘制圆。

**操作步骤：**

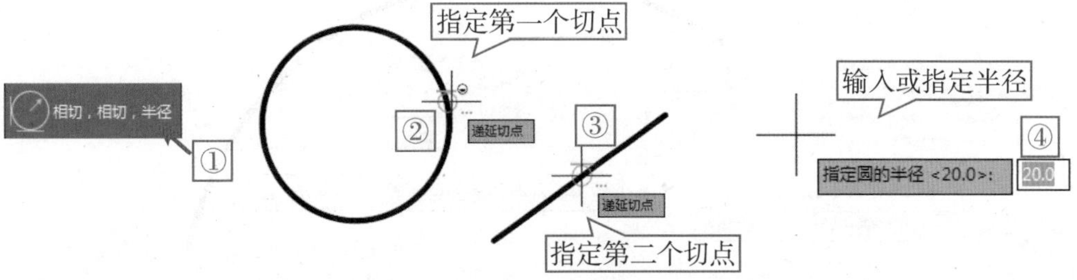


以相切、相切、半径方式画圆时，系统总是在距拾取点最近的部位绘制相切的圆，拾取点部位不同，绘制的结果可能不同。

## 2. 绘制圆弧

绘制圆弧的方法见下表。

| | 圆弧 | 操作步骤 |
|---|---|---|
| 绘制圆弧的方法 | 三点 | ①输入或指定第一点；②输入或指定第二点；③输入或指定第三点 |
| | 起点，圆心，端点 | ①输入或指定起点；②输入或指定圆心；③输入或指定端点 |
| | 起点，圆心，角度 | ①输入或指定起点；②输入或指定圆心；③输入或指定包含的圆心角 |
| | 起点，圆心，长度 | ①输入或指定起点；②输入或指定圆心；③输入或指定弦长 |
| | 起点，端点，角度 | ①输入或指定起点；②输入或指定端点；③输入或指定包含的圆心角 |
| | 起点，端点，方向 | ①输入或指定起点；②输入或指定端点；③输入或指定起点切线的倾斜方向 |
| | 起点，端点，半径 | ①输入或指定起点；②输入或指定端点；③输入或指定半径 |
| | 圆心，起点，端点 | ①输入或指定圆心；②输入或指定起点；③输入或指定端点 |
| | 圆心，起点，角度 | ①输入或指定圆心；②输入或指定起点；③输入或指定包含的圆心角 |
| | 圆心，起点，长度 | ①输入或指定圆心；②输入或指定起点；③输入或指定弦长 |
| | 连续 | 接续最后所绘线段端点相切画圆弧 |

例 1　以起点、圆心、端点方法画圆弧。

**操作步骤：**

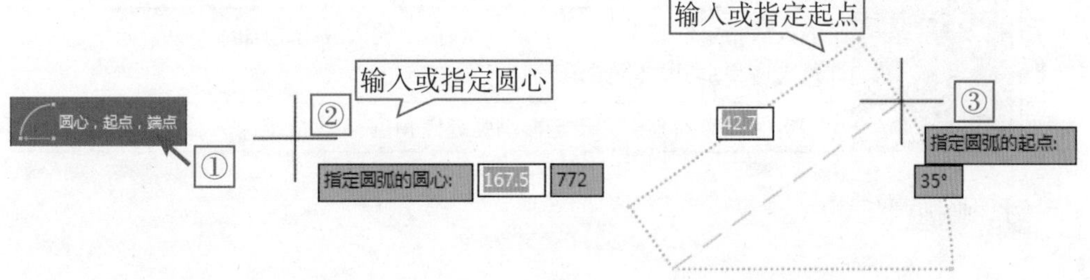

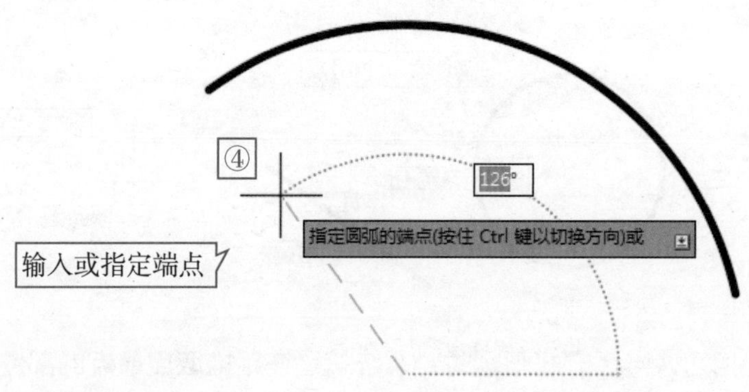


例 2　以连续方法画圆弧。

**操作步骤：**

先画一段圆弧，再画一段直线。

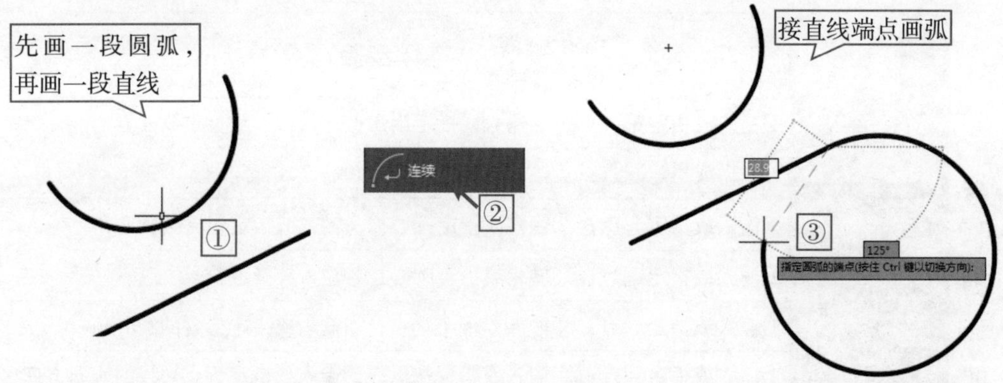


连续画弧，只接续最后一段线段端点相切画弧。如上例，如果最后一段画的是圆弧，则接圆弧相切画弧，按 Ctrl 键可改变相切方向。

### 3. 绘制椭圆和椭圆弧

绘制椭圆、椭圆弧的方法见下表。

| 绘制椭圆和椭圆弧的方法 | | 操作步骤 |
| --- | --- | --- |
| | 圆心 | ①输入或指定圆心　②输入或指定轴的端点或半径<br>③输入或指定另一轴的端点或半径 |
| | 轴，端点 | ①输入或指定轴端点　②输入或指定轴的另一端点<br>③输入或指定另一轴的半径或端点 |
| | 椭圆弧 | ①指定椭圆弧圆心　②指定椭圆弧起点角度　③指定椭圆弧端点角度 |

例　画椭圆弧。

**操作步骤：**

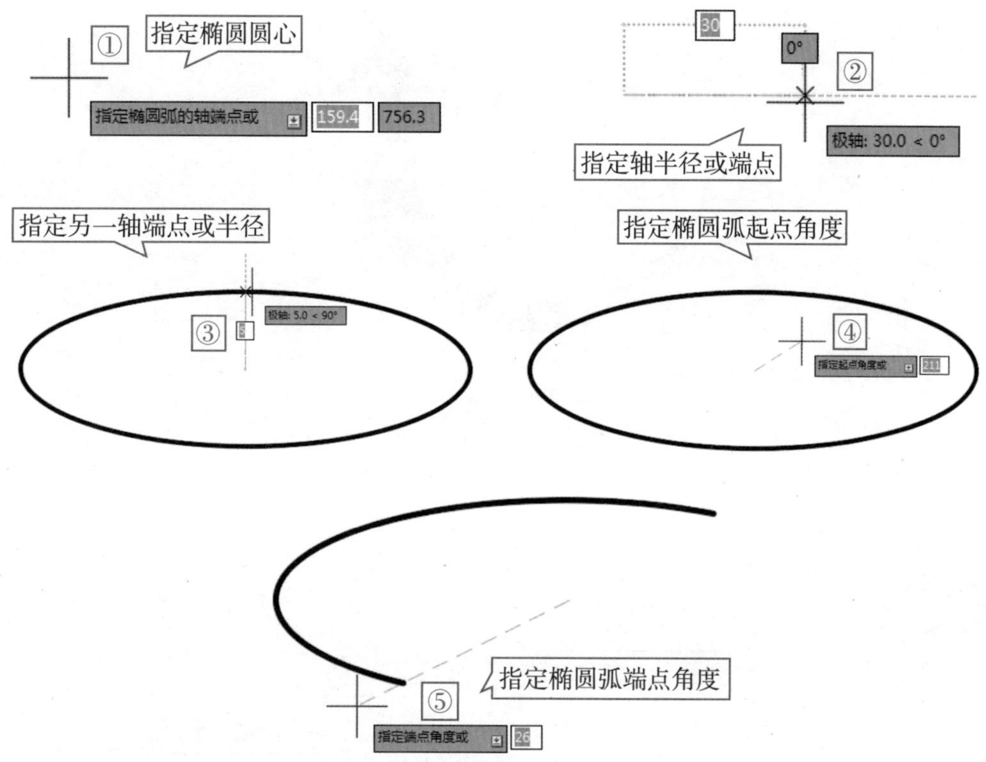


## 二、绘制直线、多段线

直线、多段线是 AutoCAD 图形中最基本的元素，绘制线的命令也是最常用的命令。

### 1. 绘制直线

**绘制直线操作步骤：**

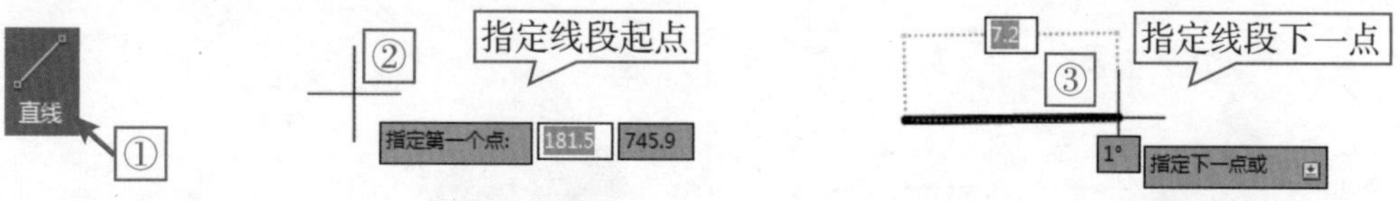


按 Enter 键 / 空格键，或点击鼠标右键“确认”结束绘制（或继续指定下一点画多段折线）④

### 2. 绘制多段线

二维多段线是由直线段和圆弧段组成的单个对象。多段线绘制方法如下。

例 1　绘制下图所示的多段线。

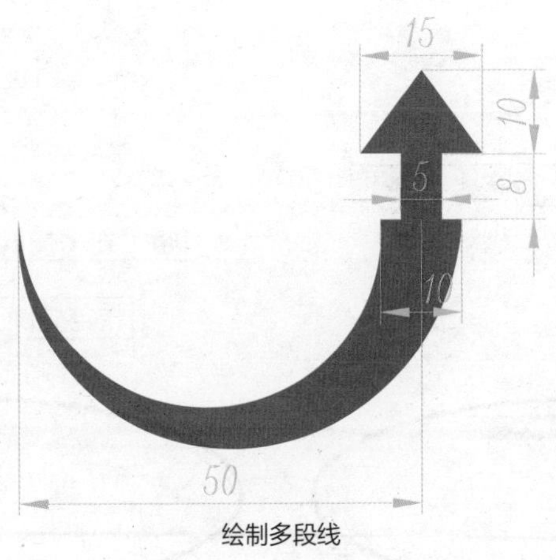

绘制多段线

**操作步骤：**

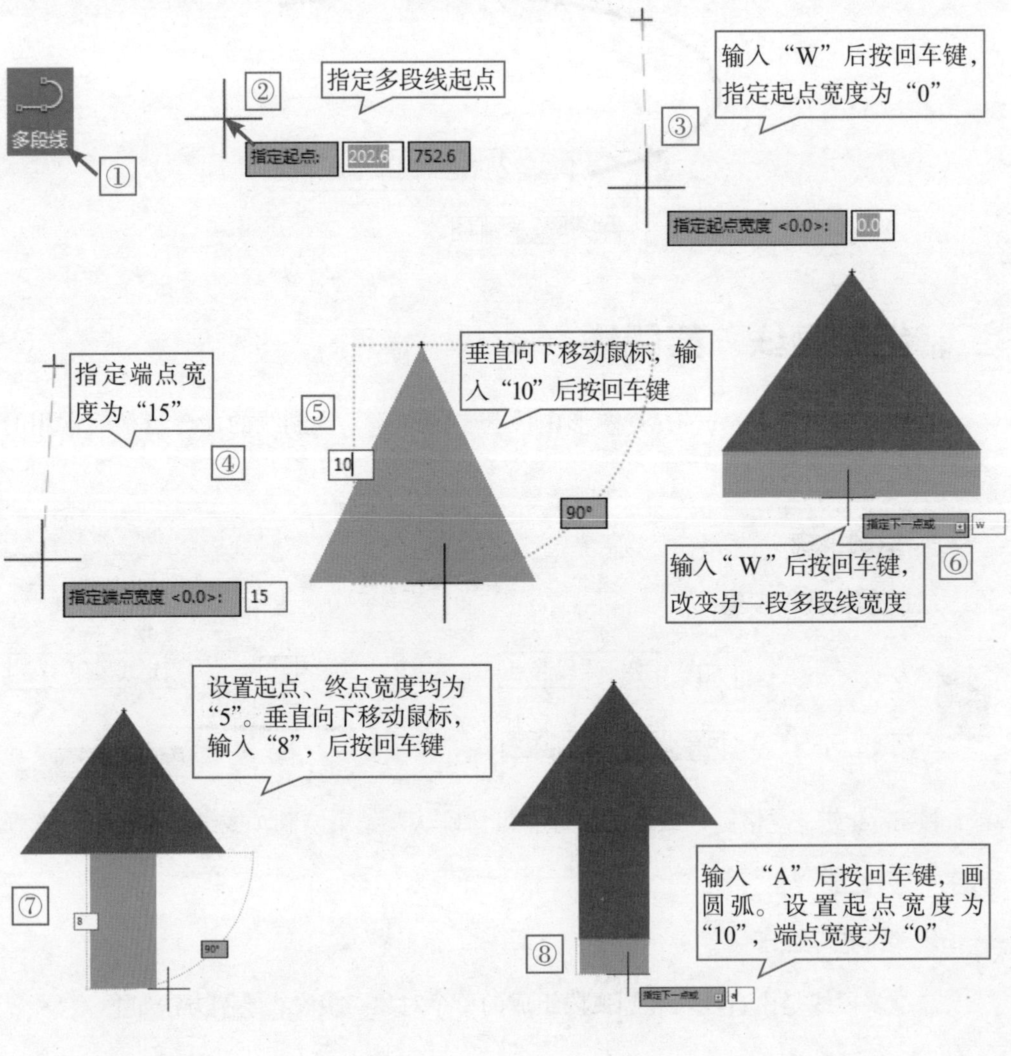

① 多段线

② 指定多段线起点

指定起点: 202.6 752.6

③ 输入“W”后按回车键，指定起点宽度为“0”

指定起点宽度 <0.0>: 0.0

④ 指定端点宽度为“15”

指定端点宽度 <0.0>: 15

⑤ 垂直向下移动鼠标，输入“10”后按回车键

10　90°

⑥ 输入“W”后按回车键，改变另一段多段线宽度

指定下一点或 W

⑦ 设置起点、终点宽度均为“5”。垂直向下移动鼠标，输入“8”，后按回车键

8　90°

⑧ 输入“A”后按回车键，画圆弧。设置起点宽度为“10”，端点宽度为“0”

指定下一点或 a

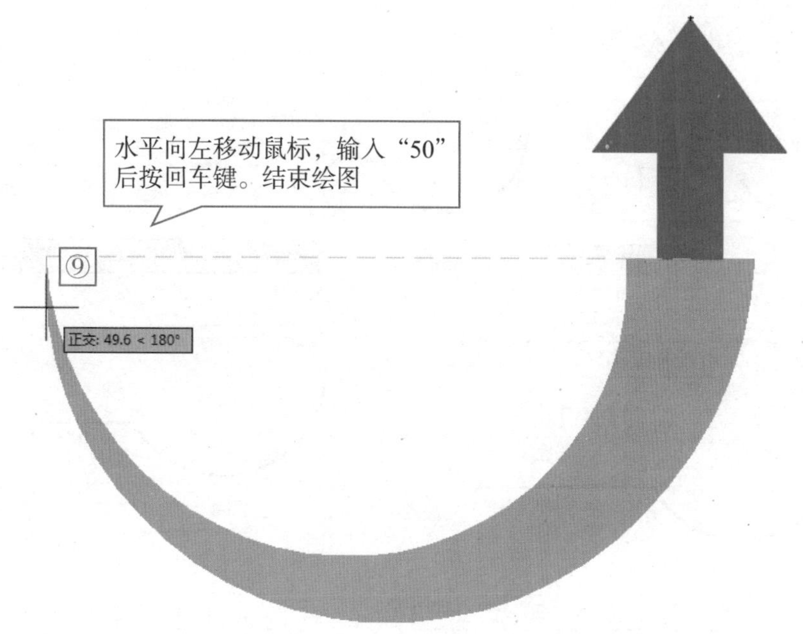
水平向左移动鼠标，输入“50”后按回车键。结束绘图
⑨
正交: 49.6 < 180°

例 2　绘制下图所示多段线。

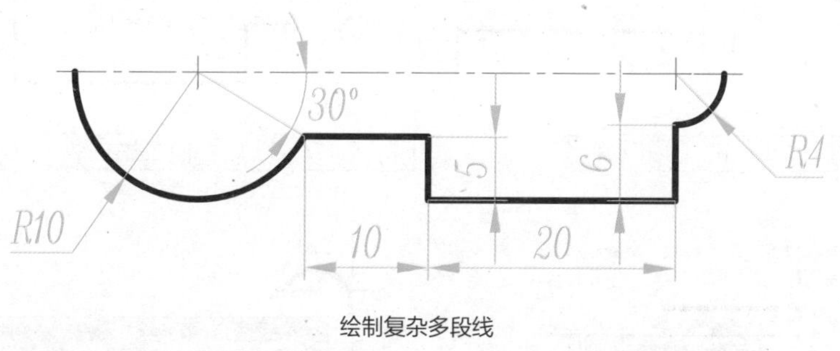
30°
R4
5
6
R10
10
20

绘制复杂多段线

**操作步骤：**

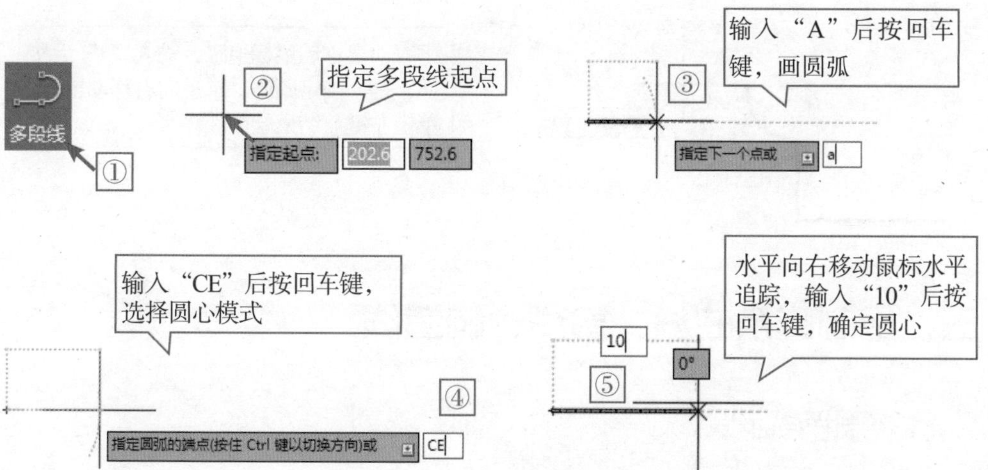
多段线
①
②
指定多段线起点
指定起点:
202.6
752.6
③
输入“A”后按回车键，画圆弧
指定下一个点或
a
输入“CE”后按回车键，选择圆心模式
④
指定圆弧的端点(按住 Ctrl 键以切换方向)或
CE
水平向右移动鼠标水平追踪，输入“10”后按回车键，确定圆心
10
0°
⑤

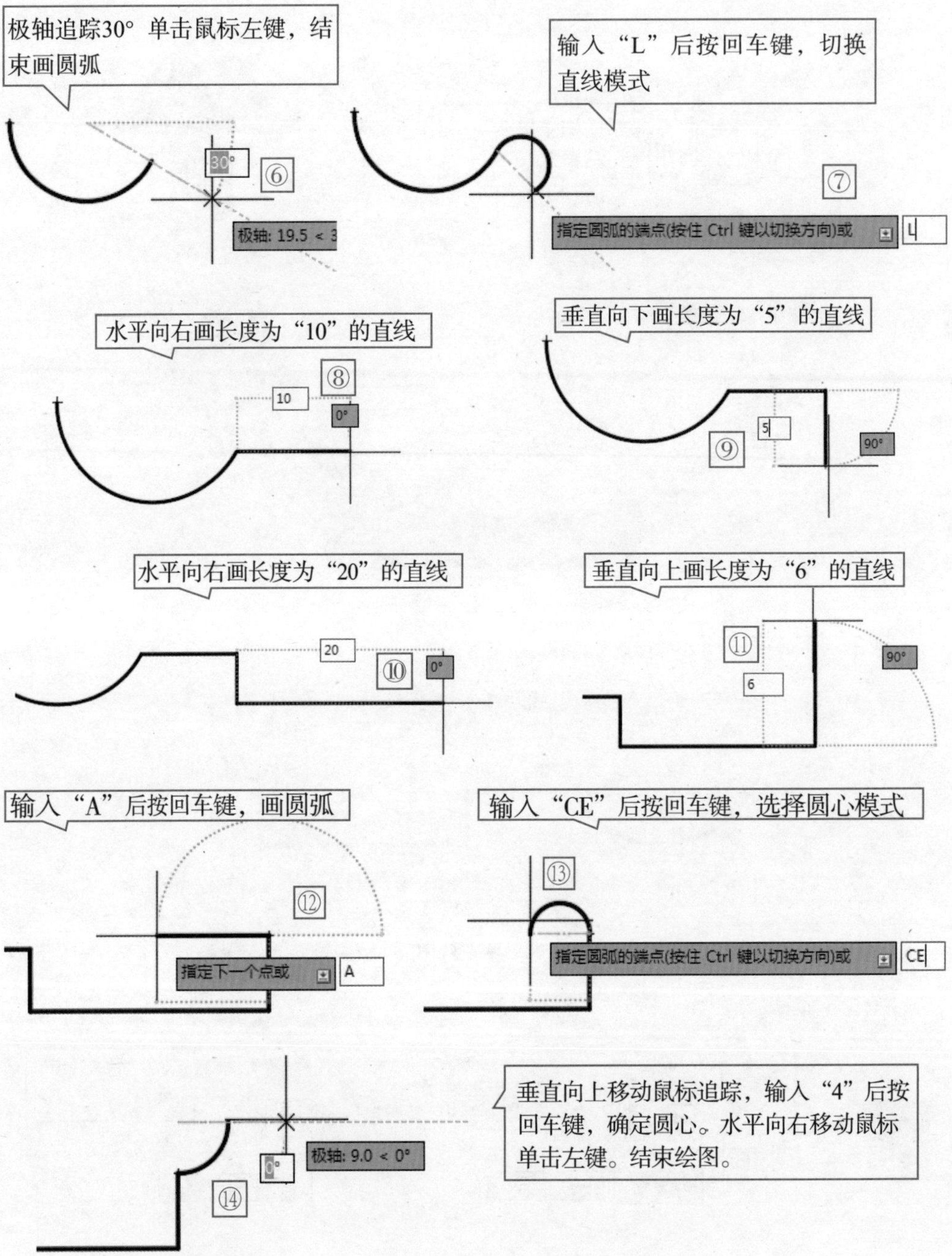

极轴追踪30° 单击鼠标左键，结束画圆弧

30° ⑥ 极轴: 19.5 < 3

输入“L”后按回车键，切换直线模式

⑦ 指定圆弧的端点(按住 Ctrl 键以切换方向)或 L

水平向右画长度为“10”的直线

⑧ 10 0°

垂直向下画长度为“5”的直线

⑨ 5 90°

水平向右画长度为“20”的直线

20 ⑩ 0°

垂直向上画长度为“6”的直线

⑪ 6 90°

输入“A”后按回车键，画圆弧

⑫ 指定下一个点或 A

输入“CE”后按回车键，选择圆心模式

⑬ 指定圆弧的端点(按住 Ctrl 键以切换方向)或 CE

0° 极轴: 9.0 < 0° ⑭

垂直向上移动鼠标追踪，输入“4”后按回车键，确定圆心。水平向右移动鼠标单击左键。结束绘图。

# 三、绘制样条曲线、多线、构造线

## 1. 绘制样条曲线

样条曲线是通过拟合一系列的数据点而形成的光滑曲线，样条曲线可以用来精

确地表示对象的造型，在工程中应用广泛。例如，绘制各种波动曲线轮廓线、绘制等高线轮廓线等。

（1）拟合点绘制样条曲线的操作步骤

执行样条曲线命令 ①

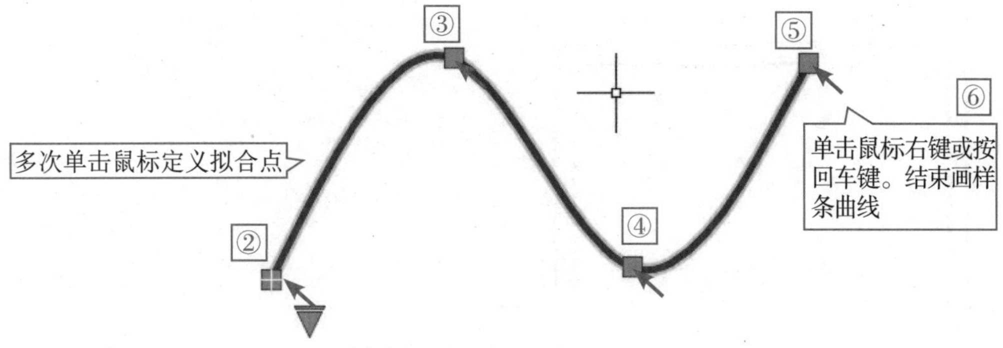


（2）控制点绘制样条曲线操作步骤与拟合点绘制样条曲线相同

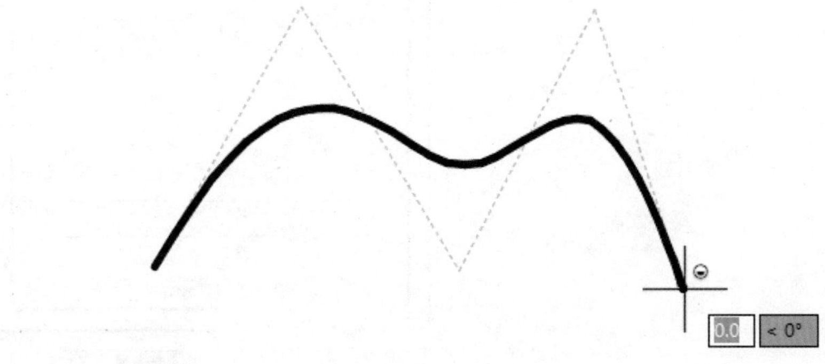


## 2. 绘制多线

多线又称为复线，是一种特殊类型的直线，它是由多条平行直线组成的图形对象。多线在建筑工程制图中常被用来绘制墙体线、窗体线和楼地剖面线。

**绘制多线操作步骤：**

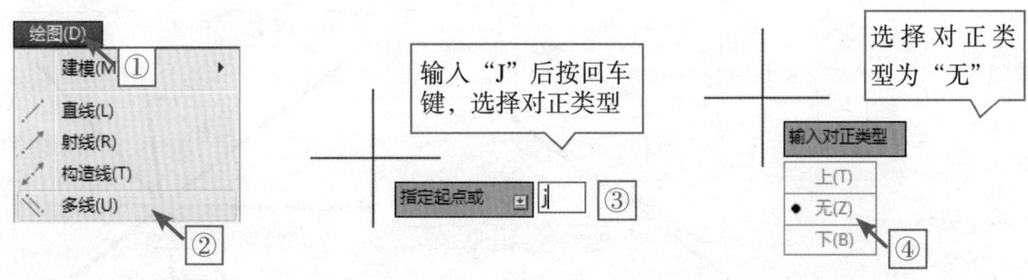

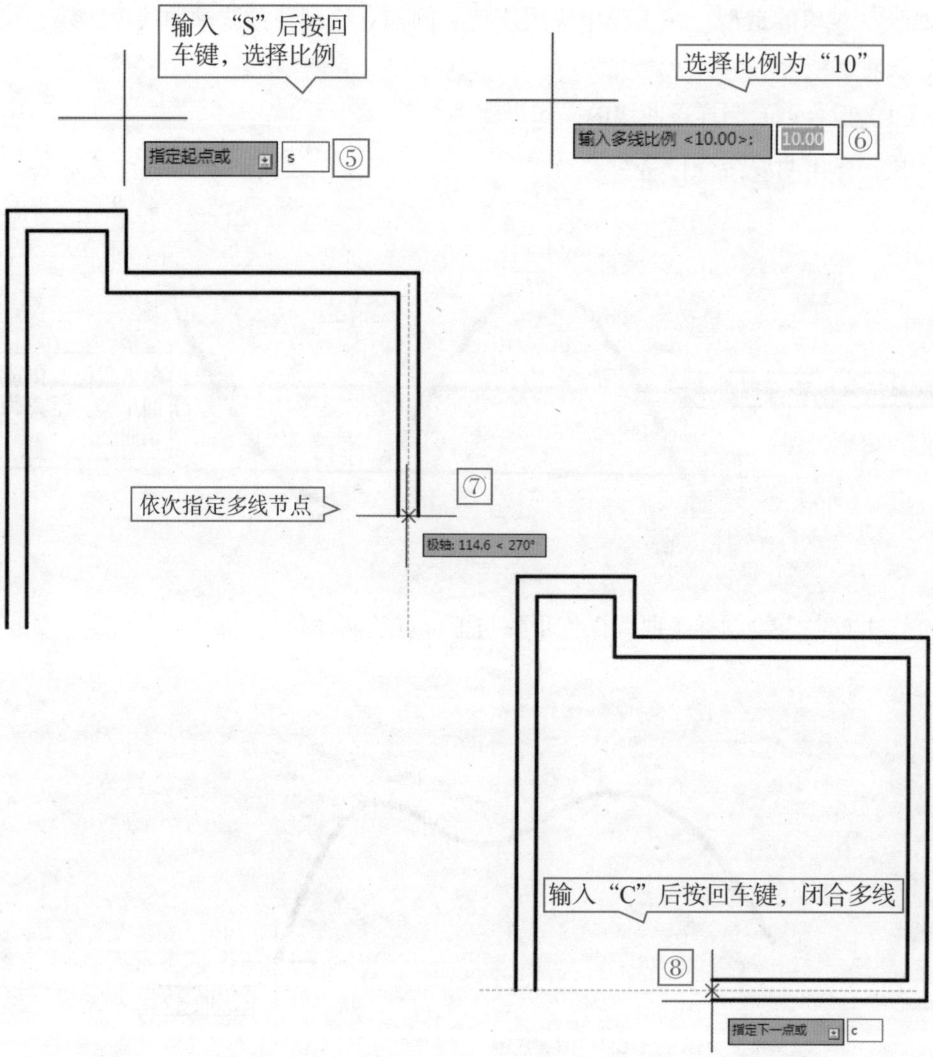

3. 绘制构造线

用构造线命令绘制的线长度是无限的，使用构造线命令，通过选择的点向两个方向无限延伸。构造线可用来作为对齐参照线。

**绘制构造线的操作步骤：**

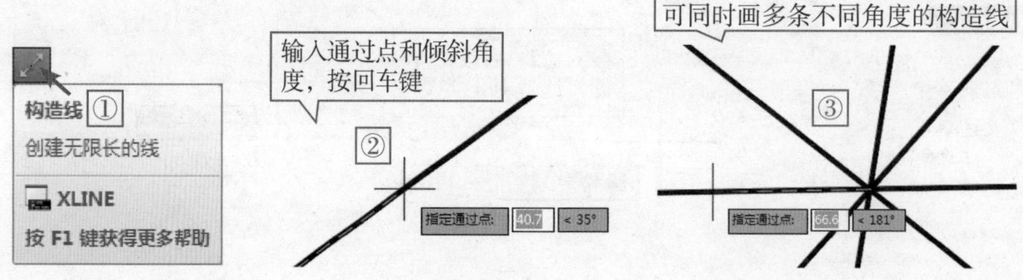

# 四、绘制矩形、正多边形

## 1. 绘制矩形

绘制矩形方法较多，在下表列出了多个附加条件选项。

| | | | 画图效果 | 说明 |
|---|---|---|---|---|
| 绘制矩形 | 矩形 | **绘制常规矩形次步骤**：（A）指定第一个角点；（B）指定第二个角点（可选择尺寸选项输入长、宽尺寸） | | 还有面积、旋转等选项 |
| 附加条件 | 倒角(C)<br>或输入“C”后按回车键 | ①输入第一段倒角长度；②输入第二段倒角长度；③执行画常规矩形步骤 | | |
| | 标高(E)<br>或输入“E”后按回车键 | ①输入标高数值；<br>②执行画常规矩形步骤 | | 标高实际是相对于水平面的高度 |
| | 圆角(F)<br>或输入“F”后按回车键 | ①输入圆角半径；<br>②执行画常规矩形步骤 | | |
| | 厚度(T)<br>或输入“T”后按回车键 | ①指定矩形的厚度；<br>②执行画常规矩形步骤 | | 厚度是矩形的高度，是立体矩形 |
| | 宽度(W)<br>或输入“W”后按回车键 | ①指定矩形图线的宽度；<br>②执行画常规矩形步骤 | | 矩形实质是多段线，宽度是多段线的宽度 |

例　画下图所示矩形。

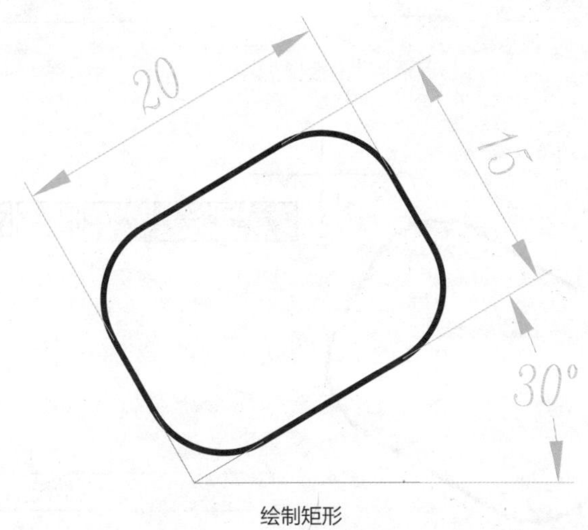


绘制矩形

**操作步骤：**

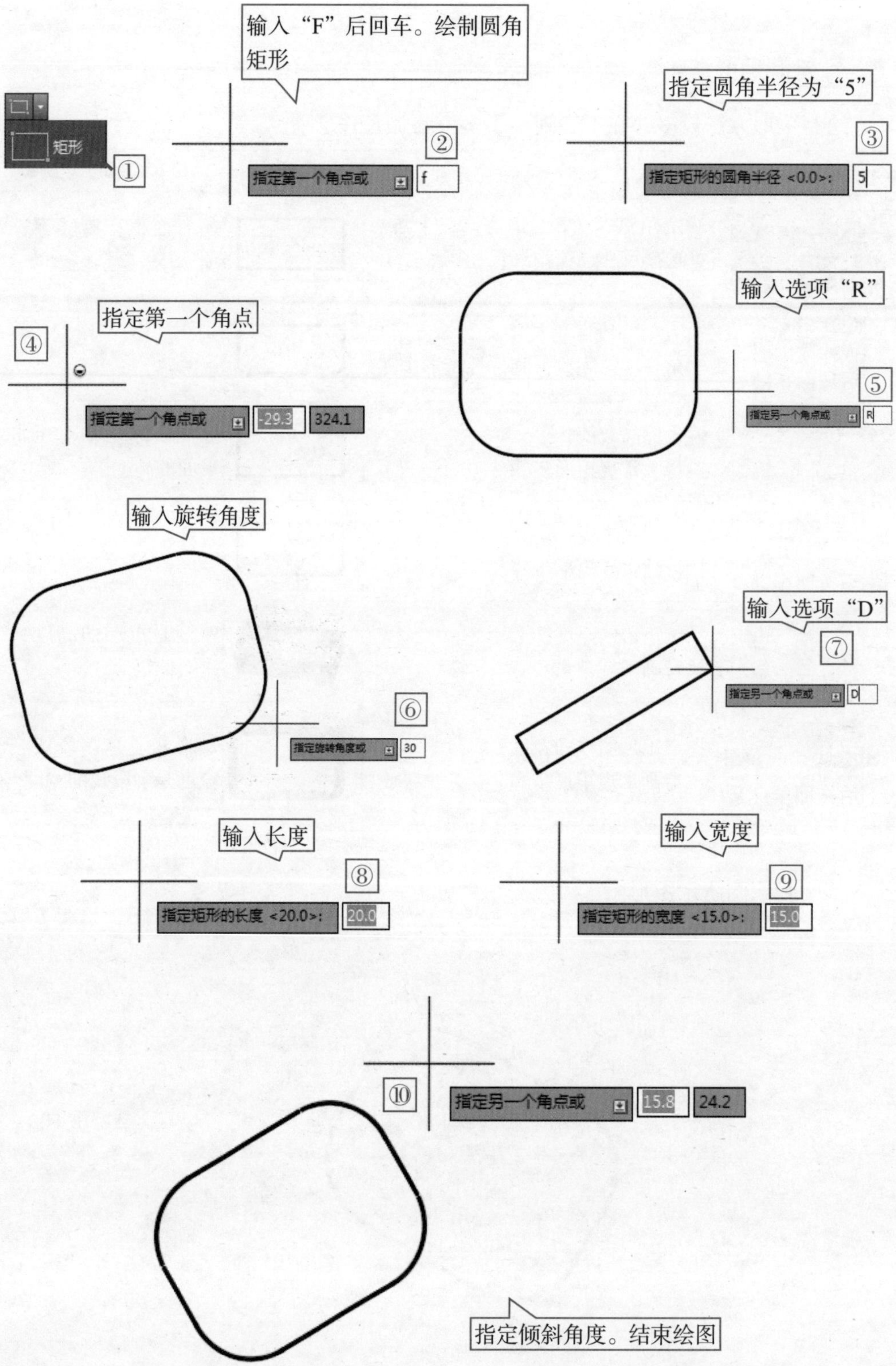

矩形
①
输入“F”后回车。绘制圆角矩形
②
指定第一个角点或
f
指定圆角半径为“5”
③
指定矩形的圆角半径 <0.0>:
5
指定第一个角点
④
指定第一个角点或
-29.3
324.1
输入选项“R”
⑤
指定另一个角点或
R
输入旋转角度
⑥
指定旋转角度或
30
输入选项“D”
⑦
指定另一个角点或
D
输入长度
⑧
指定矩形的长度 <20.0>:
20.0
输入宽度
⑨
指定矩形的宽度 <15.0>:
15.0
⑩
指定另一个角点或
15.8
24.2
指定倾斜角度。结束绘图

## 2. 绘制正多边形

例　画如下图所示正多边形。

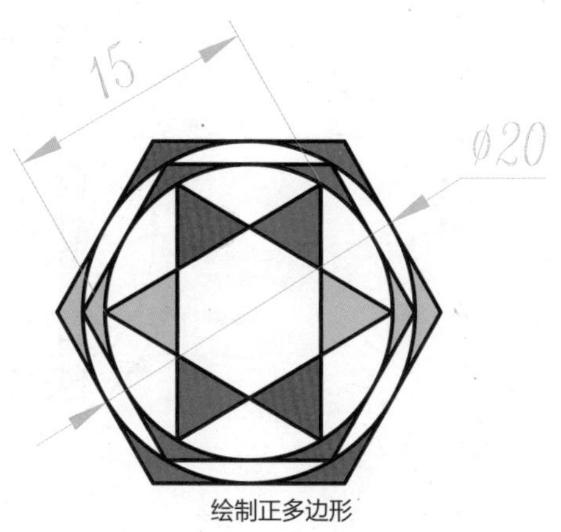


绘制正多边形

**操作步骤：**

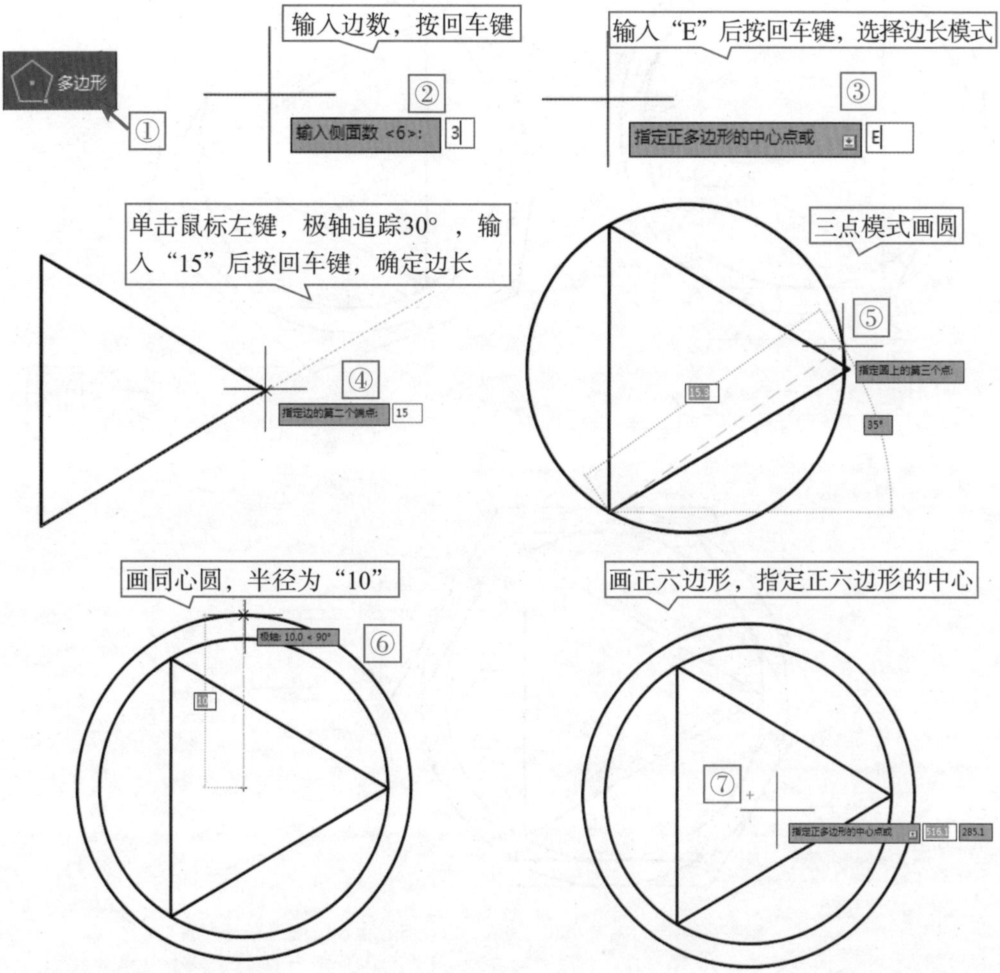

①
多边形

② 输入边数，按回车键
输入侧面数 <6>: 3

③ 输入“E”后按回车键，选择边长模式
指定正多边形的中心点或 E

④ 单击鼠标左键，极轴追踪30°，输入“15”后按回车键，确定边长
指定边的第二个端点: 15

⑤ 三点模式画圆
指定圆上的第三个点:
35°

⑥ 画同心圆，半径为“10”
极轴: 10.0 < 90°

⑦ 画正六边形，指定正六边形的中心
指定正多边形的中心点或 285.1

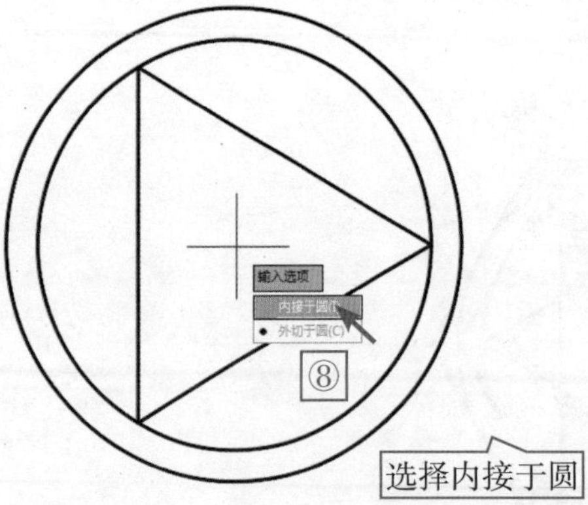

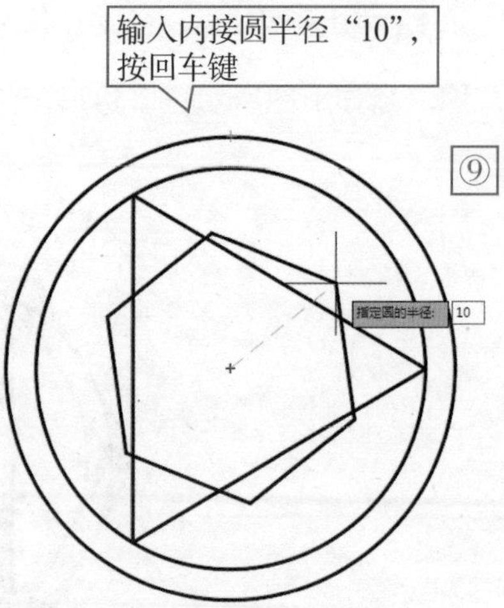

输入内接圆半径“10”，按回车键

⑨

指定圆的半径: 10

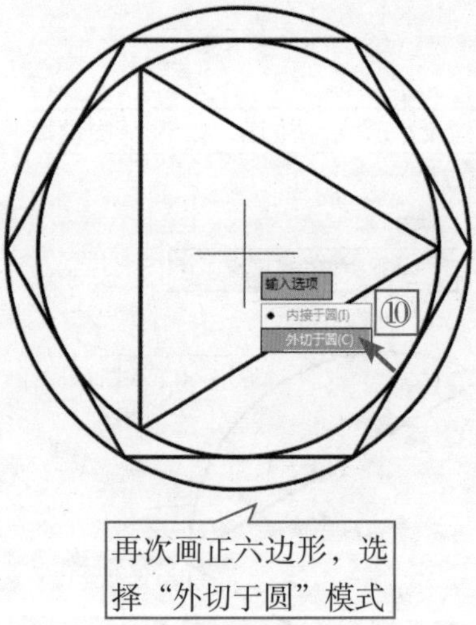

输入选项

内接于圆(I)

外切于圆(C)

⑧

选择内接于圆

输入选项

内接于圆(I)

外切于圆(C)

⑩

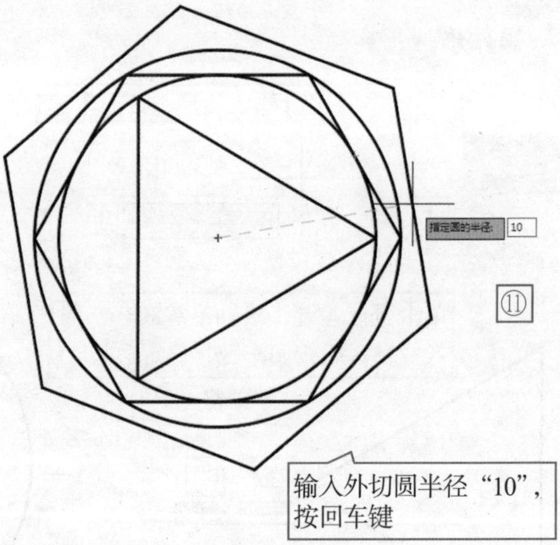

指定圆的半径: 10

⑪

再次画正六边形，选择“外切于圆”模式

输入外切圆半径“10”，按回车键

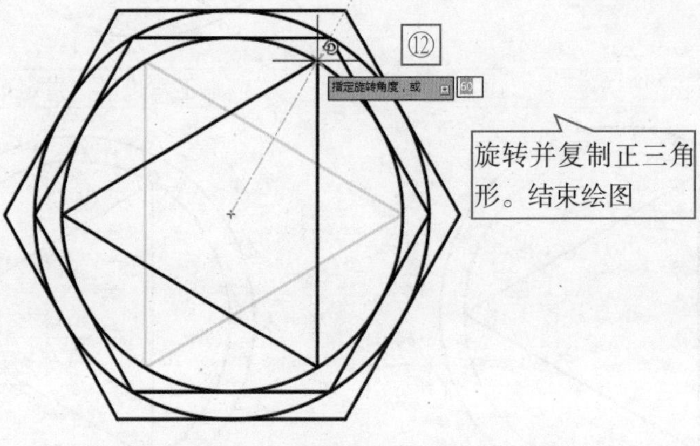

⑫

指定旋转角度，或 60

旋转并复制正三角形。结束绘图

## 五、文字

AutoCAD 绘图离不开使用文字，每一张工程图除了表达对象形状的图形的，还需要加入文字注释。文字对象是 AutoCAD 图形中很重要的组成元素。

### 1. 单行文字

**操作步骤：**

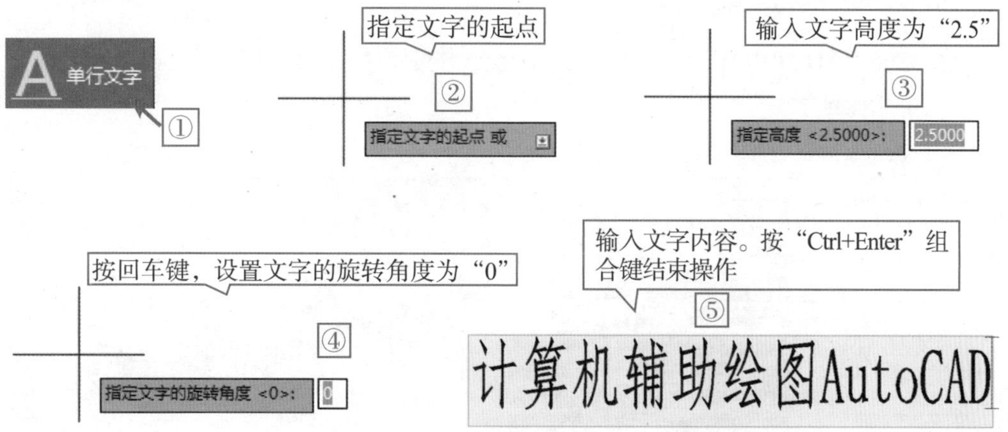


### 2. 多行文字

**操作步骤：**

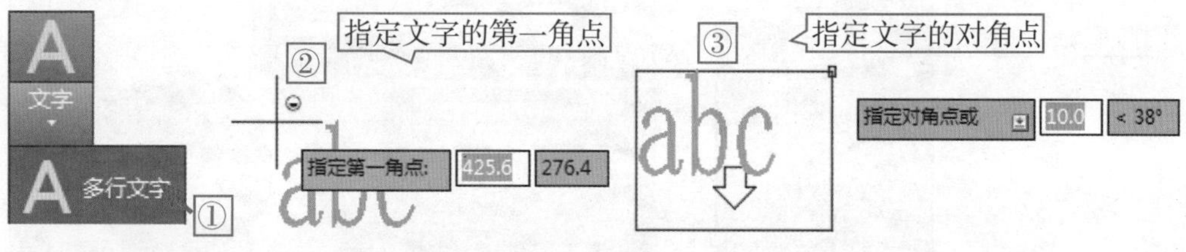


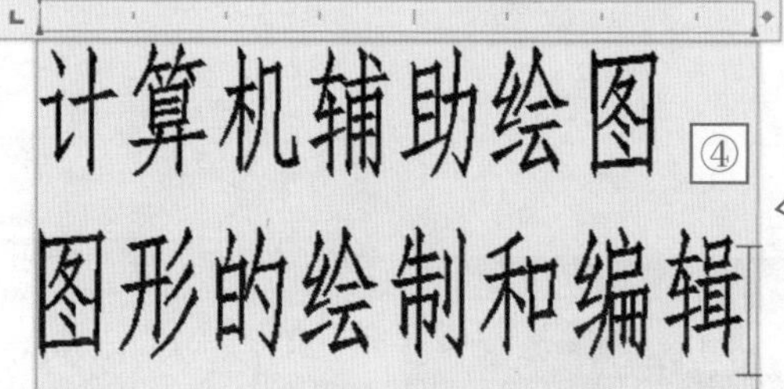


在文字编辑器中可更改文字特性选项。文字样式的编辑将在后续章节中陆续讲解。

# 六、图案填充和面域

图案填充是 AutoCAD 设计中一项常用的操作，用它来表示零件的剖面或断面，或用它区分建筑布局图中的不同区域。另外，图案填充还用来定义不同类型材质的外观纹理。因此在实际的绘图过程中，图案填充有广泛的应用。面域是一种二维的封闭区域，了解面域，对将来进行三维形体的学习和操作具有很大的意义。

## 1. 填充颜色和图案

在 AutoCAD 2019 中，图形的填充主要分为实体填充、渐变色填充和图案填充。

（1）实体填充

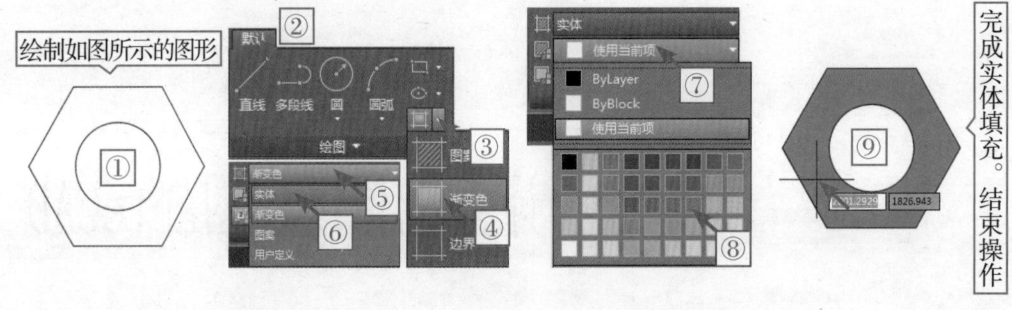


（2）渐变色填充

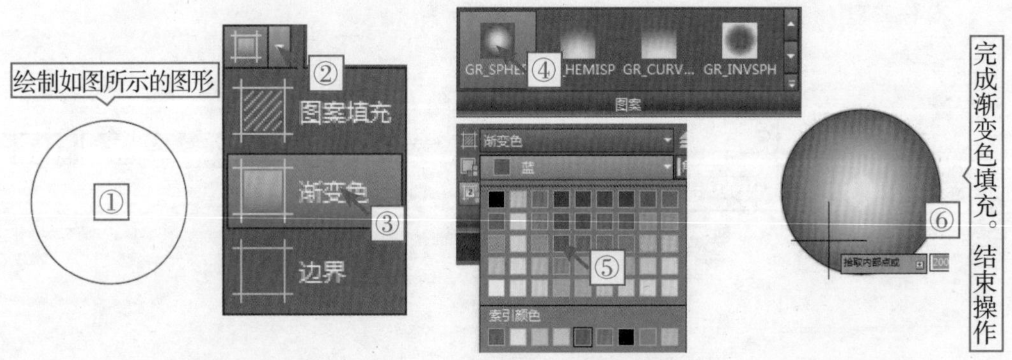


（3）图案填充

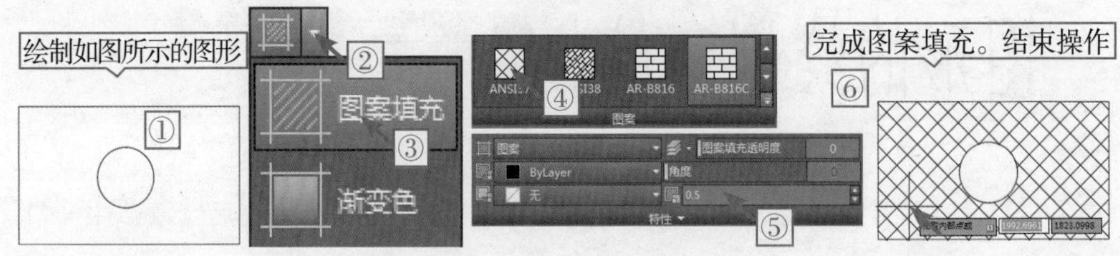

### 2. 创建面域

面域是具有物理特性（如质量中心）的二维封闭区域，不仅包含边界的信息，还包括边界内闭合区域的信息。利用这些信息，AutoCAD 可以计算如面积等多种工程属性。可以通过多个环或端点相连形成环的开放曲线来创建面域，但是不能通过开放对象内部相交构成的闭合区域创建面域（如相交圆弧或自相交曲线）。在进行布尔运算时，必须先创建面域。

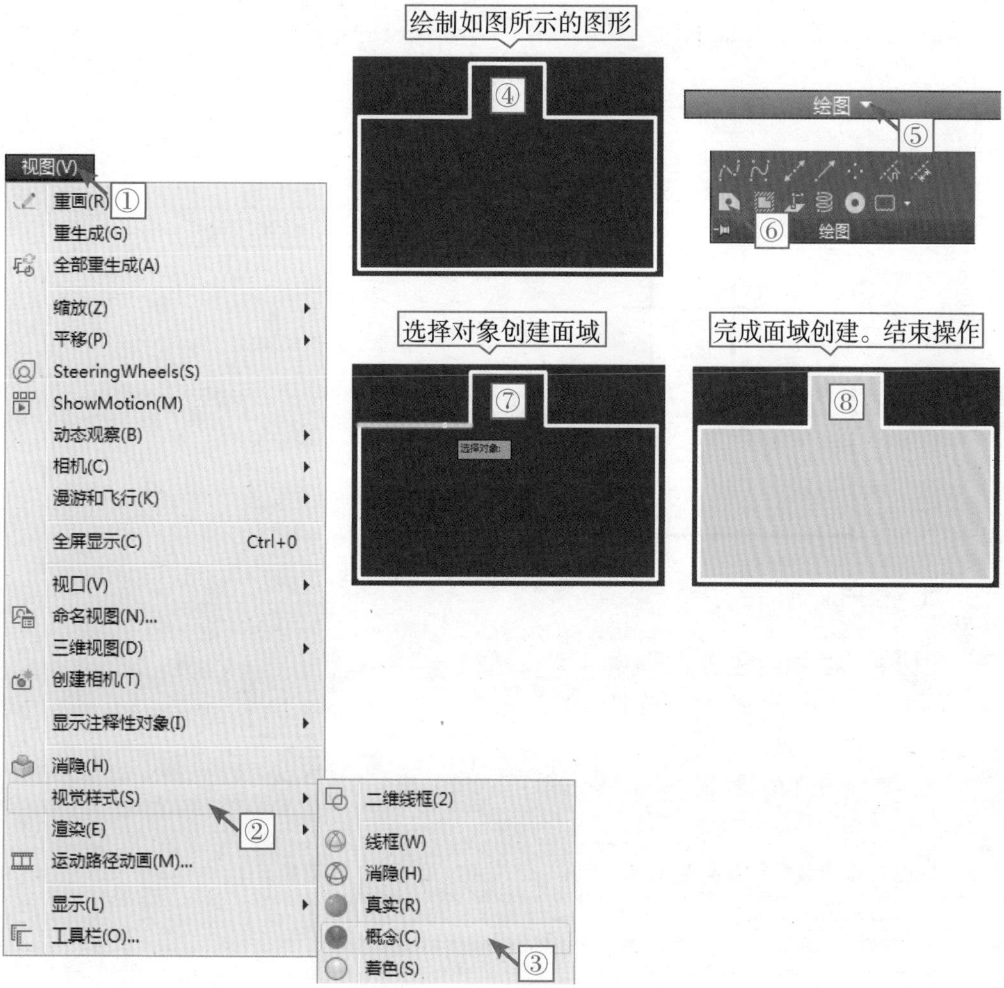

绘制如图所示的图形

选择对象创建面域

完成面域创建。结束操作

### 3. 创建边界

边界就是封闭区域的轮廓。使用“边界”命令，可以分析封闭区域的轮廓，并通过多段线或面域的形式将封闭区域保存下来。

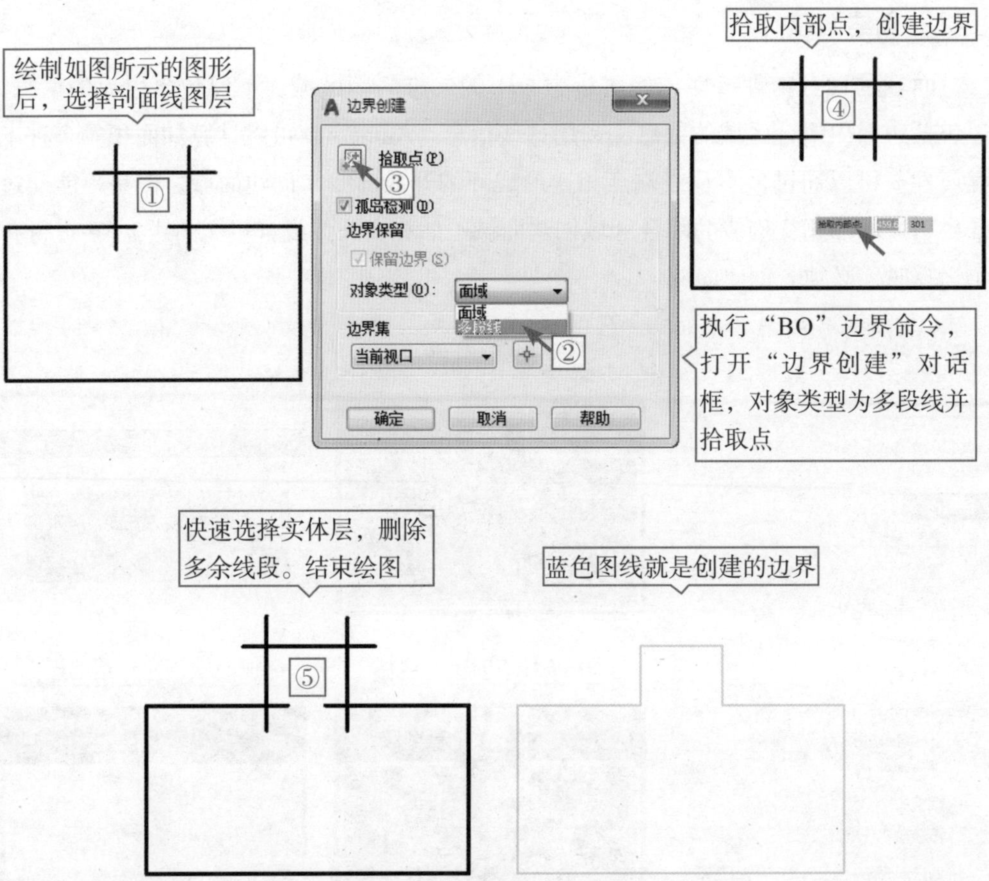

绘制如图所示的图形后，选择剖面线图层

边界创建
拾取点(P)
孤岛检测(D)
边界保留
保留边界(S)
对象类型(O)：面域
面域
多段线
边界集
当前视口
确定 取消 帮助

拾取内部点，创建边界

执行“BO”边界命令，打开“边界创建”对话框，对象类型为多段线并拾取点

快速选择实体层，删除多余线段。结束绘图

蓝色图线就是创建的边界

执行绘图命令的程序：

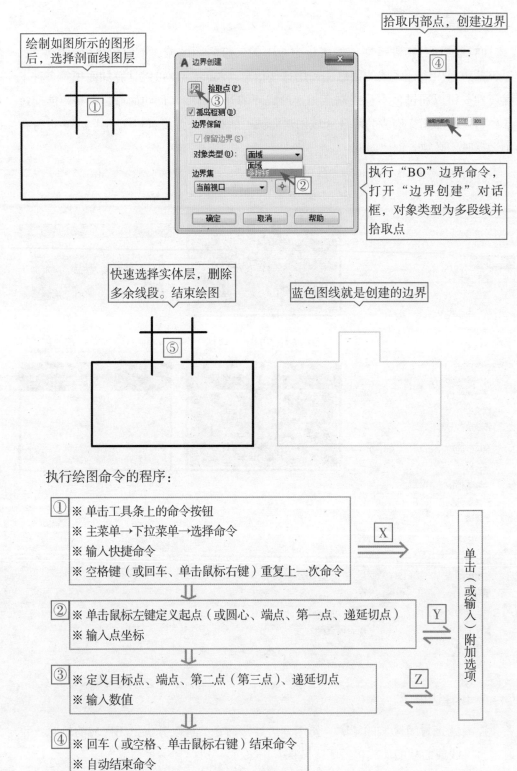

① ※ 单击工具条上的命令按钮
※ 主菜单→下拉菜单→选择命令
※ 输入快捷命令
※ 空格键（或回车、单击鼠标右键）重复上一次命令

② ※ 单击鼠标左键定义起点（或圆心、端点、第一点、递延切点）
※ 输入点坐标

③ ※ 定义目标点、端点、第二点（第三点）、递延切点
※ 输入数值

④ ※ 回车（或空格、单击鼠标右键）结束命令
※ 自动结束命令

X Y Z 单击（或输入）附加选项

※ 任何步骤中的键盘输入，均需按回车键确认。

# 第二节　基本图形编辑

本节主要介绍对图形对象的编辑和修改方法，熟悉并灵活使用不同的编辑命令，可以改善绘图质量，提高绘图效率。

## 一、复制、移动、旋转、缩放图形

复制、移动、旋转、缩放命令的操作见下表。

| 命令名称及按钮 | 操作步骤 | 作用 | 说明 |
| --- | --- | --- | --- |
| 移动 ①<br>移动 | ②选择位移对象，单击鼠标右键结束；③指定基点（或位移(D)）；④指定目标点（或输入移动的距离） | 移动到指定点或指定位移 | |
| 旋转 ①<br>旋转 | ②选择对象，单击鼠标右键结束；③指定基点；④指定旋转角度（或复制(C)参照(R)） | 绕基点旋转对象 | 可变换并复制 |
| 缩放 ①<br>缩放 | ②选择对象，单击鼠标右键结束；③指定基点；④指定缩放比例（或复制(C)参照(R)） | 放大或缩小对象 | 可根据参照对象变换 |
| 复制 ①<br>复制 | ②选择对象，单击鼠标右键结束；③指定基点（或位移(D)模式(O)）；④指定目标点（或阵列(A)） | 将对象复制到指定位置或位移 | 可选择单个和多个，可阵列复制 |

例　用复制、移动、旋转、缩放命令绘制图形。

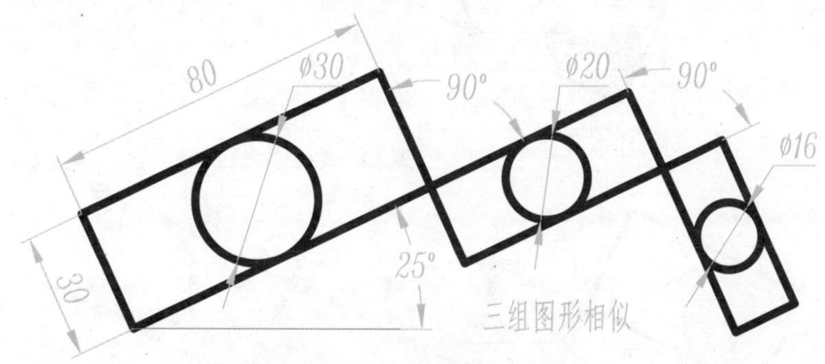


用复制、移动、旋转、缩放命令绘制图形

**操作步骤：**

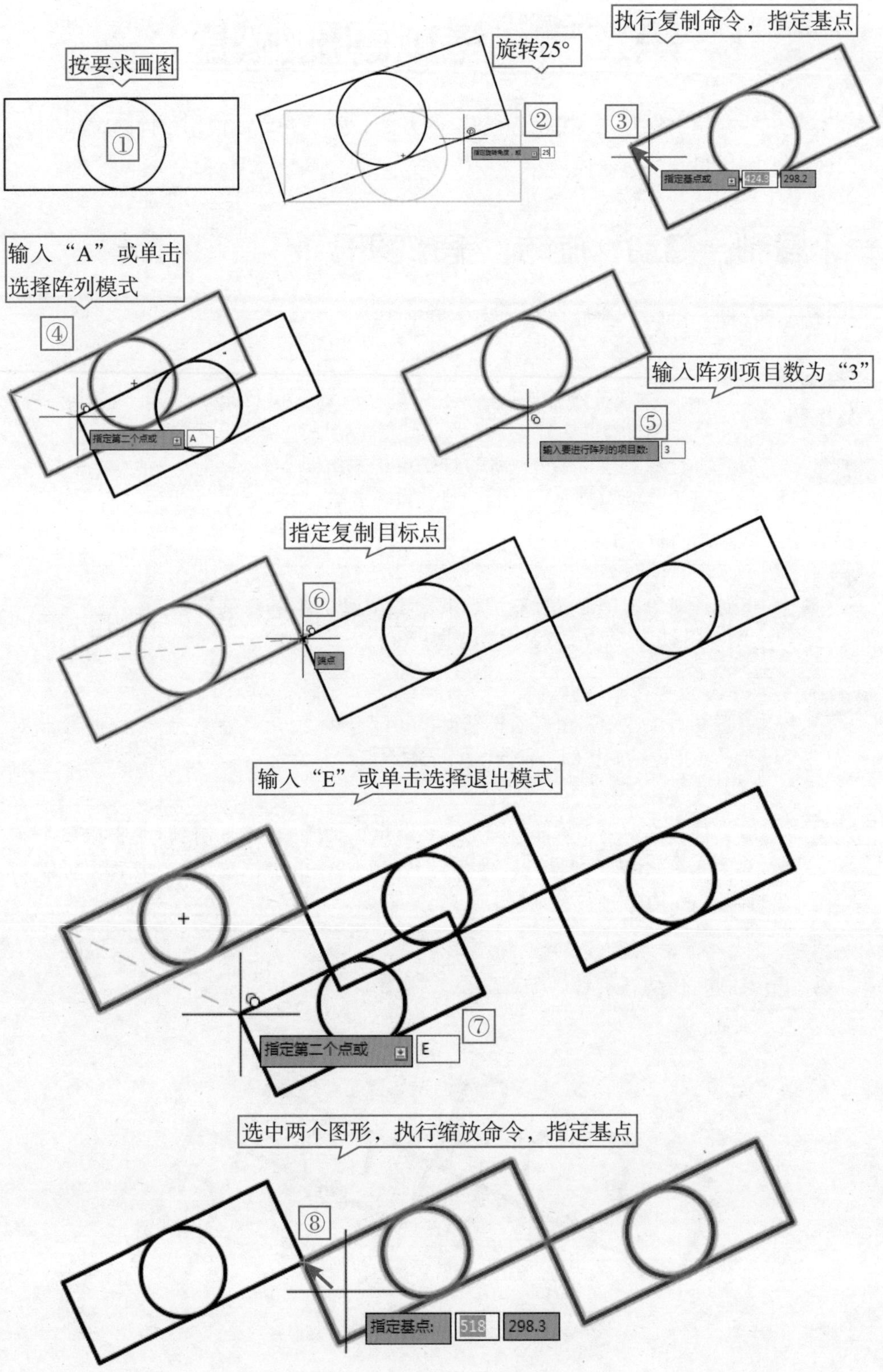

按要求画图

①

旋转25°

②

执行复制命令，指定基点

③

指定基点或 424.3 298.2

输入“A”或单击选择阵列模式

④

指定第二个点或 A

输入阵列项目数为“3”

⑤

输入要进行阵列的项目数: 3

指定复制目标点

⑥

端点

输入“E”或单击选择退出模式

⑦

指定第二个点或 E

选中两个图形，执行缩放命令，指定基点

⑧

指定基点: 518 298.3

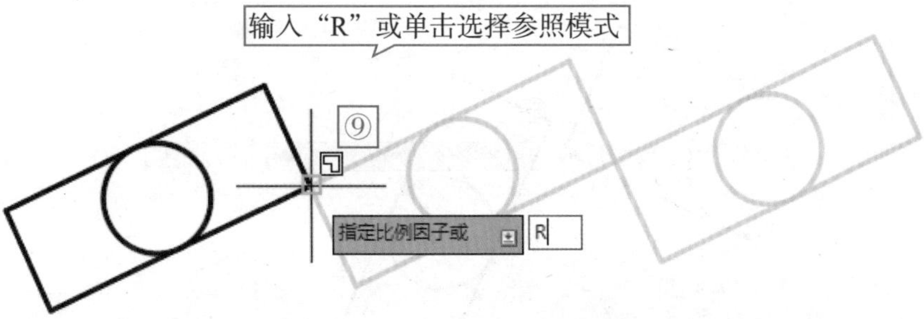

输入“R”或单击选择参照模式

⑨

指定比例因子或 R

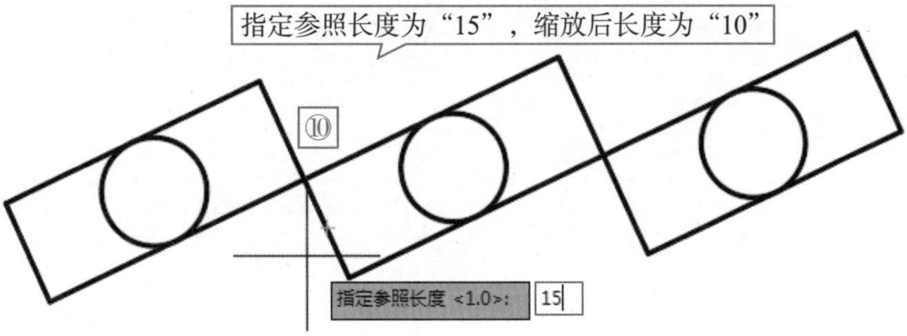

指定参照长度为“15”，缩放后长度为“10”

⑩

指定参照长度 <1.0>: 15

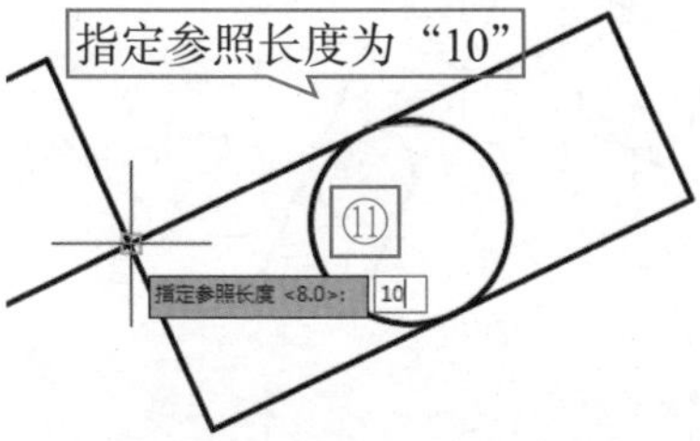

指定参照长度为“10”

⑪

指定参照长度 <8.0>: 10

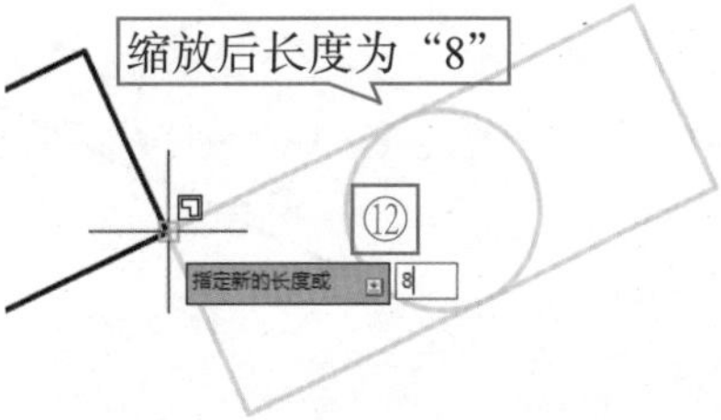

缩放后长度为“8”

⑫

指定新的长度或 8

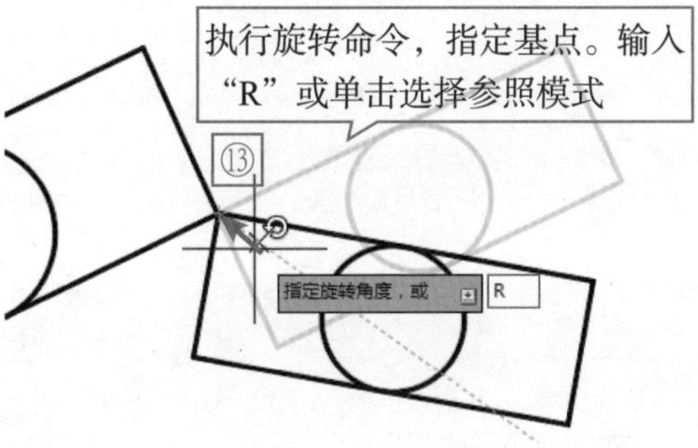

执行旋转命令，指定基点。输入“R”或单击选择参照模式

⑬

指定旋转角度，或 R

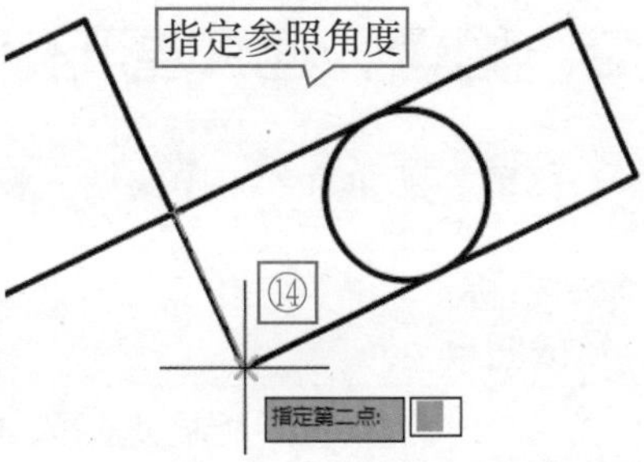

指定参照角度

⑭

指定第二点:

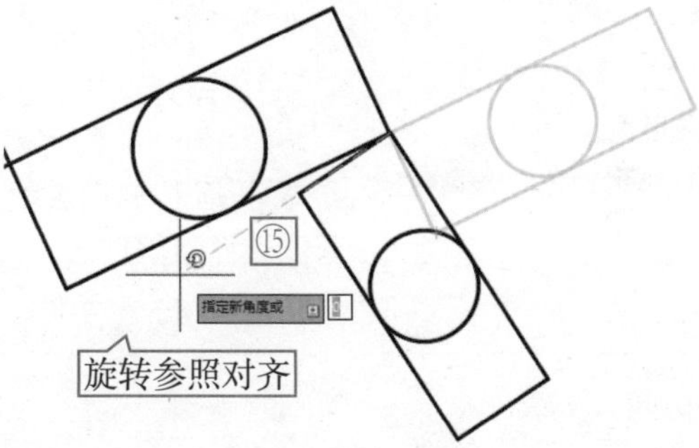

⑮

指定新角度或

旋转参照对齐

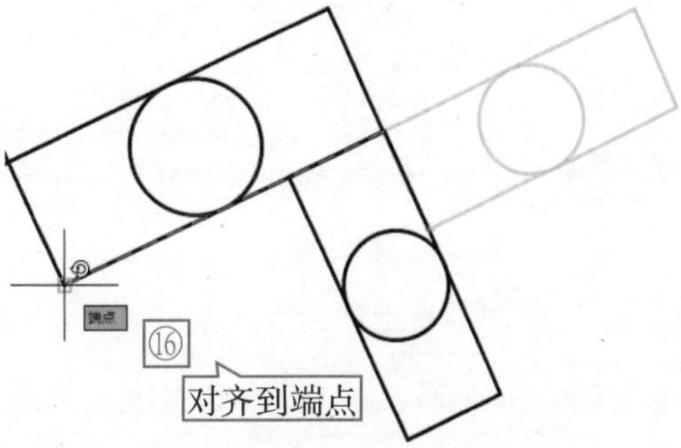

端点

⑯

对齐到端点

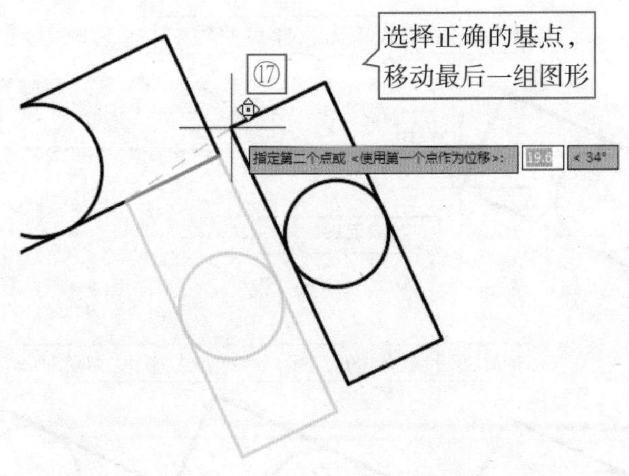


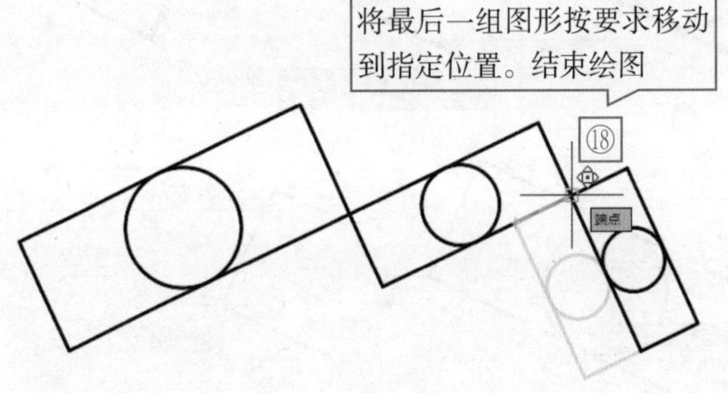

将最后一组图形按要求移动
到指定位置。结束绘图
⑱
端点


## 二、修剪、延伸图形

修剪、延伸命令的操作见下表。

| 命令名称及按钮 | 操作步骤 | 作用 | 说明 |
|---|---|---|---|
| 修剪 ①<br>修剪 | ②选择边界（越过选择，默认全部图形为边界）；<br>③选择修剪模式及条件：（栏选(F)、窗交(C)、投影(P)、边(E)、删除(R)）；<br>④执行修剪 | 剪掉多余的边线 | 按Shift键可执行延伸 |
| 延伸 ①<br>延伸 | ②选择边界（越过选择，默认全部图形为边界）；<br>③选择延伸模式及条件：（栏选(F)、窗交(C)、投影(P)、边(E)、删除(R)）；<br>④执行延伸 | 将线段延长到边界 | 按Shift键可执行修剪 |

例　用修剪、延伸命令将以下左图编辑为右图。

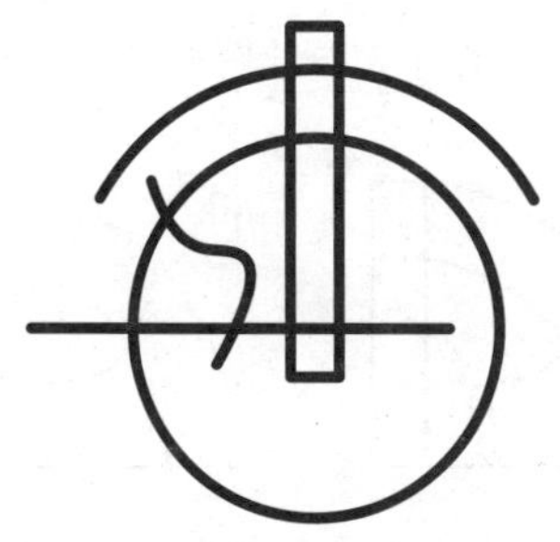

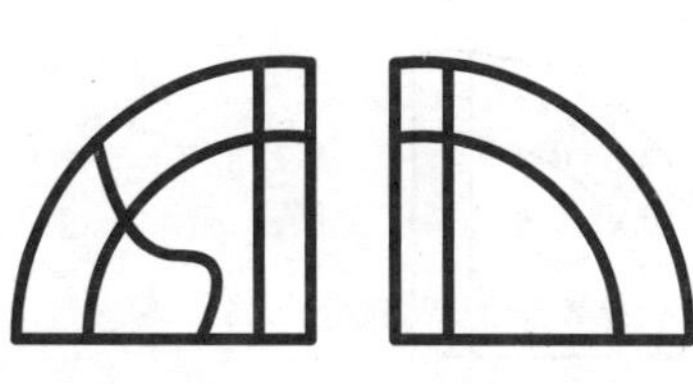

修剪、延伸命令绘图

**操作步骤：**

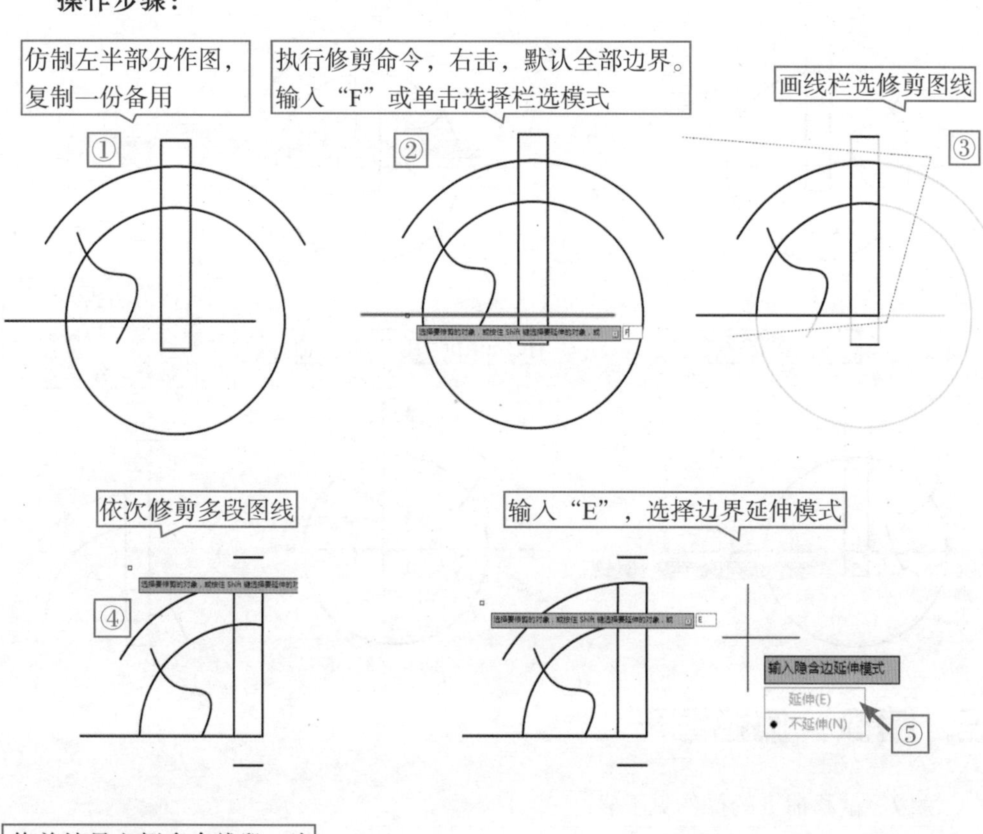


修剪掉最左侧多余线段。在修剪上方圆弧时，发现样条线延伸边界不适用

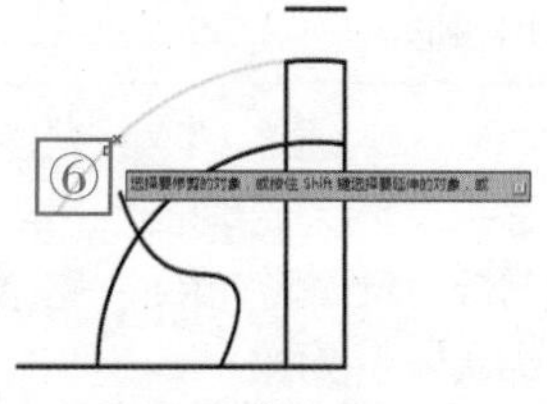


按Shift键延伸样条线

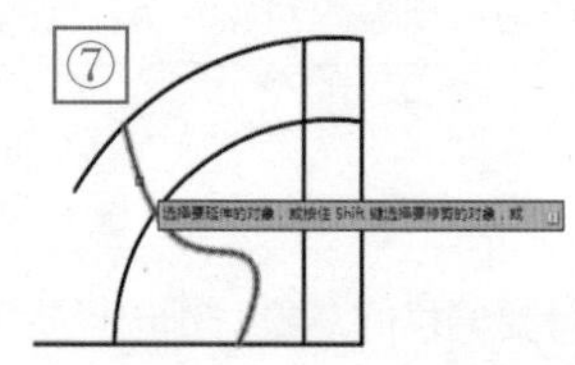


按Shift键延伸圆弧

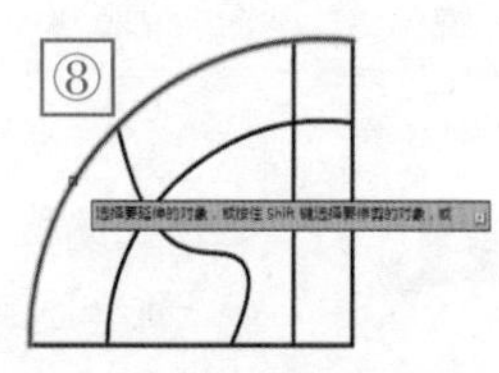

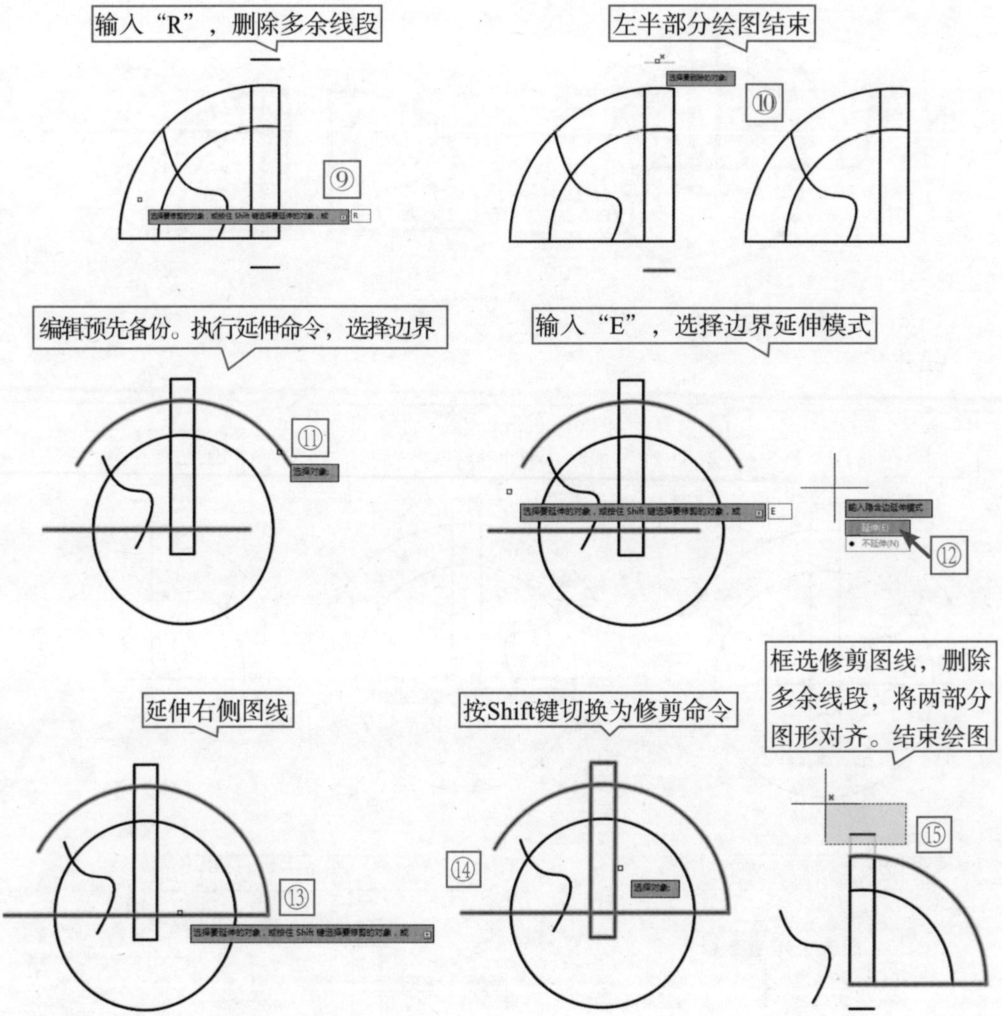

输入“R”，删除多余线段

⑨

左半部分绘图结束

⑩

编辑预先备份。执行延伸命令，选择边界

⑪

输入“E”，选择边界延伸模式

⑫

延伸右侧图线

⑬

按Shift键切换为修剪命令

⑭

框选修剪图线，删除多余线段，将两部分图形对齐。结束绘图

⑮

## 三、镜像、偏移图形

镜像、偏移命令的操作见下表。

| 命令名称及按钮 | 操作步骤 | 作用 | 说明 |
|---|---|---|---|
| 镜像 ①<br>镜像 | ②选择对象，右击；③指定镜像线第一点；④指定镜像线第二点；⑤选择是否删除源对象；⑥空格结束 | 做了一个轴对称图形 | |
| ②<br>偏移 | ②指定偏移距离或（通过(T)、删除(E)、图层(L)），输入距离值；③选择要偏移的对象；④选择要偏移的方向，可连续执行多次；⑤空格结束 | 偏移结果轮廓与源对象轮廓法线距离相等 | 通过（T）：偏移结果轮廓通过指定点<br>删除（E）：删除源对象<br>图层（L）：偏移结果更新为当前图层 |

例　用镜像、偏移命令绘图。

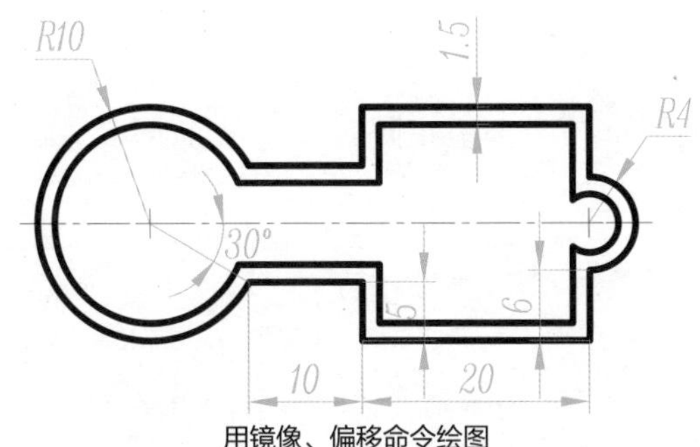


用镜像、偏移命令绘图

**操作步骤：**

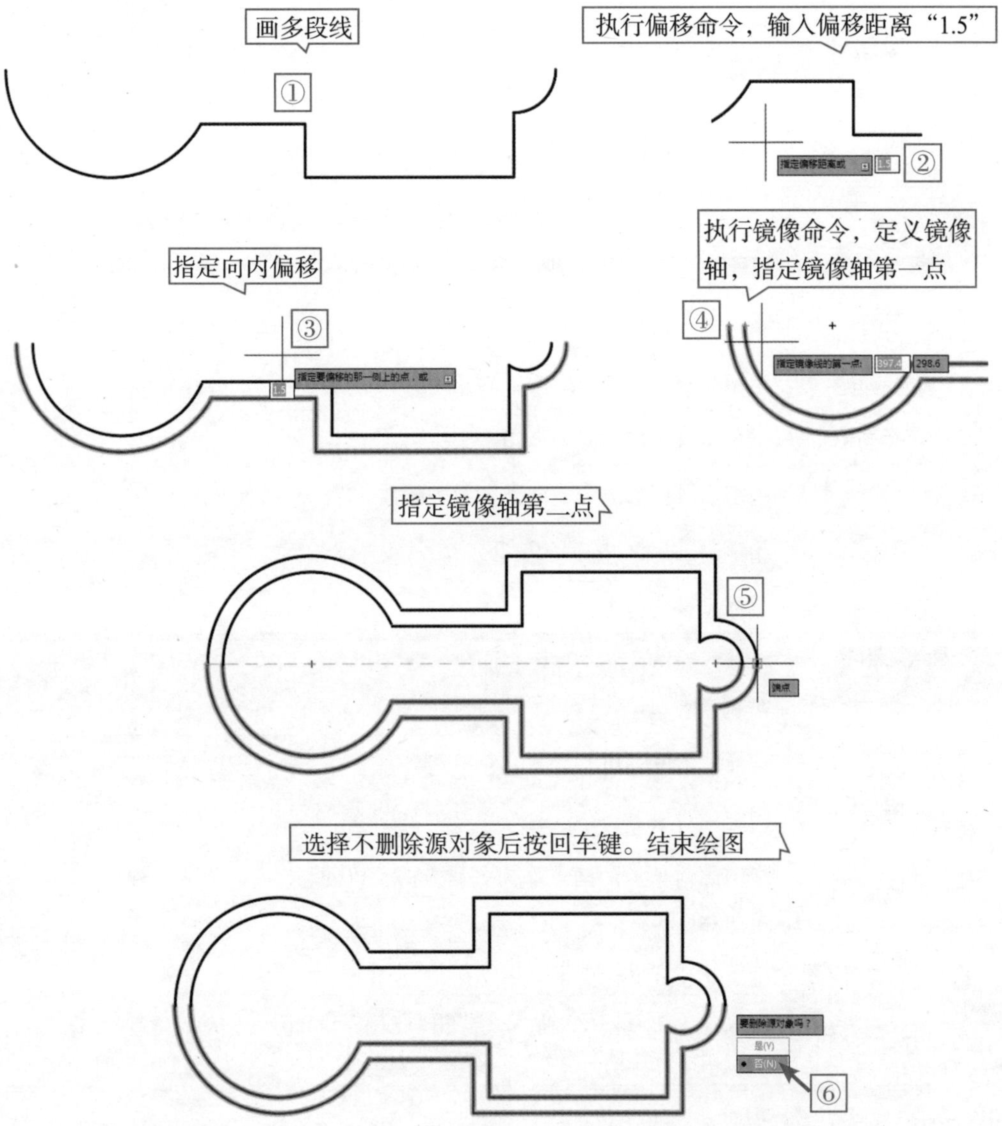

画多段线

①

执行偏移命令，输入偏移距离“1.5”

指定偏移距离或 1.5 ②

指定向内偏移

③

指定要偏移的那一侧上的点，或 1.5

执行镜像命令，定义镜像轴，指定镜像轴第一点

④

指定镜像线的第一点: 297.4 298.6

指定镜像轴第二点

⑤

端点

选择不删除源对象后按回车键。结束绘图

要删除源对象吗？
是(Y)
否(N)

⑥

# 四、阵列图形

阵列工具可按条件整齐分布多组相同图形，它是使用频次非常高的工具。

阵列工具的编辑操作见下表。

| 阵列方式 | | 操作步骤 | 作用 |
|---|---|---|---|
| 矩形阵列 ① | | ②选择对象；③编辑阵列；④按回车键结束 | 矩形整齐排列多个源对象 |
| ③编辑阵列（详解） | 关联(AS) | 选择是否关联 | 是：将阵列对象关联为一体，可整体编辑 |
| | 基点(B) | 指定基点 | 指定计数对齐点 |
| | 计数(COU) | 指定行数、列数 | |
| | 间距(S) | 指定列之间的距离、指定行之间的距离 | |
| 环形阵列 ① | | ②选择对象；③指定阵列的中心点或（基点(B)、旋转轴(A)）；④编辑阵列；⑤按回车键结束 | 围绕一个中心点，均匀分布多个源对象 |
| ④编辑阵列（详解） | 项目(I) | 指定阵列数目 | |
| | 项目间角度(A) | 指定相邻两个项目之间的夹角 | |
| | 填充角度(F) | 指定所有项目之间的夹角 | |
| | 行(ROW) | 指定沿圆同法线方向向外发散的圈数 | |
| | 层(L) | 指定沿Z轴方向阵列的层数 | |
| | 旋转项目(ROT) | 选择是否旋转源对象 | |
| 路径阵列 ① | | ②选择对象；③选择路径曲线；④编辑阵列；⑤按回车键结束 | 沿路径均匀分布源对象 |
| ④编辑阵列（详解） | 方法(M) | 选择定数或定距等分 | |
| | 基点(B) | 指定源对象上与路径的对齐点 | |
| | 切向(T) | 指定源对象上的两点作为矢量方向，以便与路径相切 | |
| | 对齐项目(A) | 选择阵列项目是否与路径对齐 | |
| | z 方向(Z) | 选择阵列项目是否保持Z轴相对位置不变（适用于三维路径） | |

例 1　用矩形阵列命令绘图。

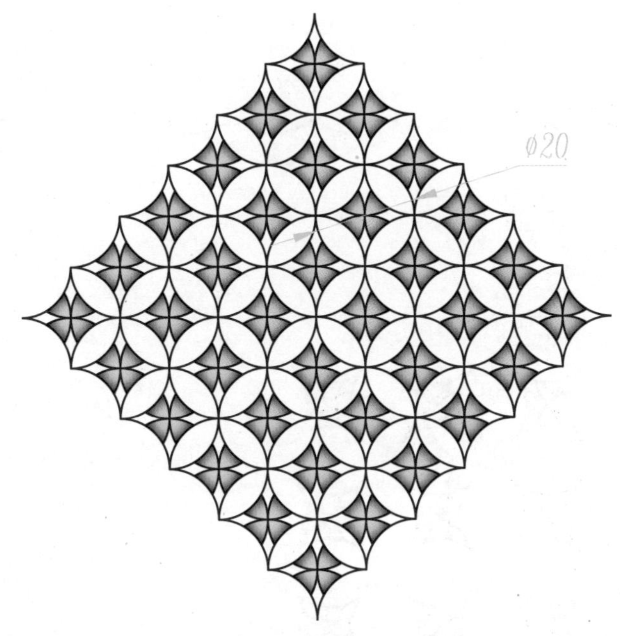


用矩形阵列命令绘图

**操作步骤：**

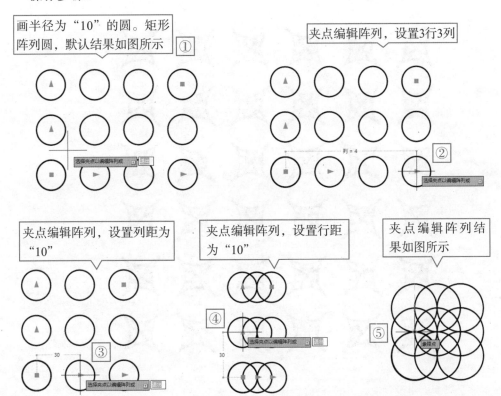

画半径为“10”的圆。矩形阵列圆，默认结果如图所示 ①

选择夹点以编辑阵列或 退出

夹点编辑阵列，设置3行3列

列 = 4 ②

选择夹点以编辑阵列或

夹点编辑阵列，设置列距为“10”

30 ③

选择夹点以编辑阵列或 退出

夹点编辑阵列，设置行距为“10”

④ 选择夹点以编辑阵列或 退出

30

夹点编辑阵列结果如图所示

⑤ 象限点

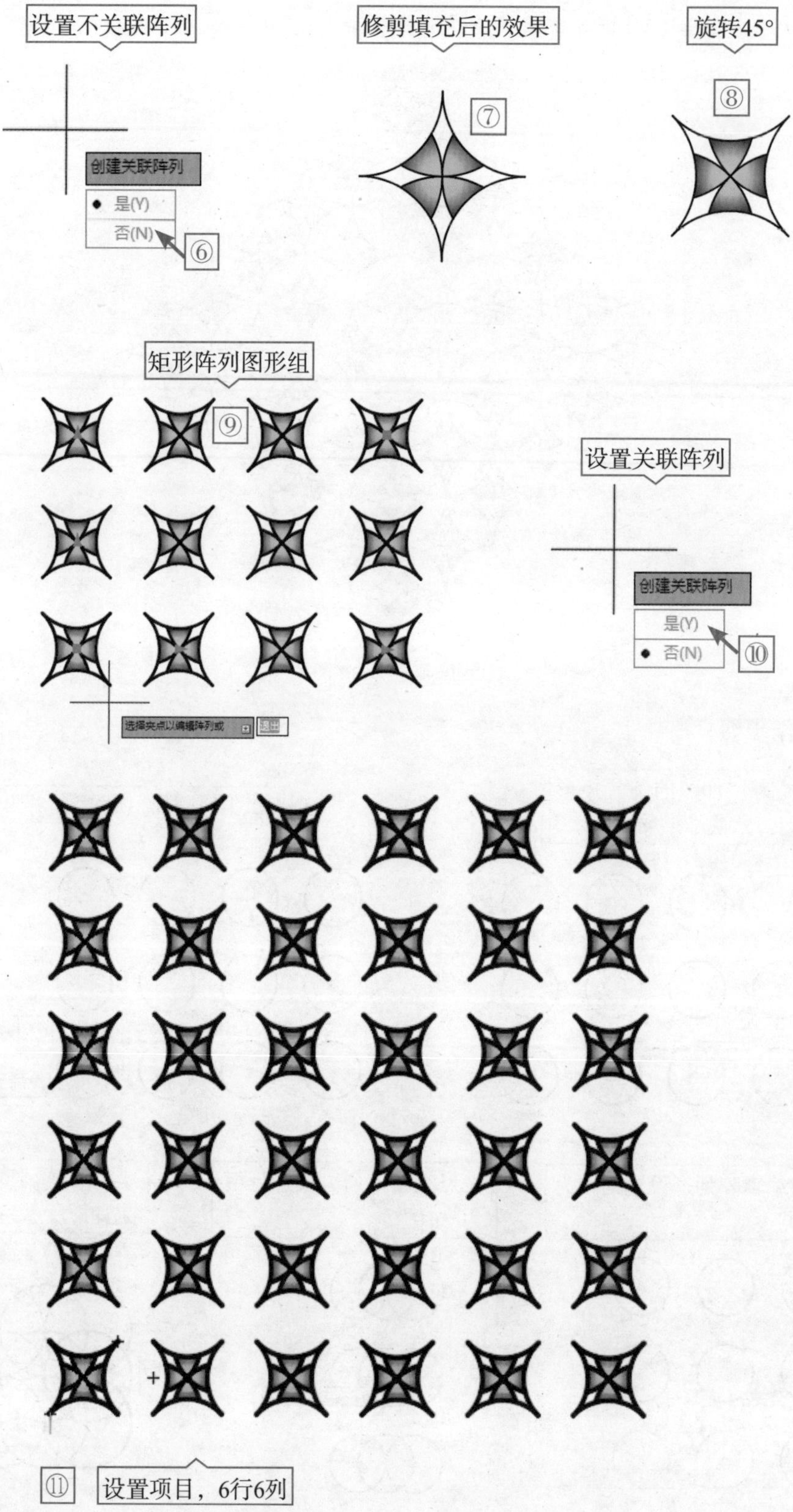

设置不关联阵列

创建关联阵列

• 是(Y)

否(N) ⑥

修剪填充后的效果 ⑦

旋转45° ⑧

矩形阵列图形组 ⑨

设置关联阵列

创建关联阵列

是(Y) ⑩

• 否(N)

选择夹点以编辑阵列或

⑪ 设置项目，6行6列

设置列距，鼠标测量列距

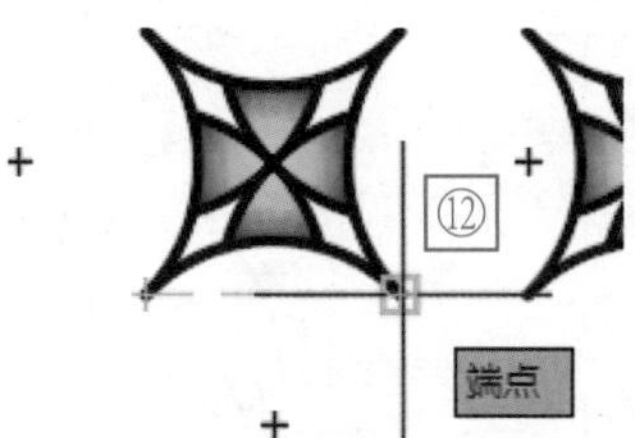

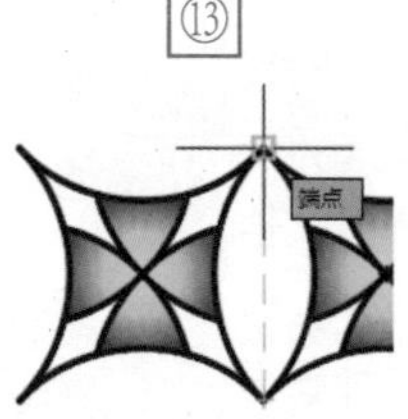


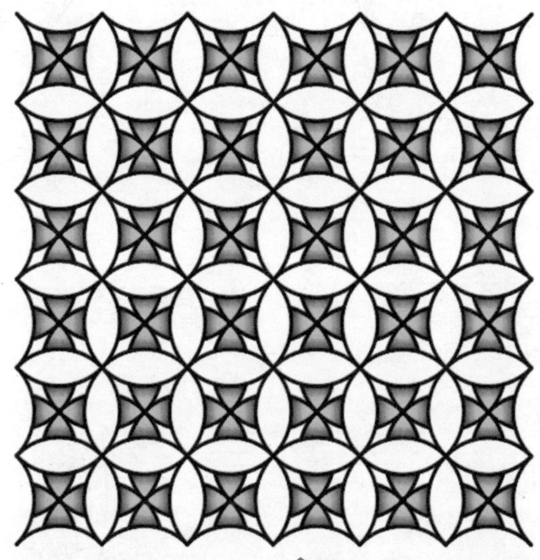

⑭ 回车，结束阵列。旋转图形45°，结束绘图

例2　用环形阵列命令绘图。

用环形阵列命令绘图

**操作步骤：**

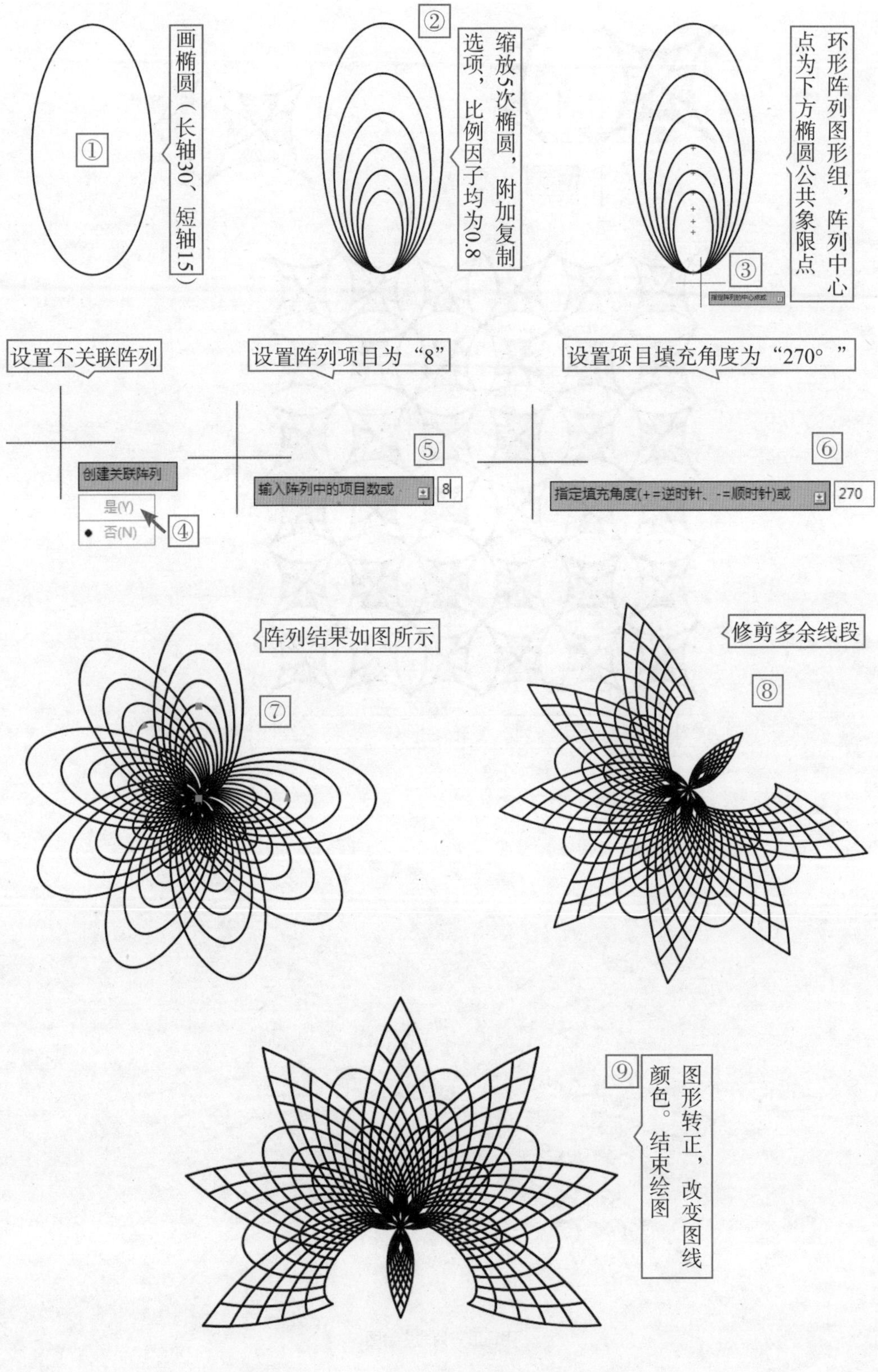

①
画椭圆（长轴30、短轴15）
②
缩放5次椭圆，附加复制选项，比例因子均为0.8
③
环形阵列图形组，阵列中心点为下方椭圆公共象限点
设置不关联阵列
创建关联阵列
是(Y)
否(N)
④
设置阵列项目为“8”
输入阵列中的项目数或
8
⑤
设置项目填充角度为“270°”
指定填充角度(+=逆时针、-=顺时针)或
270
⑥
阵列结果如图所示
⑦
修剪多余线段
⑧
⑨
图形转正，改变图线颜色。结束绘图

例 3　用路径阵列命令绘图

椭圆长轴200，短轴64
椭圆长轴140，短轴80

用路径阵列命令绘图

**操作步骤：**

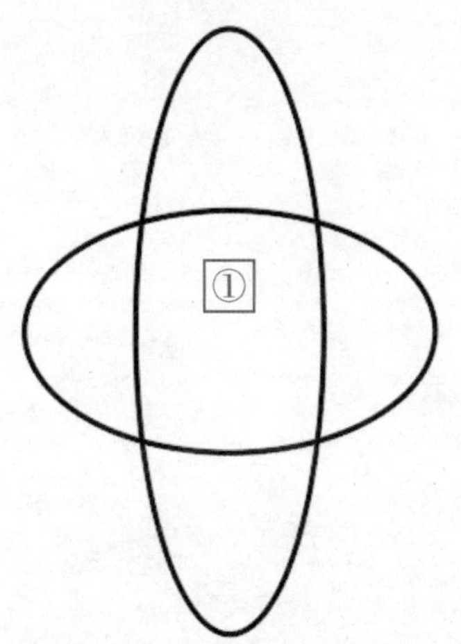
画两个椭圆，分别为长轴200、短轴64；长轴140、短轴80
①

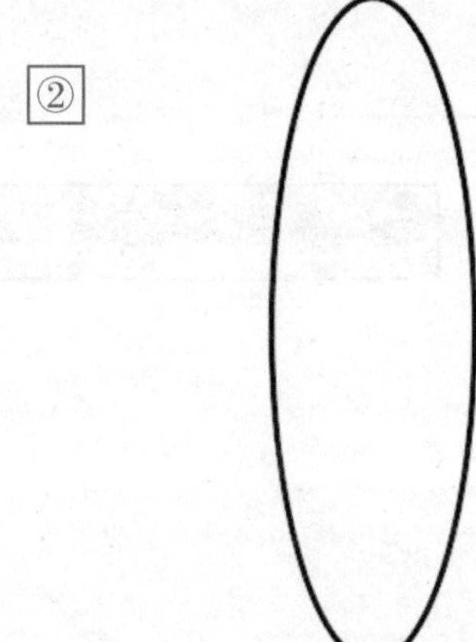
复制大椭圆，缩放椭圆组，比例因子为“0.05”
②

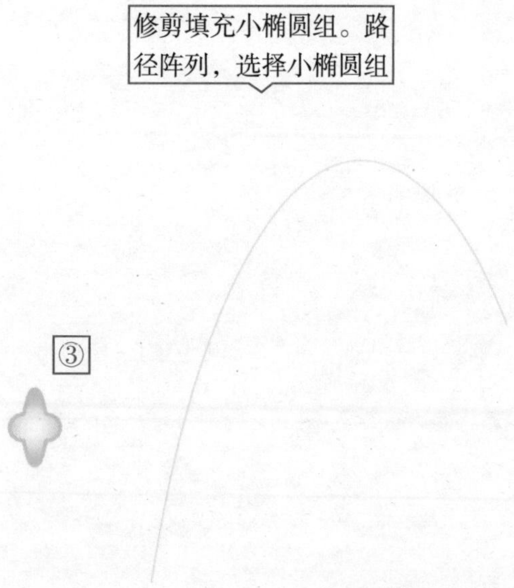

修剪填充小椭圆组。路径阵列，选择小椭圆组

③

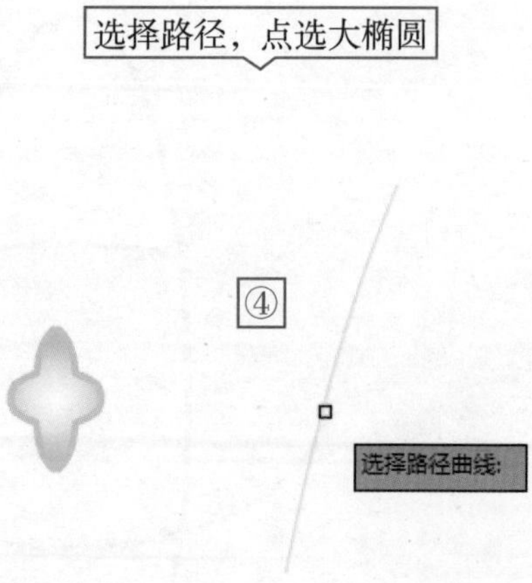

选择路径，点选大椭圆

④

选择路径曲线:

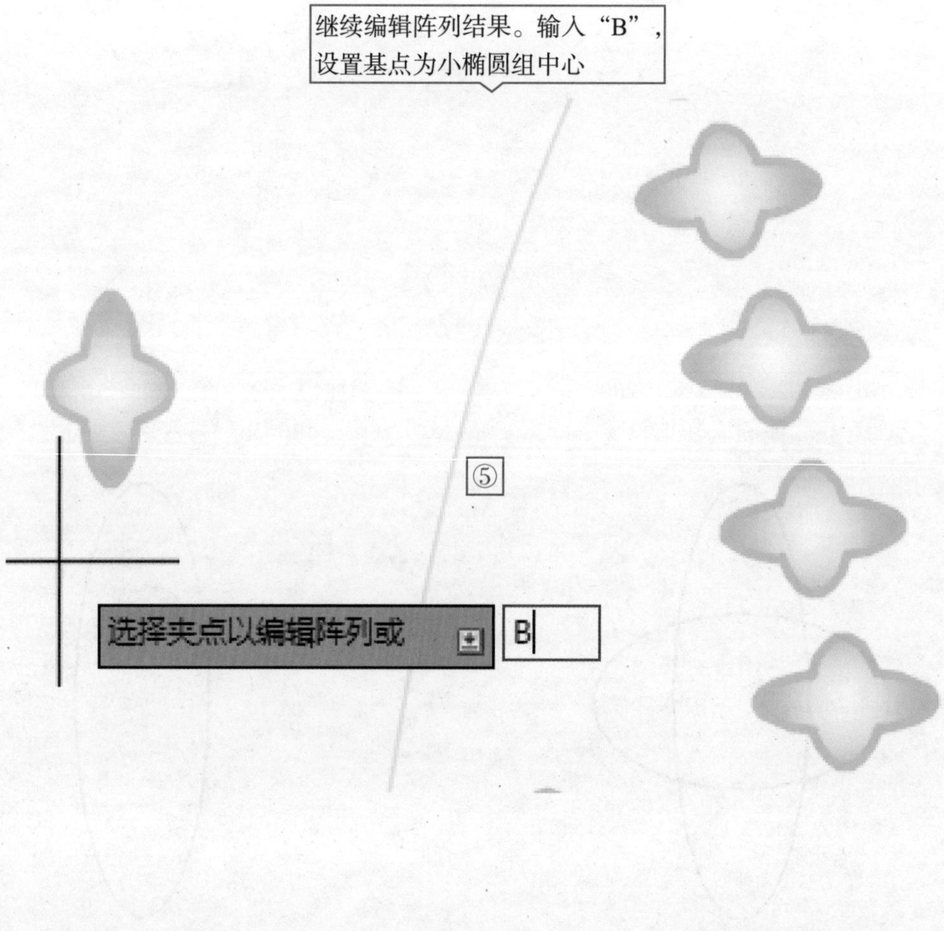

继续编辑阵列结果。输入“B”，设置基点为小椭圆组中心

⑤

选择夹点以编辑阵列或

B

基点对齐后的效果

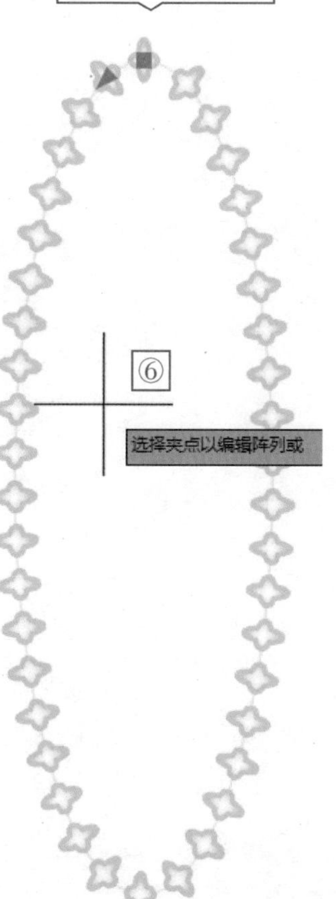
⑥
选择夹点以编辑阵列或

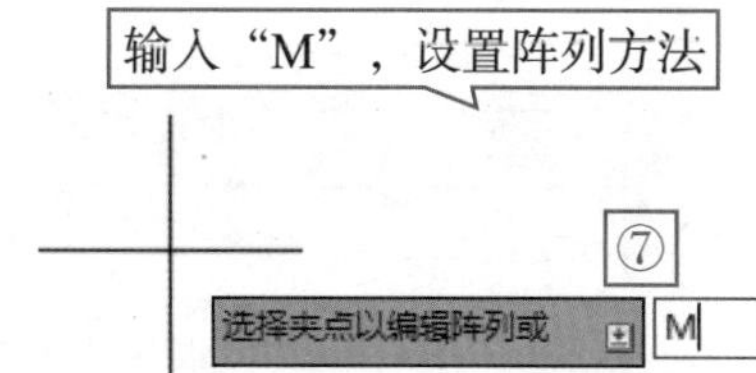
输入“M”，设置阵列方法
⑦
选择夹点以编辑阵列或
M

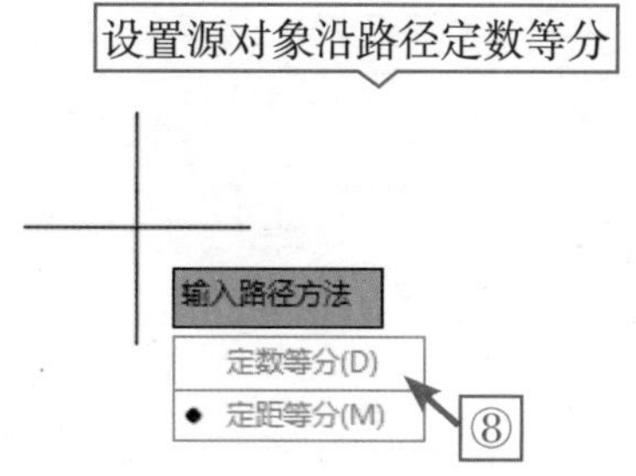
设置源对象沿路径定数等分
输入路径方法
定数等分(D)
定距等分(M)
⑧

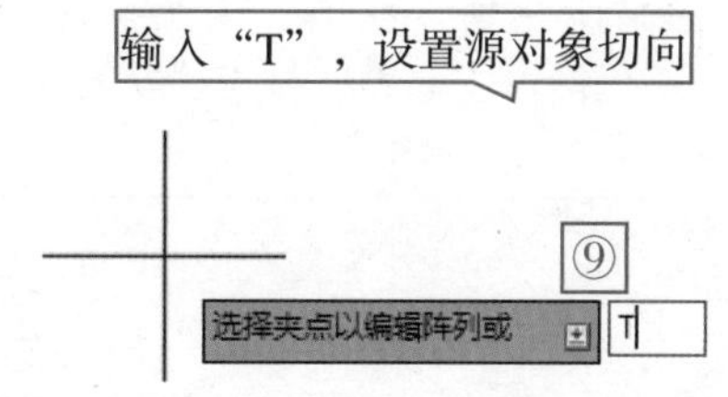
输入“T”，设置源对象切向
⑨
选择夹点以编辑阵列或
T

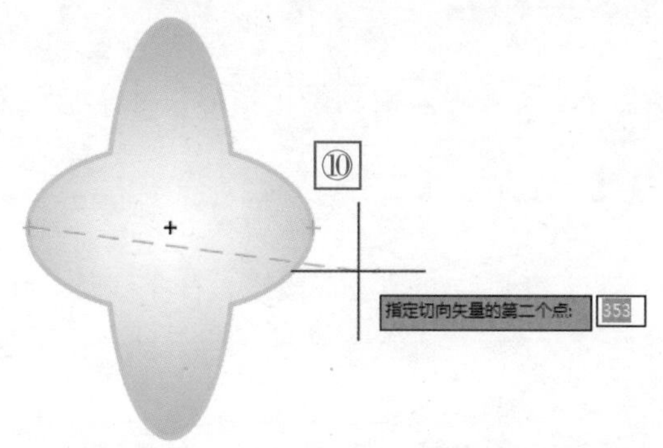
依次单击横向两象限点，定义切向
⑩
指定切向矢量的第二个点:

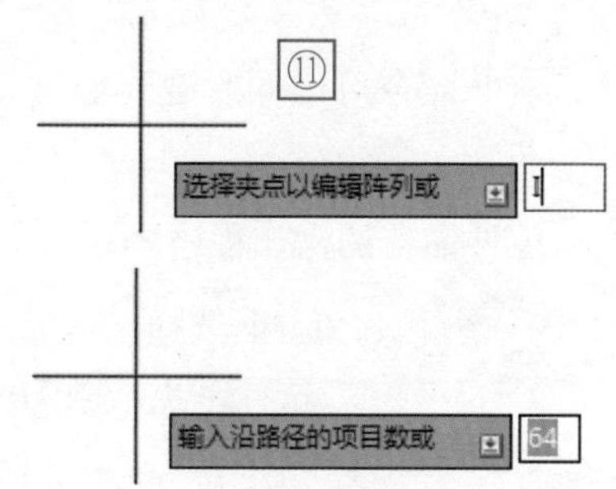
输入“I”，设置阵列数目为“64”
⑪
选择夹点以编辑阵列或
I
输入沿路径的项目数或
64

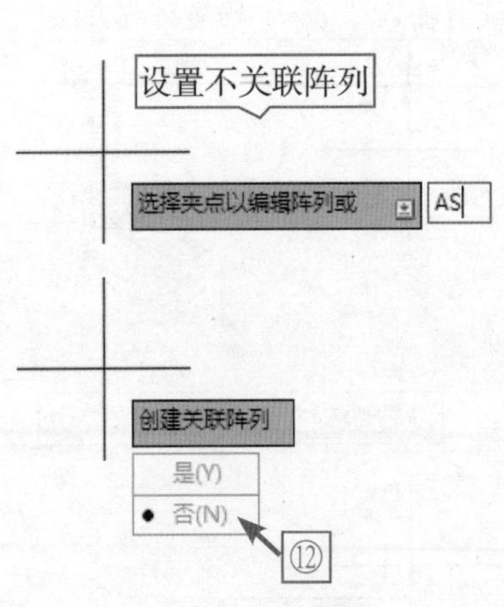


⑬
阵列最终结果如图所示。复制最下方三个小椭圆组，最后将椭圆组放大5倍，改变填充颜色。结束绘图

## 五、拉伸、对齐、圆角、倒角图形

### 1. 拉伸

拉伸命令可以同时变形和移动图形组分，通常用来精确修正图形尺寸，它也是一个非常实用的命令。

拉伸命令的操作程序为：

①

②右框选择图形元素（或直线、圆弧拉伸端、多段线、样条线某几段）

③选择基点或位移(D)

④指定目标点。结束命令

例　用拉伸命令绘图。

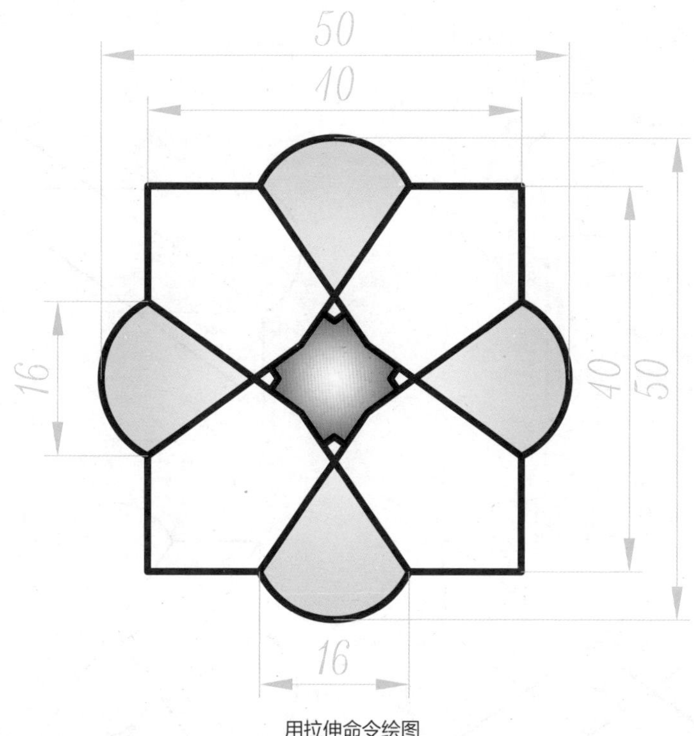


用拉伸命令绘图

**操作步骤：**

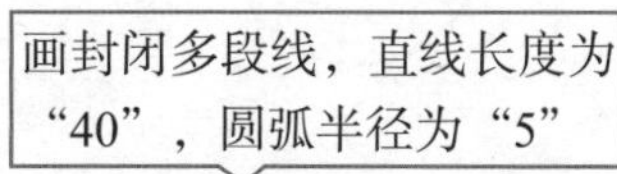

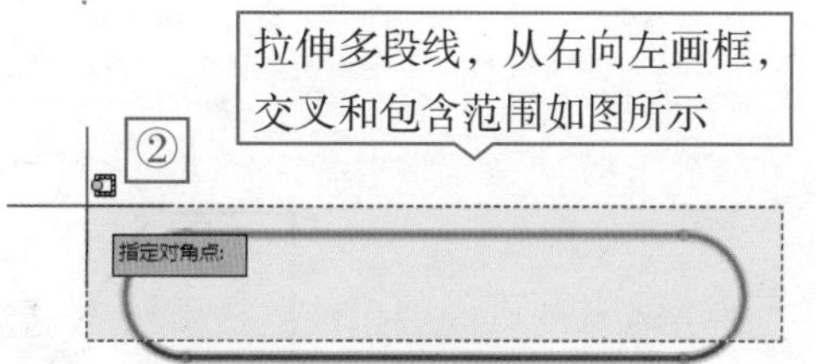


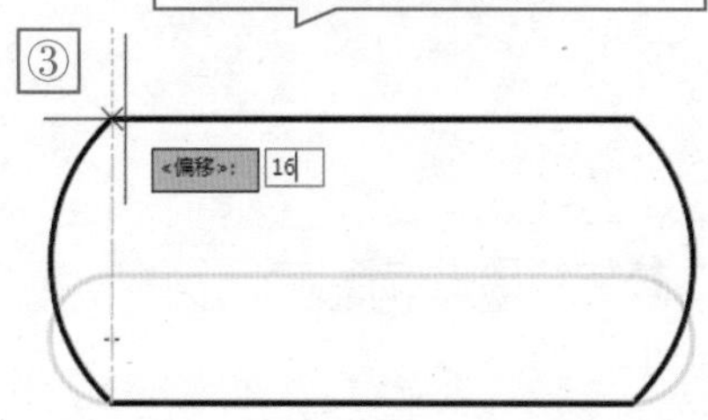

画封闭多段线，直线长度为“40”，圆弧半径为“5”

拉伸多段线，从右向左画框，交叉和包含范围如图所示

以左侧上方角点为基点，捕捉“自”左侧最下方角点，精确拉伸图形高度为“16”
③
<偏移>:
16


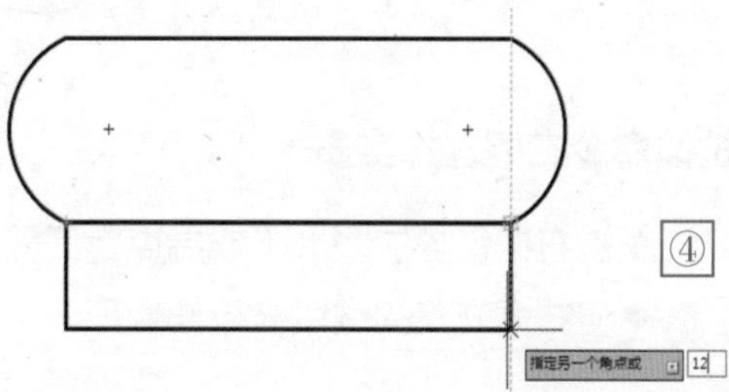

画矩形（长40，高12），对齐图形

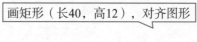

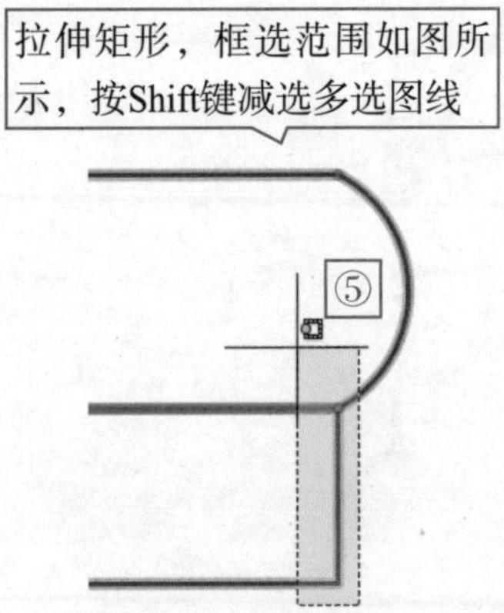

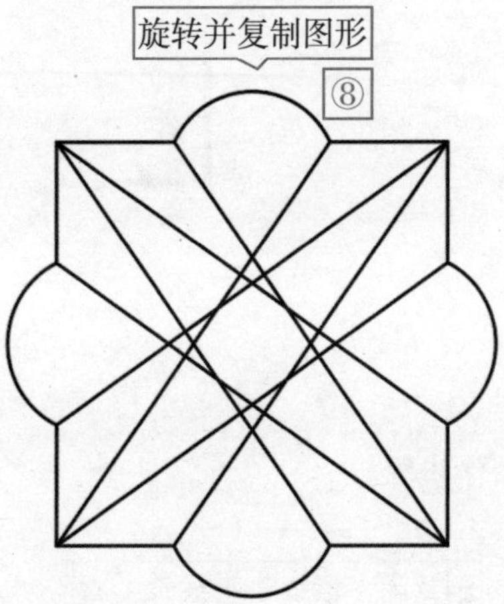

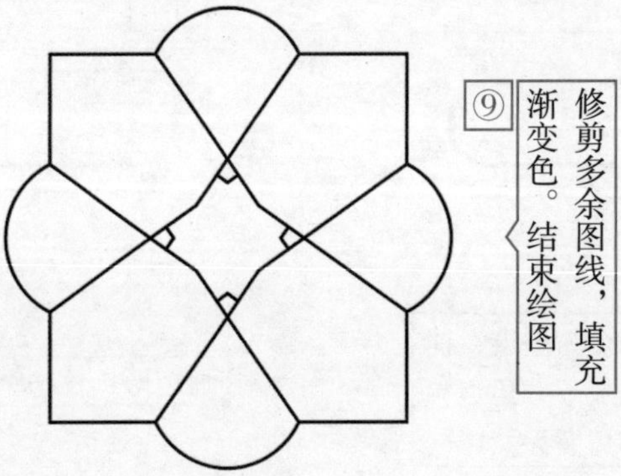

拉伸矩形，框选范围如图所示，按Shift键减选多选图线

⑤

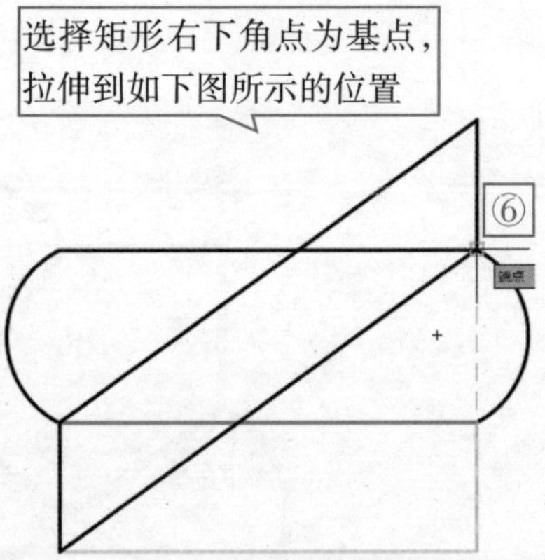

选择矩形右下角点为基点，拉伸到如下图所示的位置

⑥

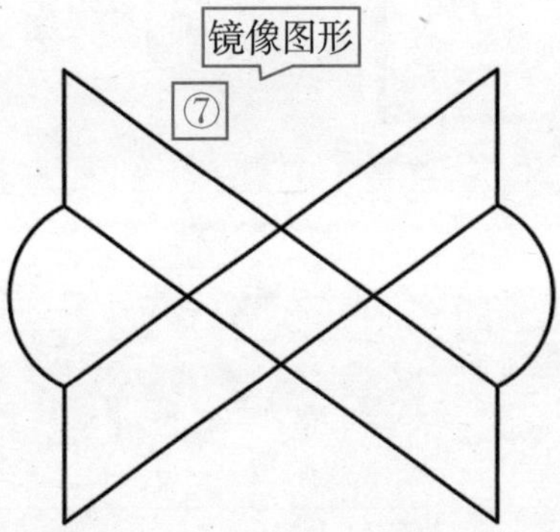

旋转并复制图形

⑧

镜像图形

⑦

⑨

修剪多余图线，填充渐变色。结束绘图

**拉伸命令右框选择实质**

◆被右框包含的图形（或端点、线段、控制点）拉伸结果是位移。

◆与右框交叉的线段被拉伸变形。

## 2. 对齐

对齐命令可将源对象按参照点，对齐到目标对象。

对齐命令的操作程序为：

对齐 ①　②选择源对象　③指定第一个源点　④指定第一个目标点　⑤指定第二个源点　⑥指定第二个目标点　⑦按回车键略过第三个对齐点　⑧选择是否缩放对象。结束

### 3. 圆角、倒角

圆角、倒角工具的编辑操作见下表。

| 命令名称及按钮 | | 操作步骤 | 作用 |
|---|---|---|---|
| 圆角 ① | | ②选择第一个对象或（附加选项）；③选择第二个对象，结束 | ※将角点圆角<br>※将曲线之间圆弧连接 |
| ②附加选项（详解） | 多段线(P) | 多段线上的多个角点可同时圆角 | |
| | 半径(R) | 设置圆角半径 | |
| | 修剪(T) | 可设置是否修剪（延伸）原图线 | |
| | 多个(M) | 可同时圆角多个角点 | |
| 倒角 ① | | ②选择第一条直线或（附加选项）；③选择第二条直线，结束 | ※将直线角点倒角<br>※只能是直线角点，曲线角点不能倒角<br>注：圆角已有附加选项，不再重复解释 |
| ②附加选项（详解） | 距离(D) | 指定两条直线缩短的距离 | |
| | 角度(A) | 指定第一条直线倒角长度，指定倒角角度 | |
| | 方式(E) | 选择距离(D)或角度(A)模式 | |

例　用对齐、圆角、倒角命令绘图。

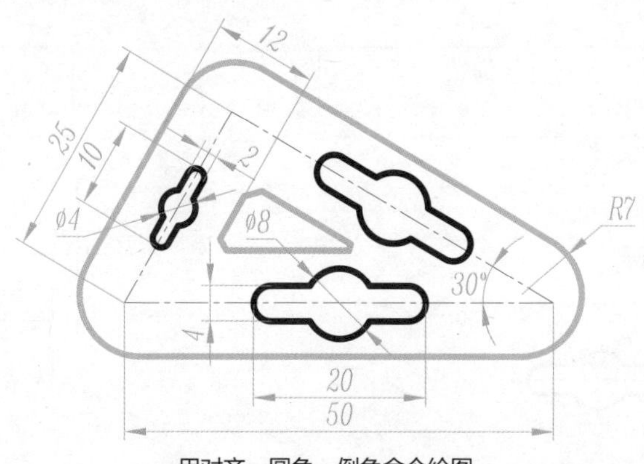


用对齐、圆角、倒角命令绘图

**操作步骤：**

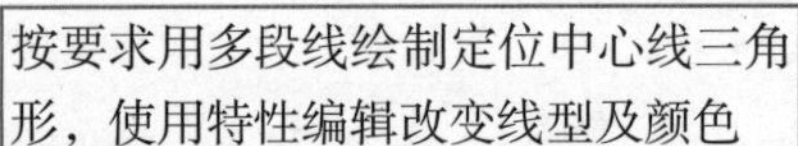

按要求用多段线绘制定位中心线三角形，使用特性编辑改变线型及颜色

①

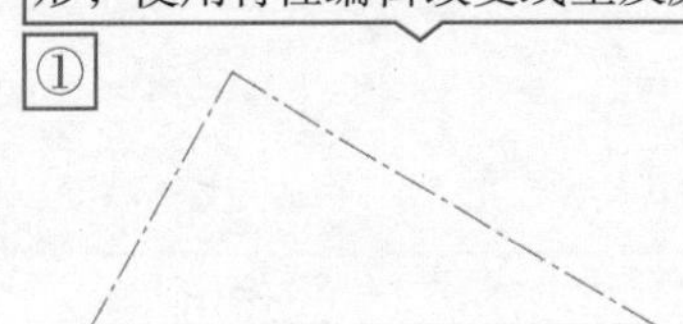

分别向内偏移、向外偏移“6”。改变线型颜色

②

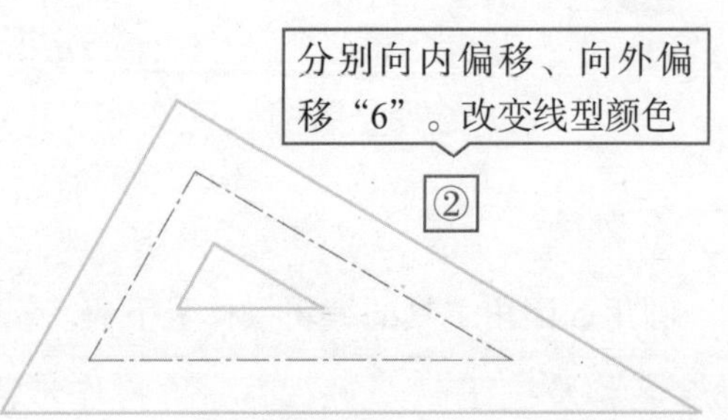

按要求画如下图所示的长孔图形组

③

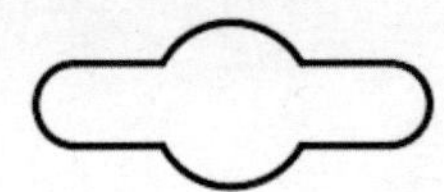

复制长孔图形组至下方中心线中点

④

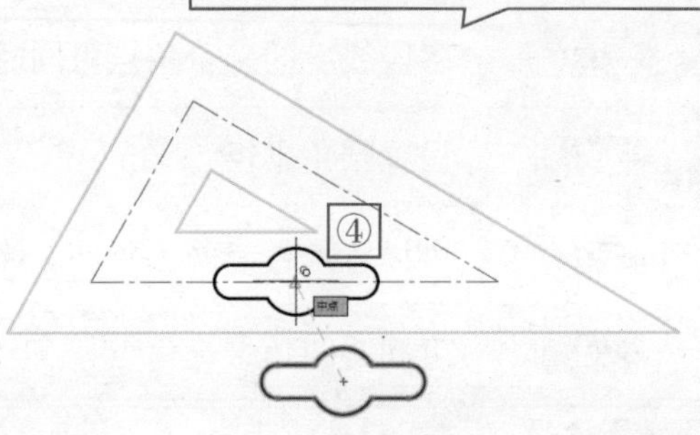

执行对齐命令，选择长孔图形组对齐到右侧中心线中点

⑤

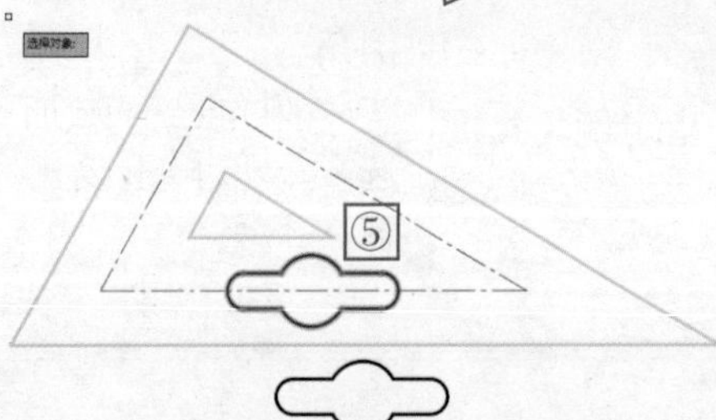

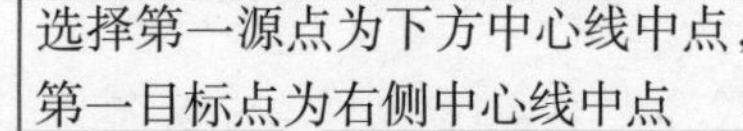

选择第一源点为下方中心线中点，第一目标点为右侧中心线中点

⑥

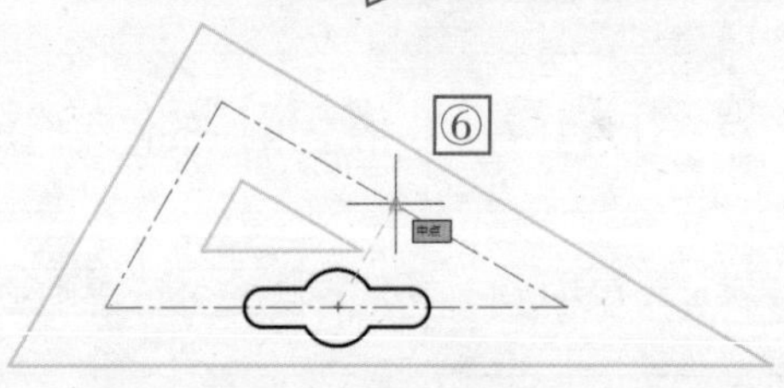

选择左下方中心线交点为第二源点，选择最上方中心线交点为第二目标点

⑦

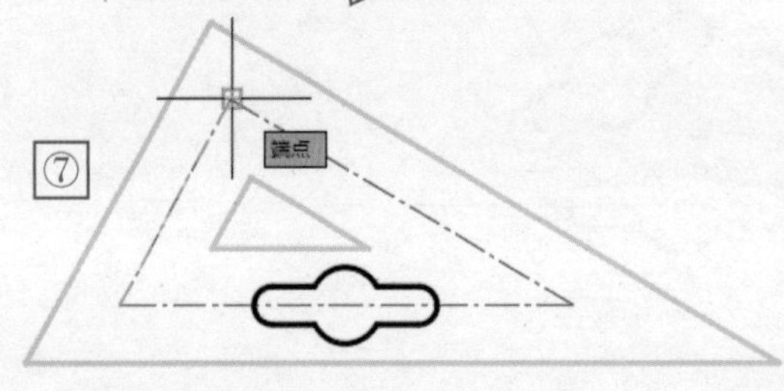


按回车键，略过第三对齐点。选择不缩放对象

⑧

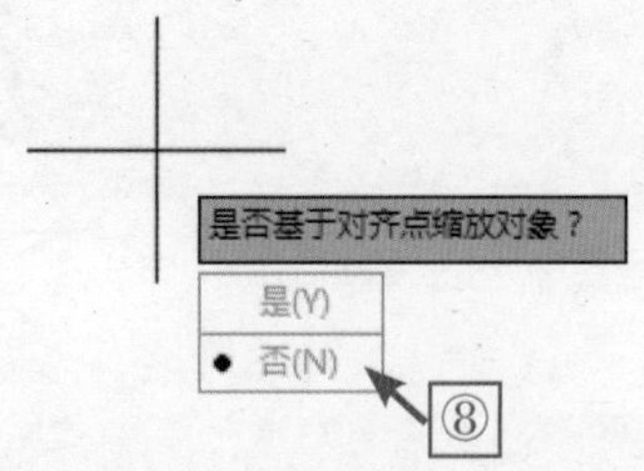

执行对齐命令，将下方长孔图形组对齐到左侧中心线中点。选择长孔中心为第一源点，选择左侧中心线中点为第一目标点

⑨

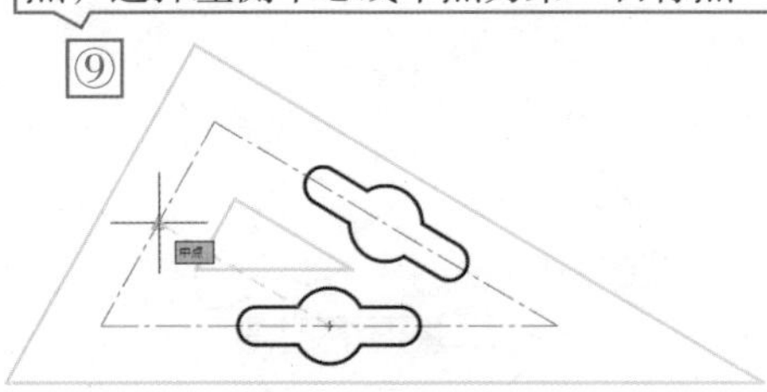

选择右侧中心线交点为第二源点，选择最上方中心线交点为第二目标点

⑩

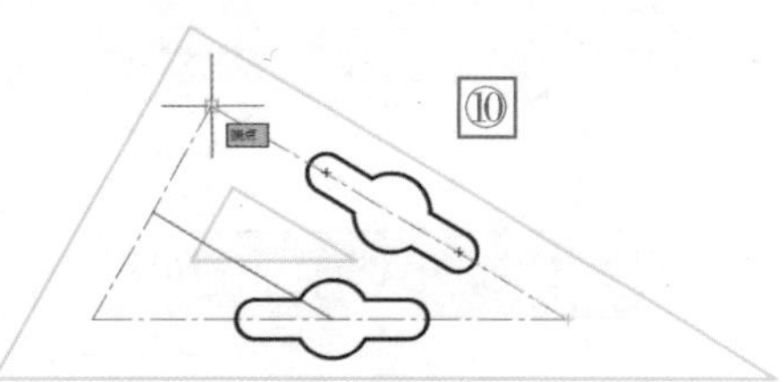

按回车键，略过第三对齐点。选择缩放对象

是否基于对齐点缩放对象？

是(Y)

否(N)

⑪

结果图形缩小为源图形的一半

⑫

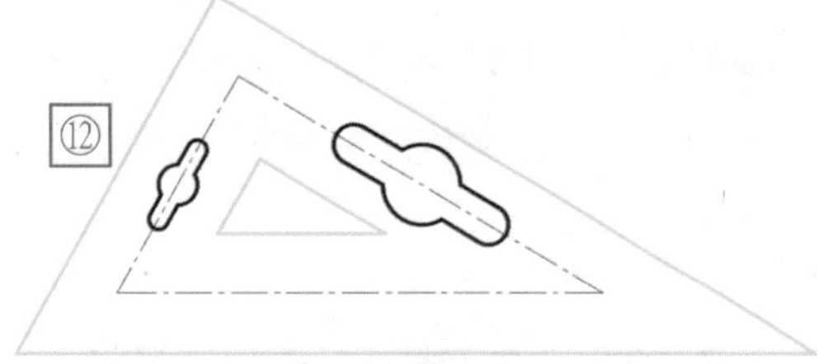

复制长孔图形组到下方中心线中点

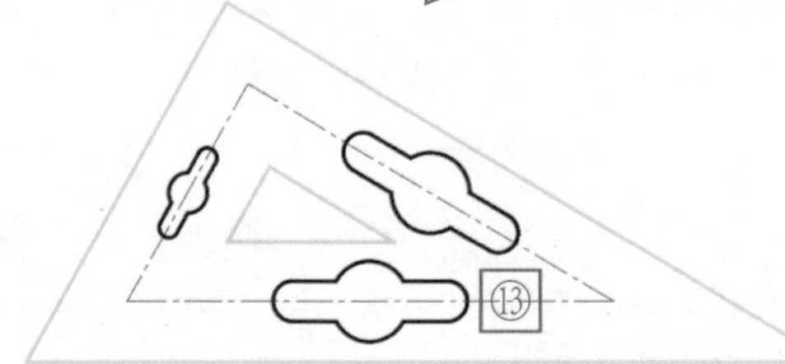

⑬

执行圆角命令，输入"R"，修改半径值为"7"

⑭

选择第一个对象或　R

指定圆角半径 <0.0>:　7

输入"P"，选择多段线模式

⑮

选择第一个对象或　P

单击最外侧多段线，同时圆角三个顶点

⑯

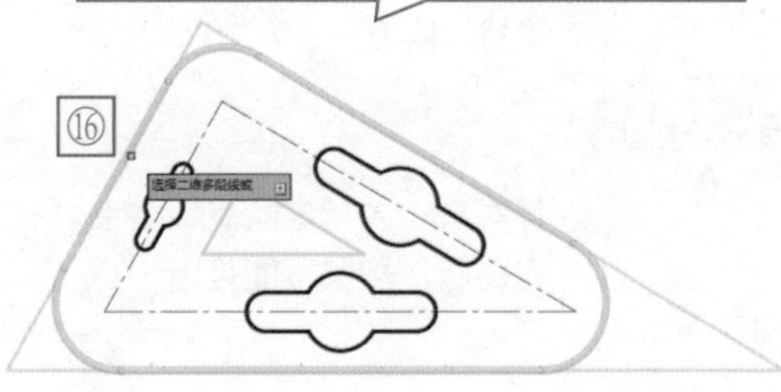

选择第一条直线或　D

指定 第一个 倒角距离 <10.0>:　1.5

指定 第二个 倒角距离 <1.5>:　1.5

⑰ 执行倒角命令，输入"D"，选择距离模式，第一个倒角距离为"1.5"，第二个倒角距离为"1.5"

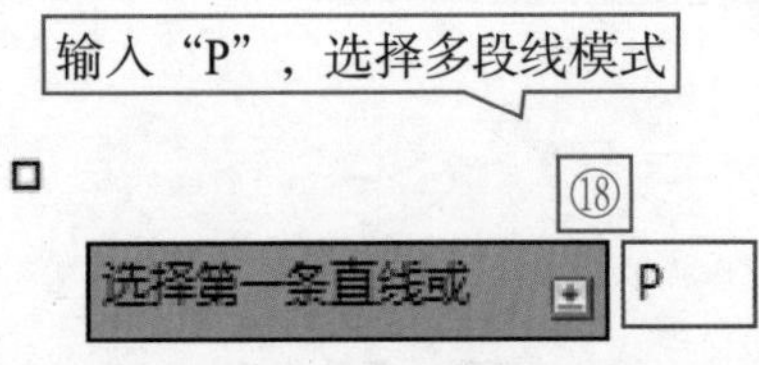


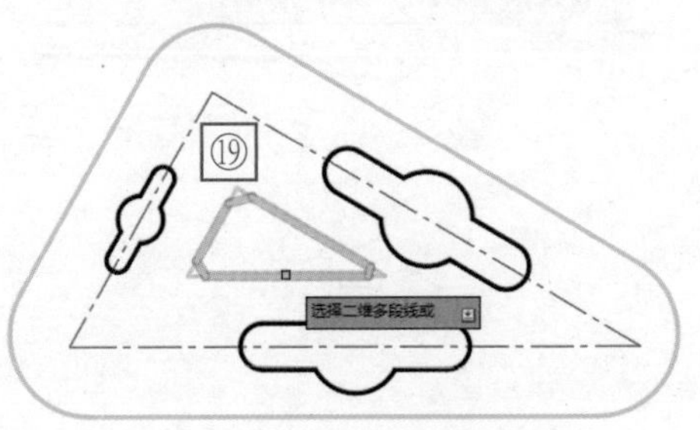


**对齐命令的规则**

◆第一源点与第一目标点重合。

◆第一、第二源点连线与第一、第二目标点连线重合，可不等长。

◆第一、第二、第三源点所在平面与第一、第二、第三目标点所在平面重合。

## 六、打断、打断于点、合并、分解图形

打断、打断于点、合并、分解工具的编辑操作见下表。

打断、打断于点、合并、分解工具的相关操作将在后续章节中讲解。

| 命令名称及按钮 | 操作步骤 | 作用 |
| --- | --- | --- |
| ①<br>打断 | ②选择对象，同时单击执行打断第一点（此点不捕捉，所以不准确）；<br>③指定第二个打断点或可选择精确指定第一点，也可直接捕捉精确指定第二点，结束 | 在连续的图线上打开一个缺口 |
| ①<br>打断于点 | ②选择对象；③指定断点，结束<br>注：完整圆、椭圆不能打断于点 | ※将开放的线段分为两段<br>※将封闭的多段线用起点和断点分为两段<br>※将封闭的样条线自起点到断点打开一个缺口 |
| ①<br>合并 | ②选择源对象并依次选择合并对象；<br>③单击鼠标右键，结束 | 是打断命令的逆命令 |
| ①<br>分解 | ②选择对象；<br>③单击鼠标右键，结束 | ※多段线分解为线段<br>※图块分解为图形<br>※阵列分解为图形<br>※立体分解为面<br>※面积分解为线 |

① ※ 单击工具条上的命令按钮
※ 主菜单→下拉菜单→选择命令
※ 输入快捷命令
※ 回车（或空格、单击鼠标右键）重复上一次命令

Y

Z

⇓

② ※ 选择辅助执行对象，右击结束选择

⇓

③ ※ 输入数值或条件

⇓

④ ※ 选择被执行的对象，右击结束选择

⇓

⑤ ※ 选择（或输入）基点

⇓

⑥ ※ 选择（或输入）目标点（或方向）

⇓

⑦ ※ 回车（或空格、单击鼠标右键）结束命令

※ 任何步骤中的键盘输入，均需按回车键确认。

4

# 第4章 精确绘图和快速绘图

# 第一节　精确绘图的方法

**在工程设计中，精确绘图方法有以下几种。**

1. 使用坐标精确定义点。

2. 正确使用和设置捕捉、追踪。

3. 正确使用和设置精确绘图辅助工具。

坐标系统、捕捉和追踪已经在第 2 章中详细讲解，这里将从精确绘图辅助工具讲起。

## 一、精确绘图辅助工具

### 1. 灵活运用动态输入进行精确绘图

使用动态输入调用命令，直接在绘图区的动态提示中输入命令，不必在命令行中输入命令，或者利用光标在动态提示选项中选择命令选项。启用“动态输入”时，工具栏提示将在光标附近显示信息，该信息会随着光标的移动而更新。

在状态栏上单击按钮或按 F12 键，可以打开或关闭“动态输入”功能。在状态栏按钮上右击，打开动态输入设置面板，如下图所示。

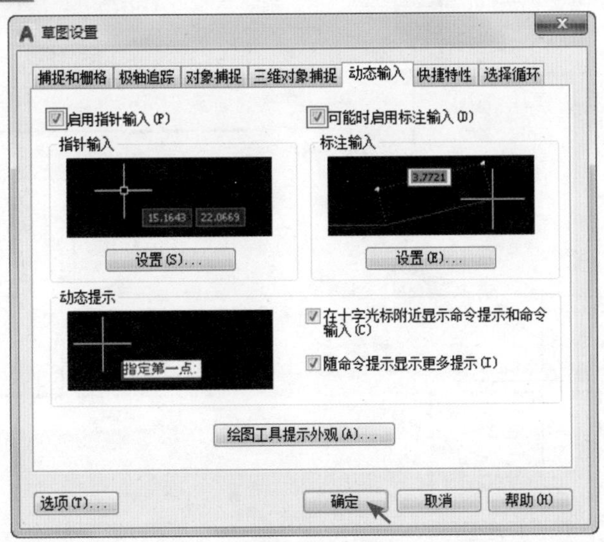


动态输入设置面板

例　用动态输入精确绘制图形。

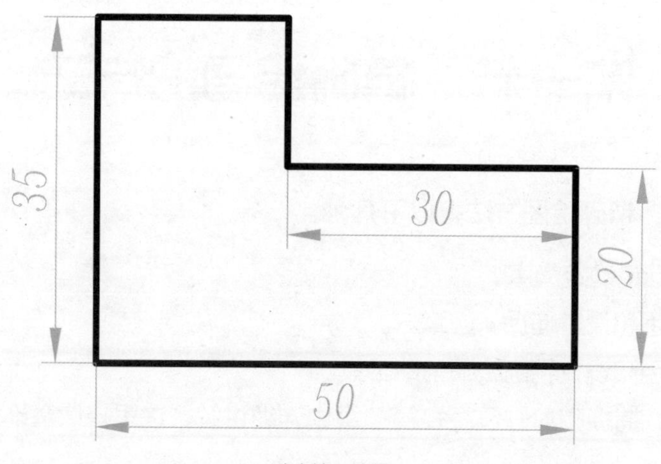


动态输入绘图

**操作步骤：**

执行绘制直线命令①

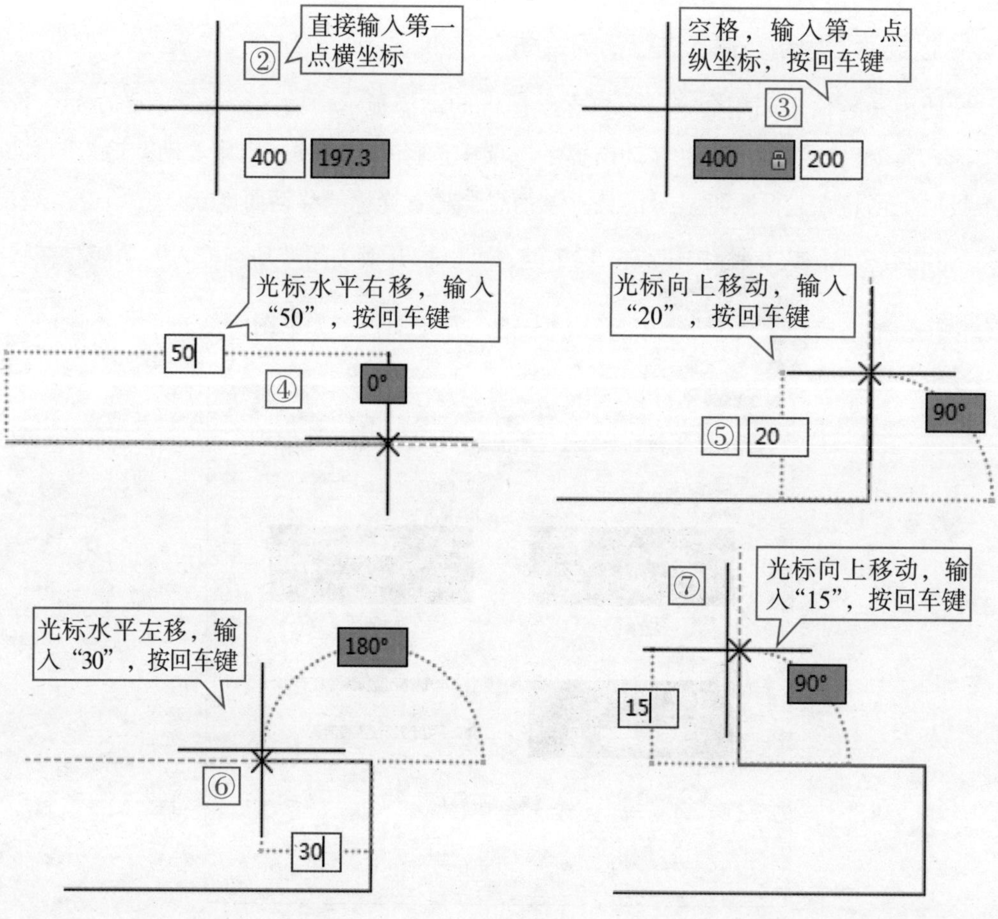

②直接输入第一点横坐标

400　197.3

③空格，输入第一点纵坐标，按回车键

400　200

④光标水平右移，输入“50”，按回车键

50　0°

⑤光标向上移动，输入“20”，按回车键

20　90°

⑥光标水平左移，输入“30”，按回车键

180°　30

⑦光标向上移动，输入“15”，按回车键

15　90°

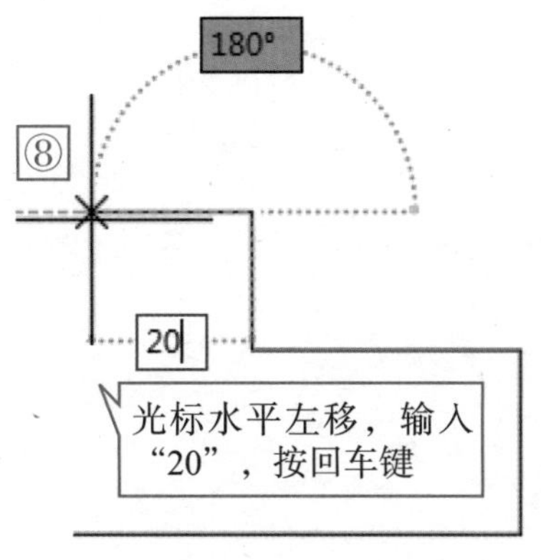


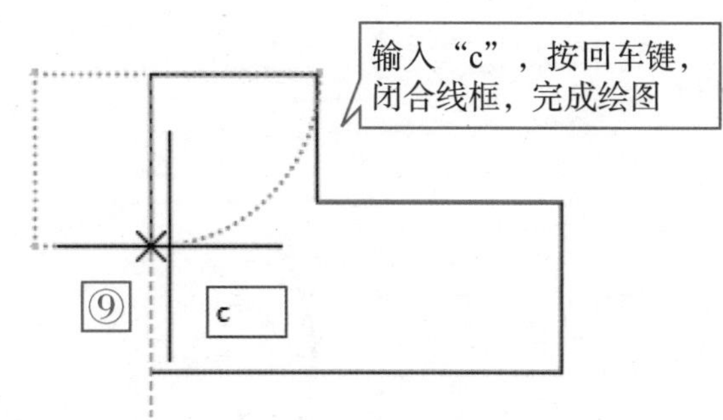


## 2. 临时捕捉

（1）调用临时捕捉

临时捕捉也可以称之为单一强制捕捉，画图过程中在需要捕捉单一特征点时，按 Ctrl（或 Shift）键 + 右击，调出临时捕捉对话框，如下图所示。临时捕捉只能使用一次，下次使用时需再次调出。

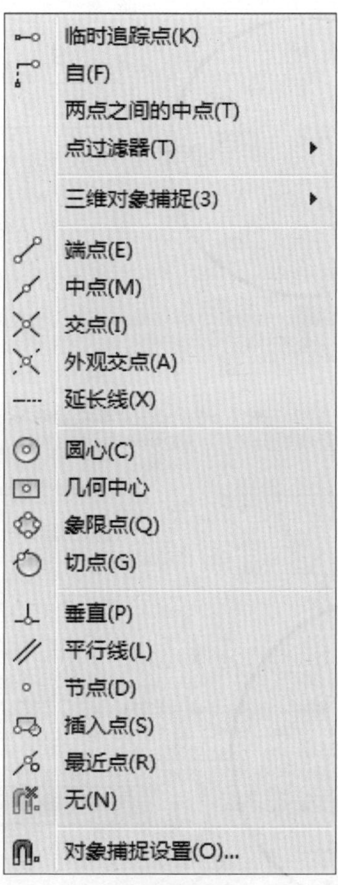


临时捕捉对话框

（2）临时捕捉的特殊功能

◆临时追踪点：在现有特征点之外设置一点，可临时追踪此点精确绘图。利用临时追踪点绘制如下图形。

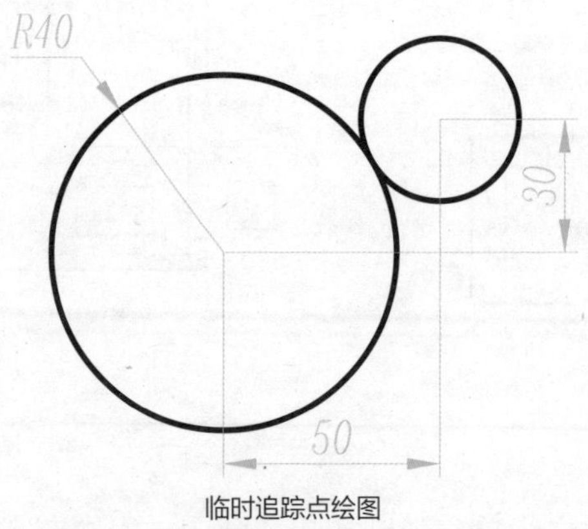


临时追踪点绘图

**操作步骤：**

设置捕捉圆心 ①

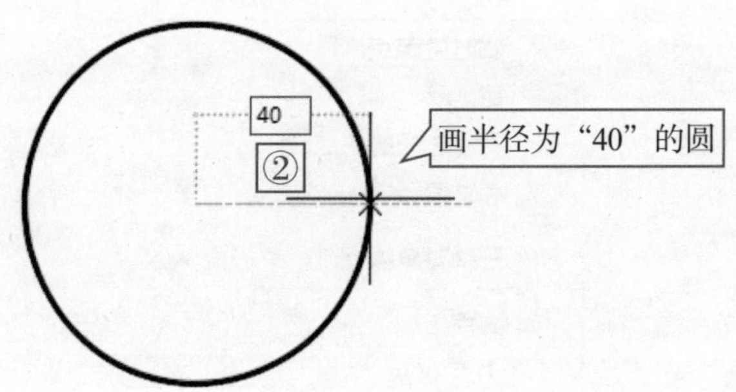


按回车键，重复执行画圆命令③

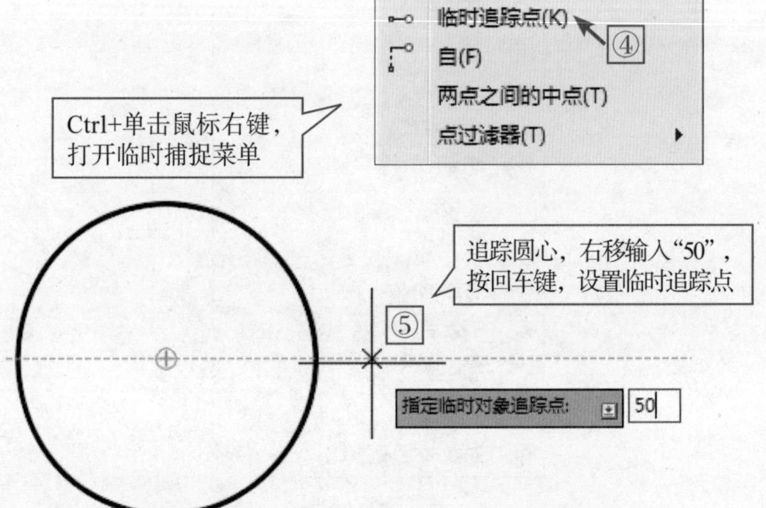

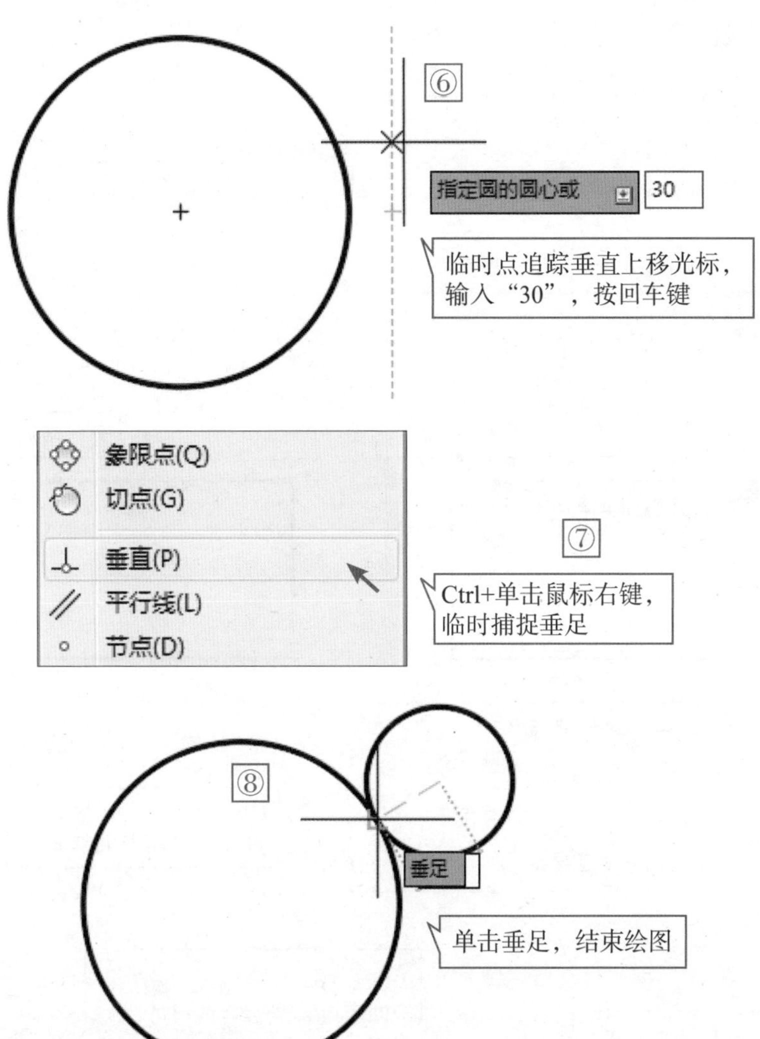


◆临时捕捉“自”：可设置某一特征点为参照点，根据参照点来精确定义目标点。利用临时捕捉“自”，将下面左图修改为右图。

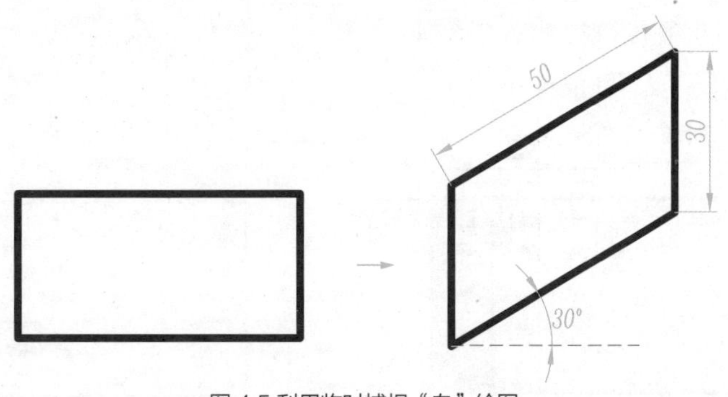


图 4.5 利用临时捕捉“自”绘图

**操作步骤：**

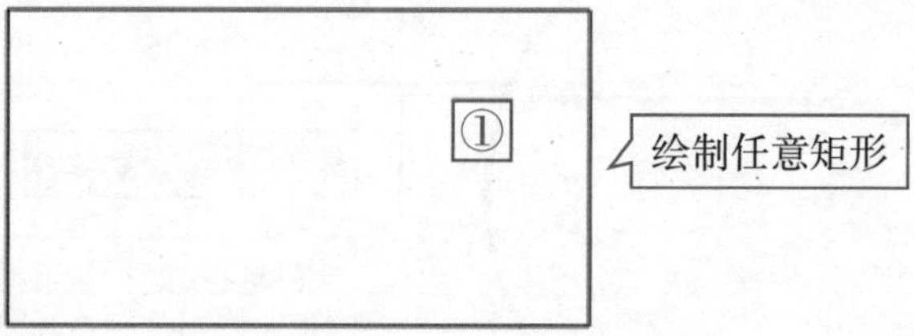

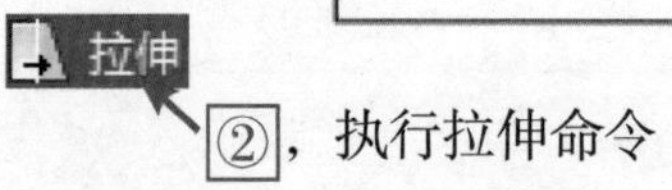

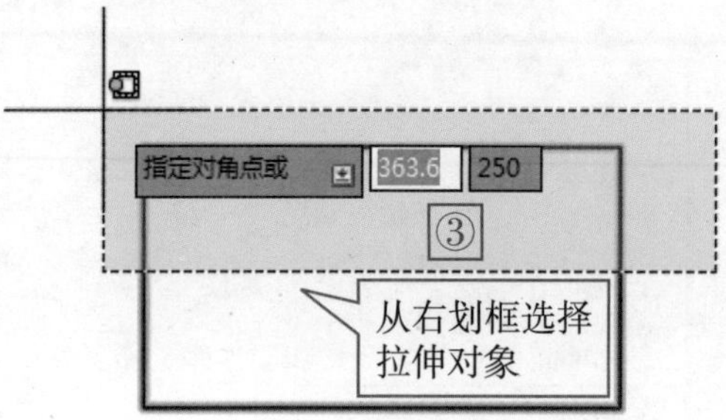

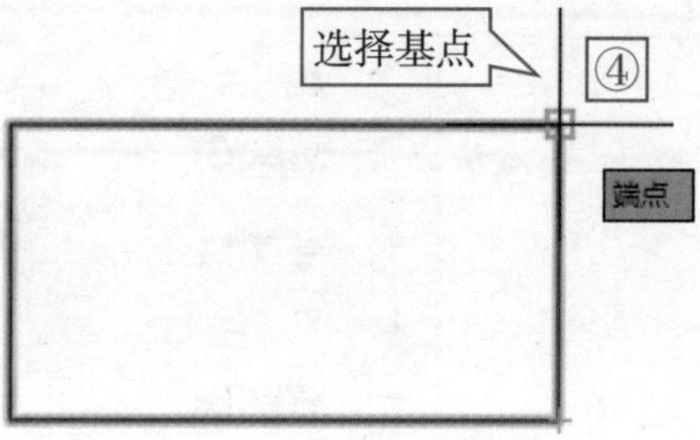

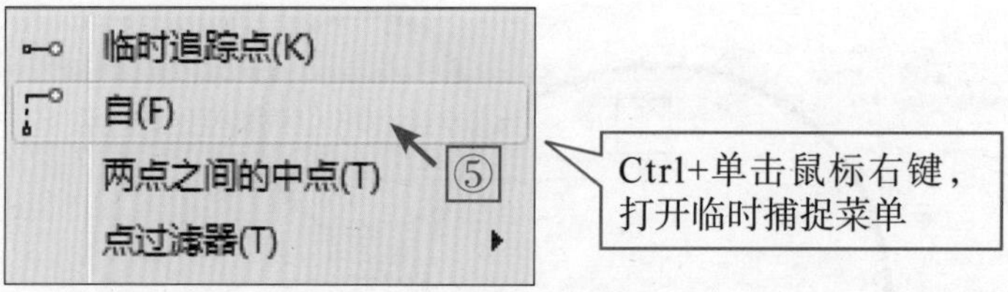

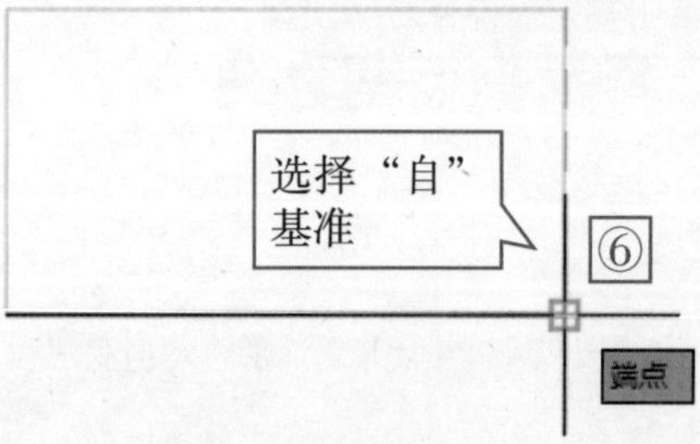

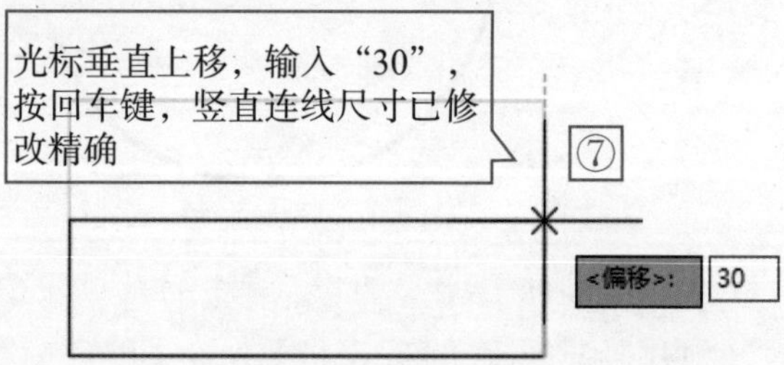

①
绘制任意矩形
拉伸
②，执行拉伸命令
指定对角点或
363.6
250
③
从右划框选择拉伸对象
选择基点
④
端点
临时追踪点(K)
自(F)
两点之间的中点(T)
点过滤器(T)
⑤
Ctrl+单击鼠标右键，打开临时捕捉菜单
选择“自”基准
⑥
端点
光标垂直上移，输入“30”，按回车键，竖直连线尺寸已修改精确
⑦
<偏移>:
30
按回车键，重复执行拉伸命令 ⑧
从右向左划框，选择变换和移动的对象
指定对角点:
⑨
⑩
指定基点

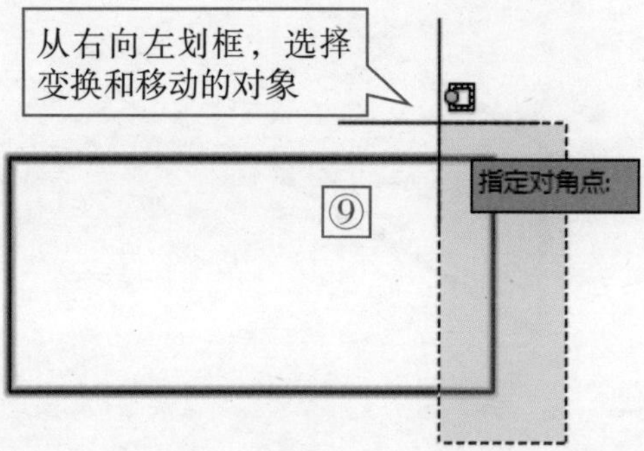

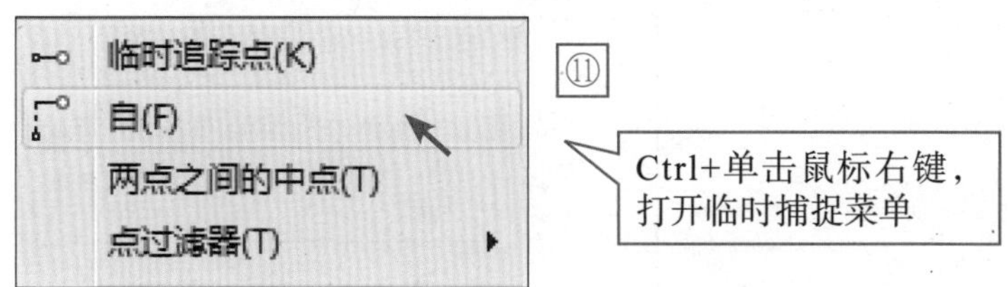


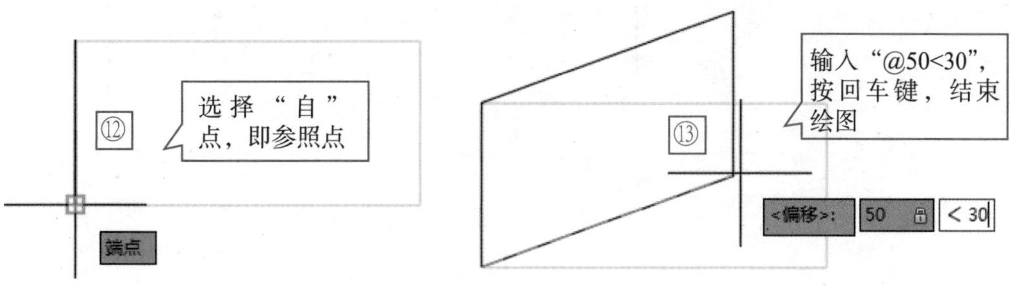


◆两点之间的中点。

利用临时捕捉“两点之间的中点”，绘制下图所示图形。

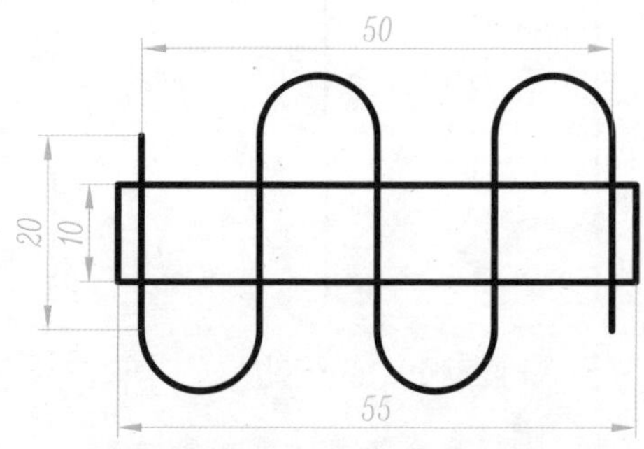


用临时捕捉“两点之间的中点”绘图

**操作步骤：**

画长度“20”的竖直线段 ①

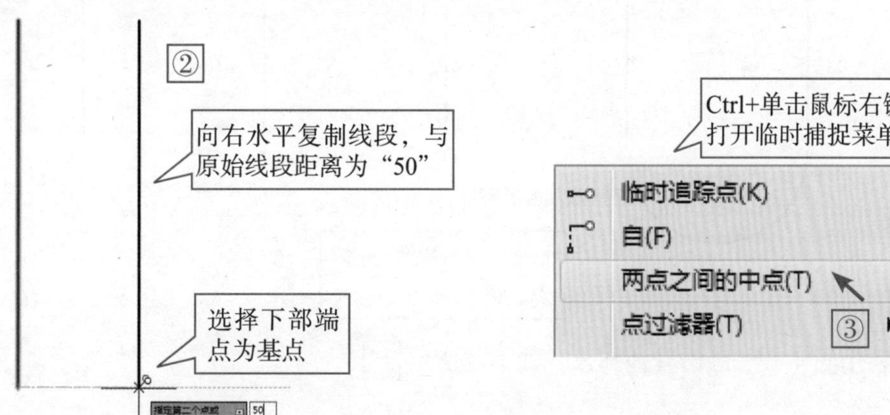

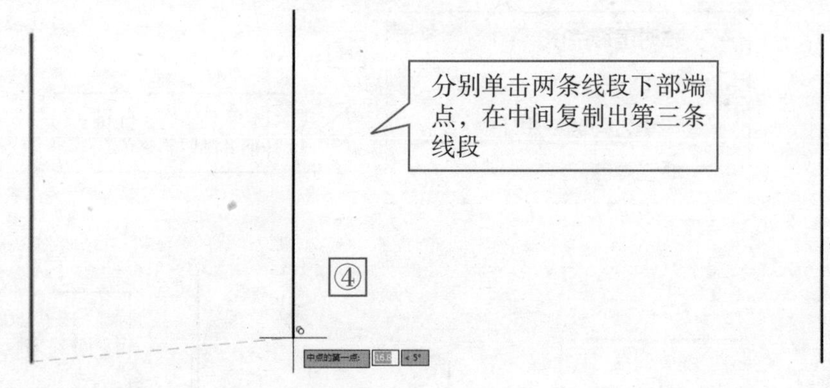

分别单击两条线段下部端点，在中间复制出第三条线段
④


重复捕捉“两点之间的中点”⑤

依次复制出剩余的线段，如下图所示 ⑥

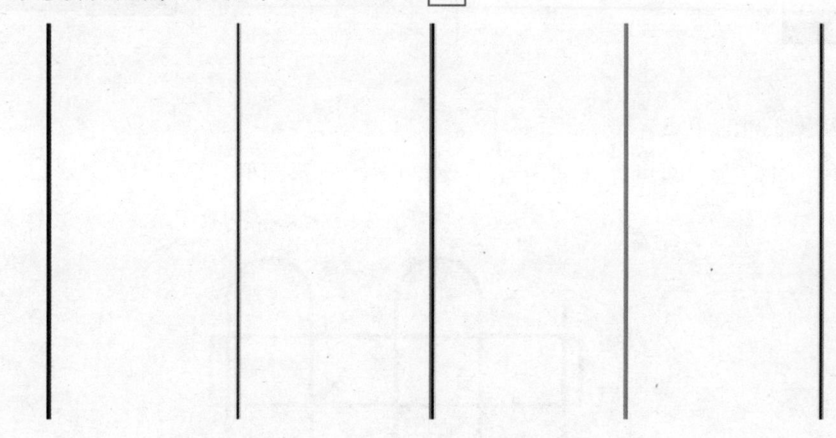

选择“圆心－端点”模式画圆弧，如下图所示 ⑦

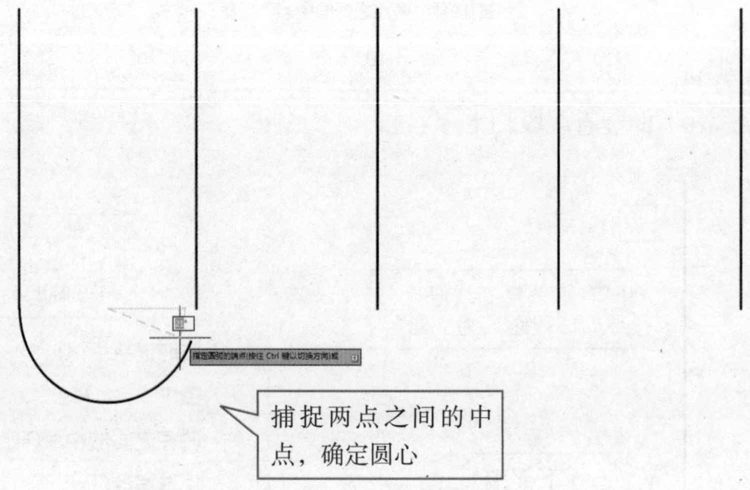


利用同样方法画出其他圆弧，如下图所示 ⑧

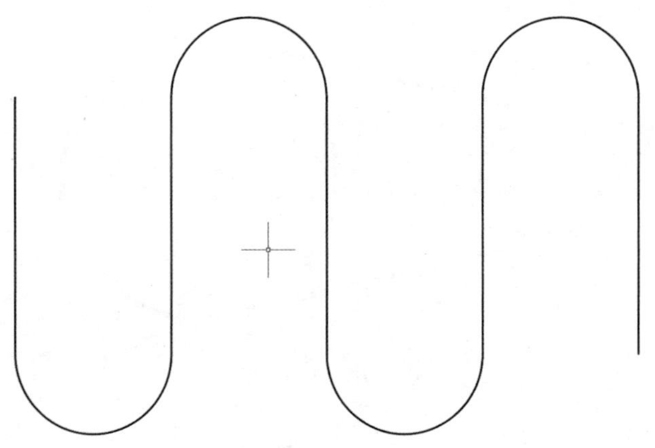

绘制矩形（长 55，宽 10），如下图所示 ⑨

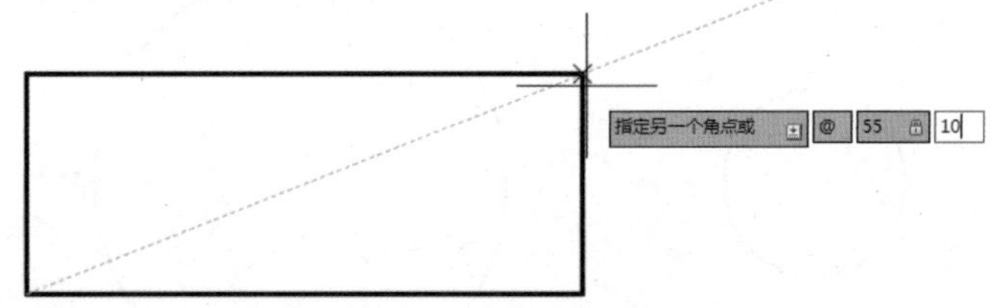
指定另一个角点或
@
55
10

移动矩形到图形中心位置，如下图所示 ⑩

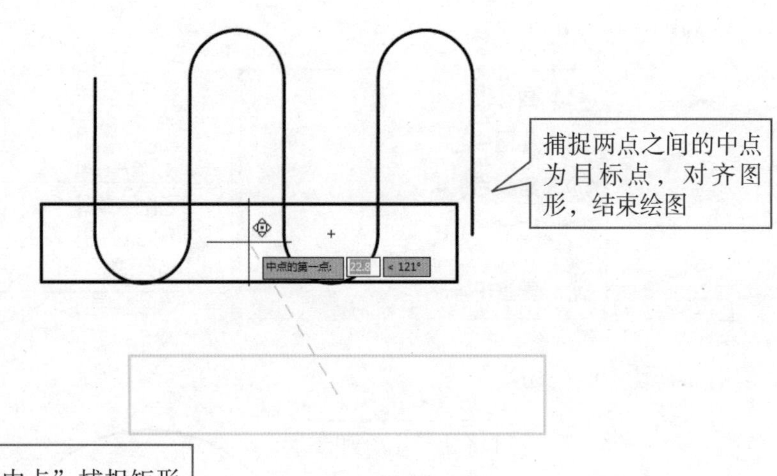
捕捉两点之间的中点为目标点，对齐图形，结束绘图
中点的第一点:
22.8
< 121°
用“两点之间的中点”捕捉矩形中心为基点，移动矩形

◆递延切点：临时捕捉的切点是浮动的，可在圆周上任意变换位置，但相切关系保持不变。

利用临时捕捉“切点”，绘制下图所示图形。

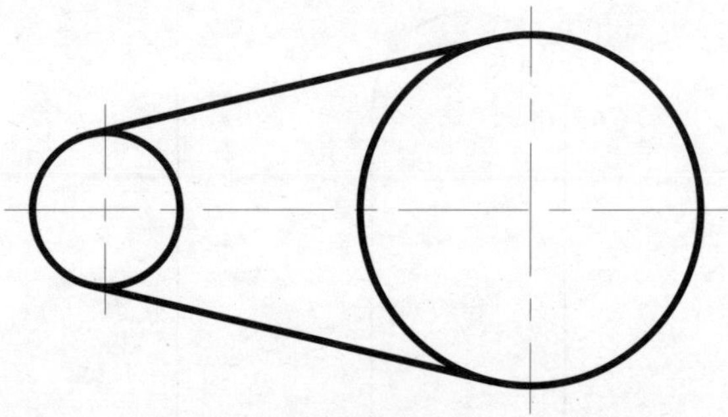

用临时捕捉“切点”绘图

**操作步骤：**

画下图所示两个圆 ①

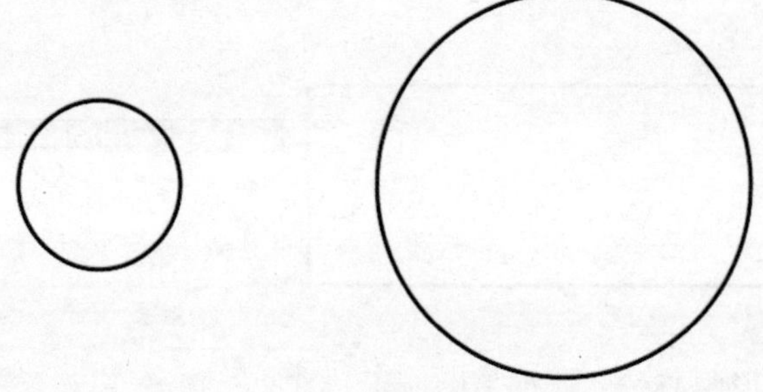

执行直线命令 ②

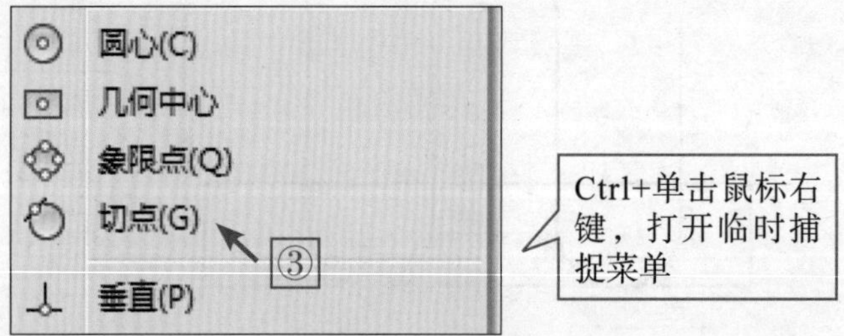
圆心(C)
几何中心
象限点(Q)
切点(G)
③
垂直(P)
Ctrl+单击鼠标右键，打开临时捕捉菜单

用递延切点画公切线

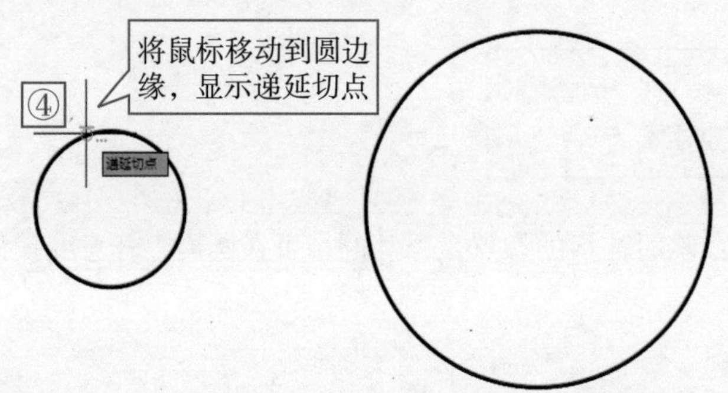
④
将鼠标移动到圆边缘，显示递延切点
递延切点

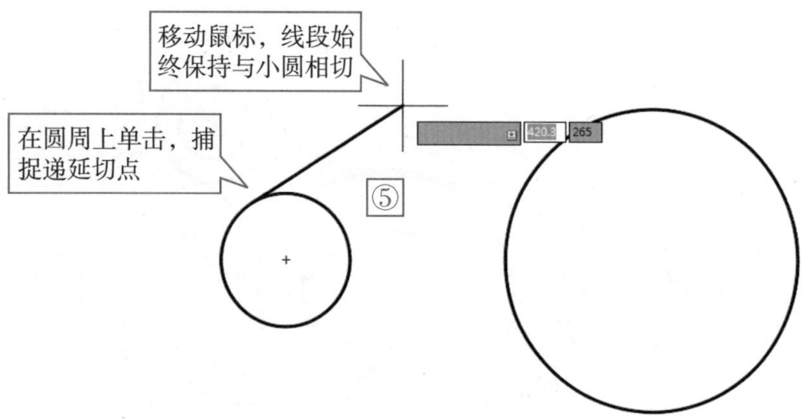
移动鼠标，线段始终保持与小圆相切
在圆周上单击，捕捉递延切点
420.3
265
⑤

再次捕捉递延切点

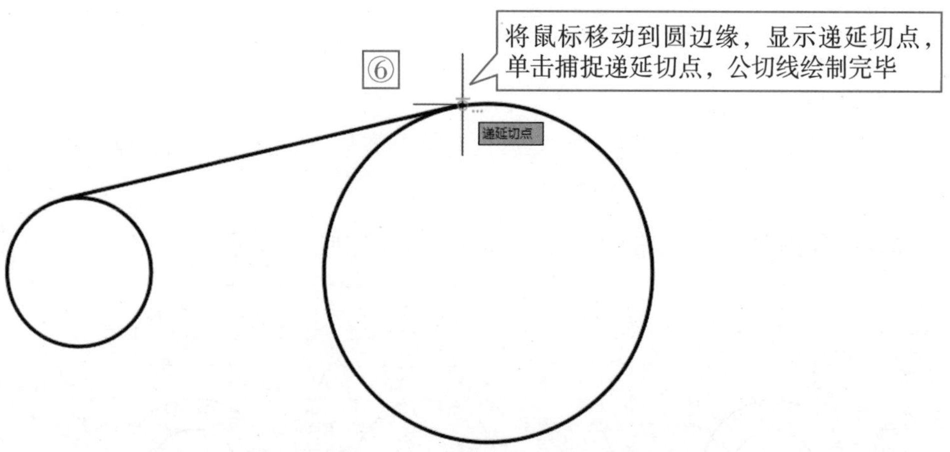
将鼠标移动到圆边缘，显示递延切点，单击捕捉递延切点，公切线绘制完毕
⑥
递延切点

用同样方法绘出第二段公切线，如下图所示 ⑦

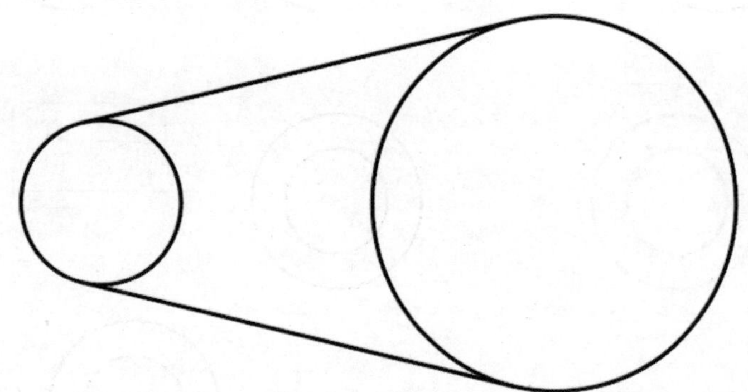

## 二、综合运用精确绘图工具

绘制下图所示零件图样。

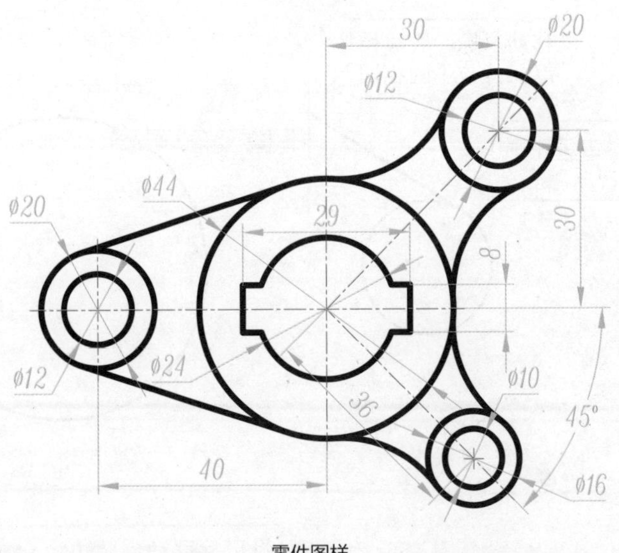


零件图样

**操作步骤：**

启用对象捕捉，设置合适的捕捉点；启用动态输入、极轴追踪，设置增量角为 45° 。

画两个同心圆，直径分别为 ϕ12、ϕ20，如下图所示 ①

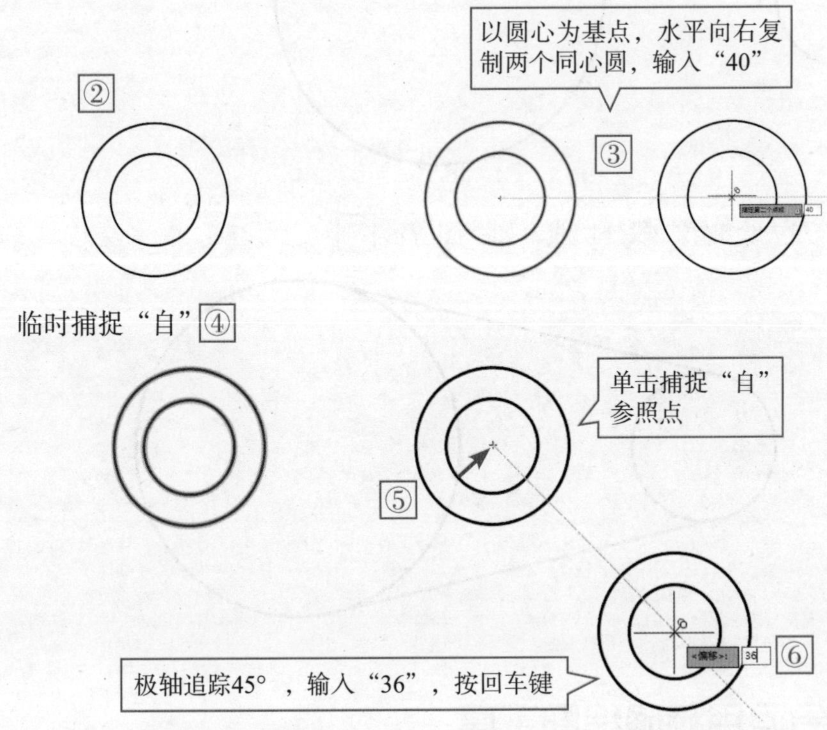


启用“临时追踪点” ⑦

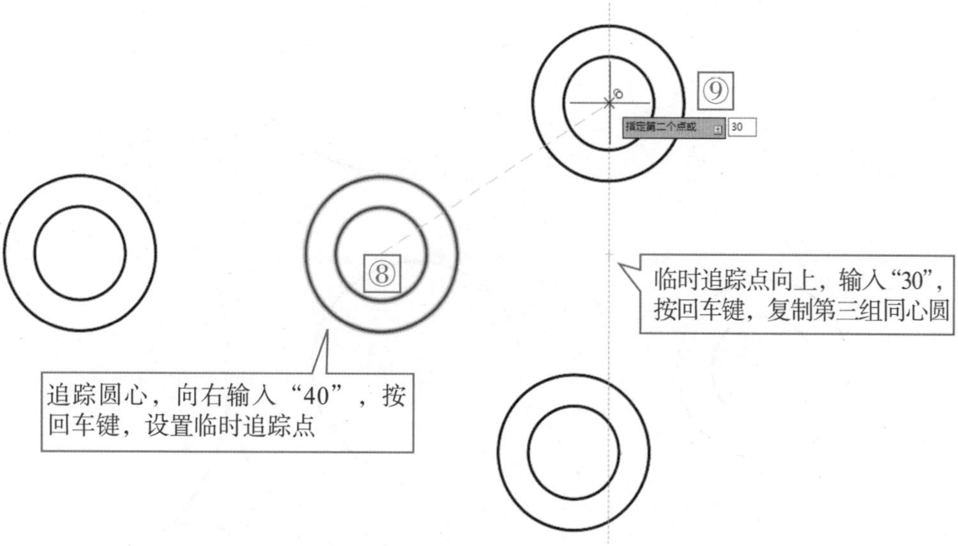

⑨
指定第二个点或
30
⑧
临时追踪点向上，输入“30”，按回车键，复制第三组同心圆
追踪圆心，向右输入“40”，按回车键，设置临时追踪点

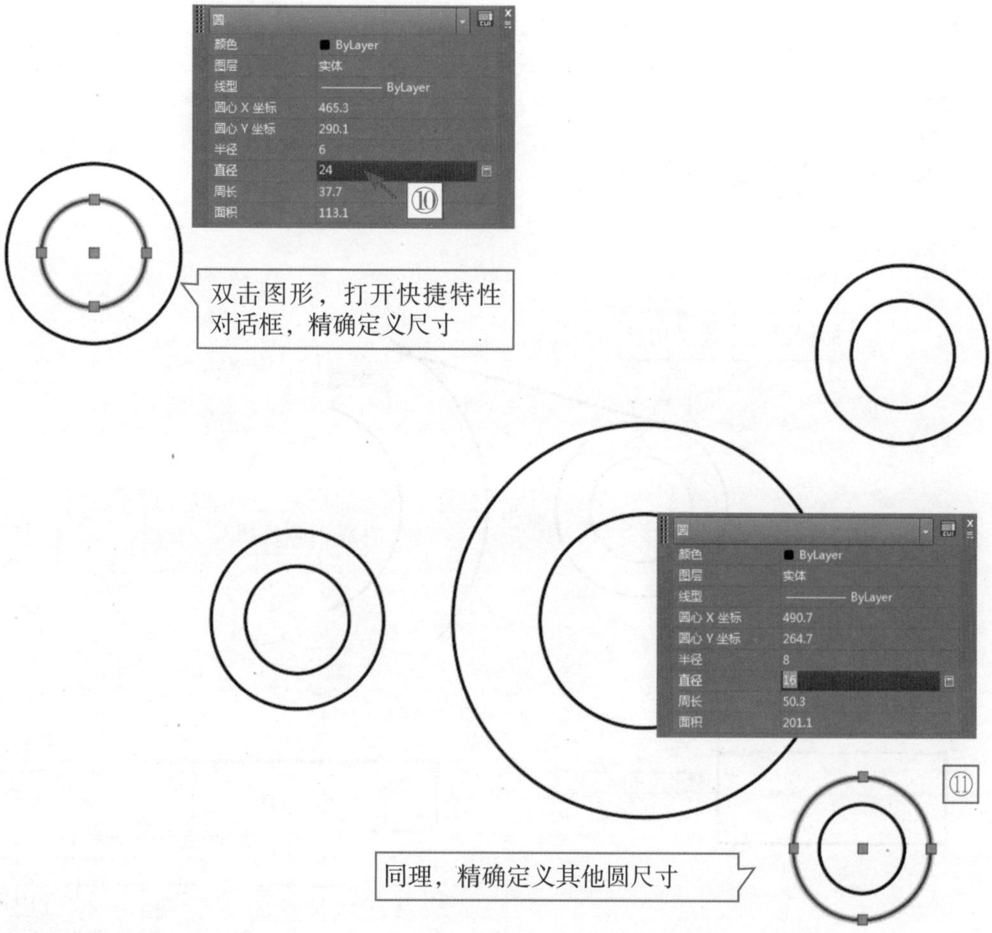

圆
颜色 ByLayer
图层 实体
线型 ByLayer
圆心 X 坐标 465.3
圆心 Y 坐标 290.1
半径 6
直径 24
周长 37.7
面积 113.1
⑩
双击图形，打开快捷特性对话框，精确定义尺寸
圆
颜色 ByLayer
图层 实体
线型 ByLayer
圆心 X 坐标 490.7
圆心 Y 坐标 264.7
半径 8
直径 16
周长 50.3
面积 201.1
⑪
同理，精确定义其他圆尺寸

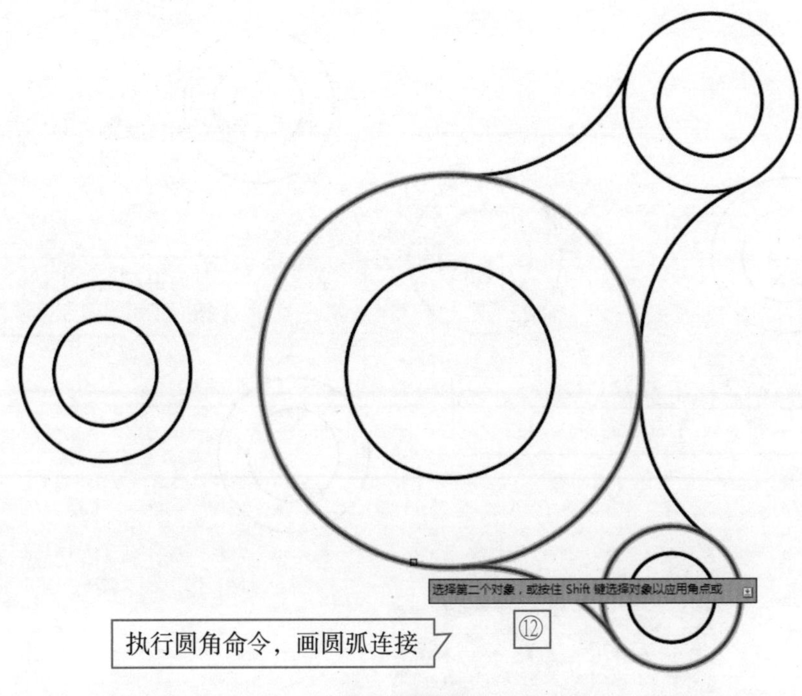
选择第二个对象，或按住 Shift 键选择对象以应用角点或
⑫
执行圆角命令，画圆弧连接

图 4.8 零件图样

画直线，临时捕捉“递延切点”⑬

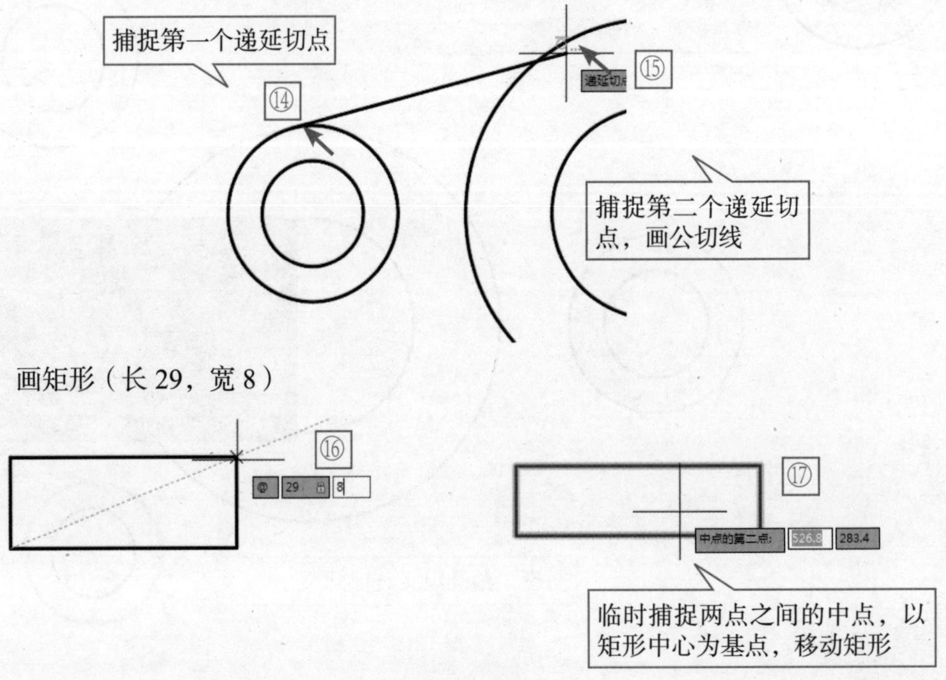
捕捉第一个递延切点
⑭
⑮
捕捉第二个递延切点，画公切线
画矩形（长 29，宽 8）
⑯
29
8
⑰
中点的第二点:
526.8
283.4
临时捕捉两点之间的中点，以矩形中心为基点，移动矩形

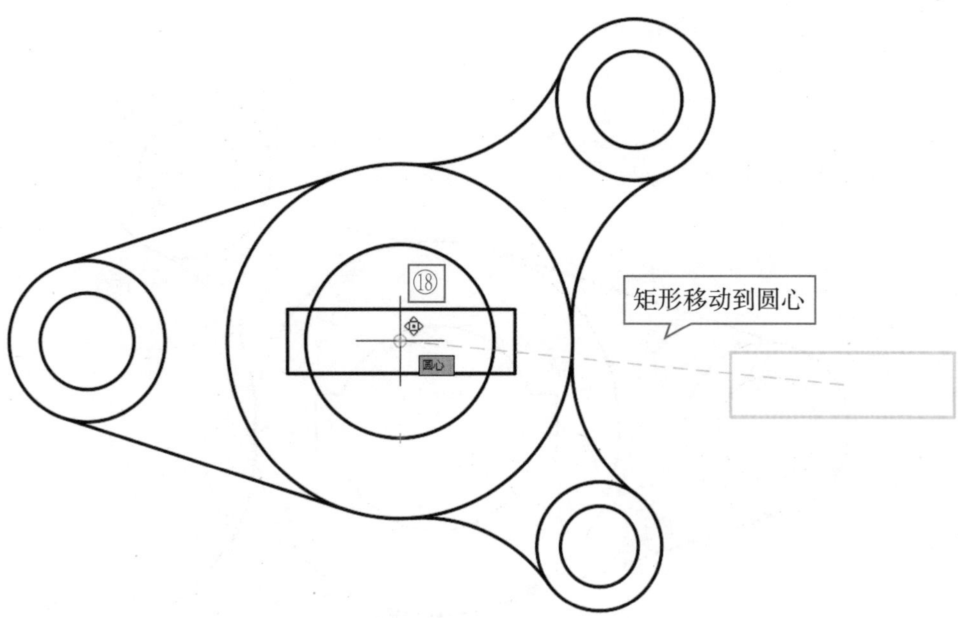


修剪结果如下图所示 ⑲

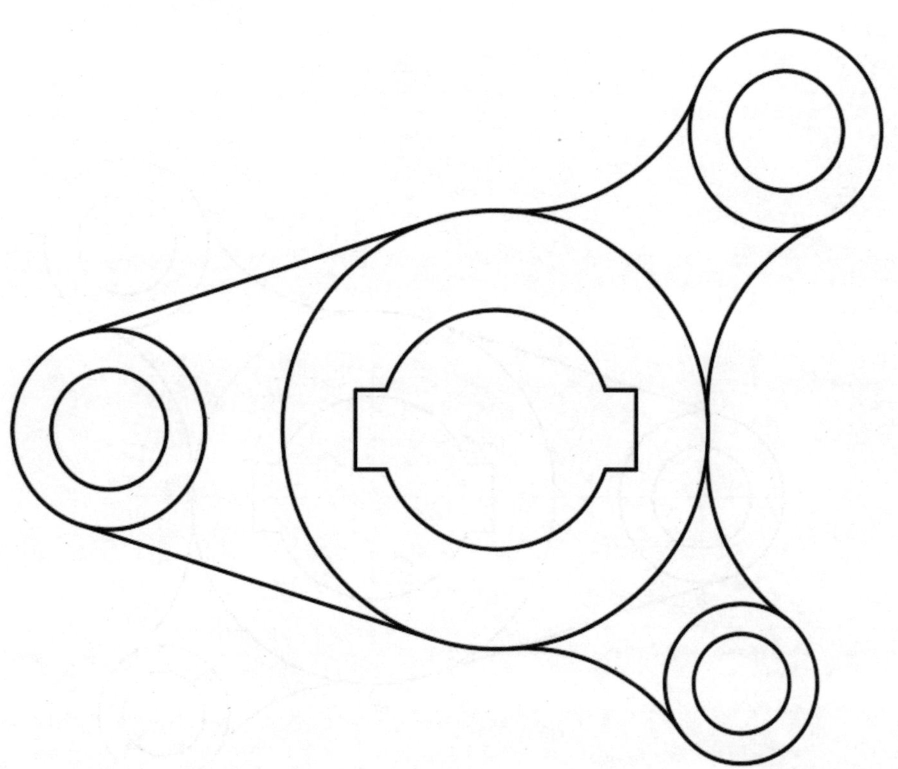

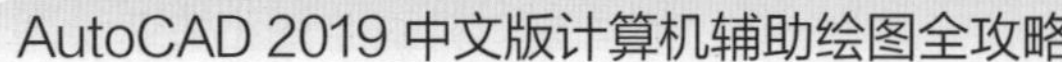


捕捉特征点，画精确中心线

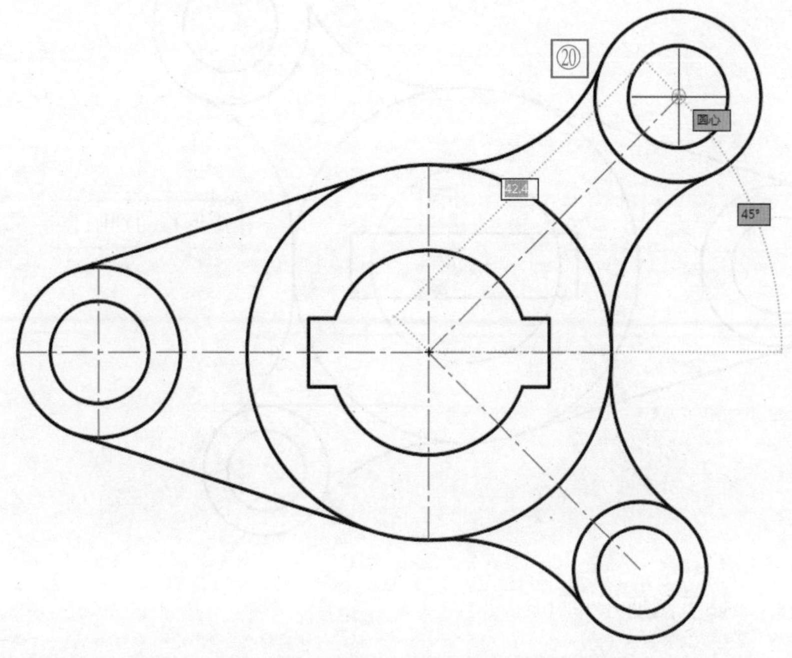


夹点编辑延长中心线，超出边界 2mm，结束绘图

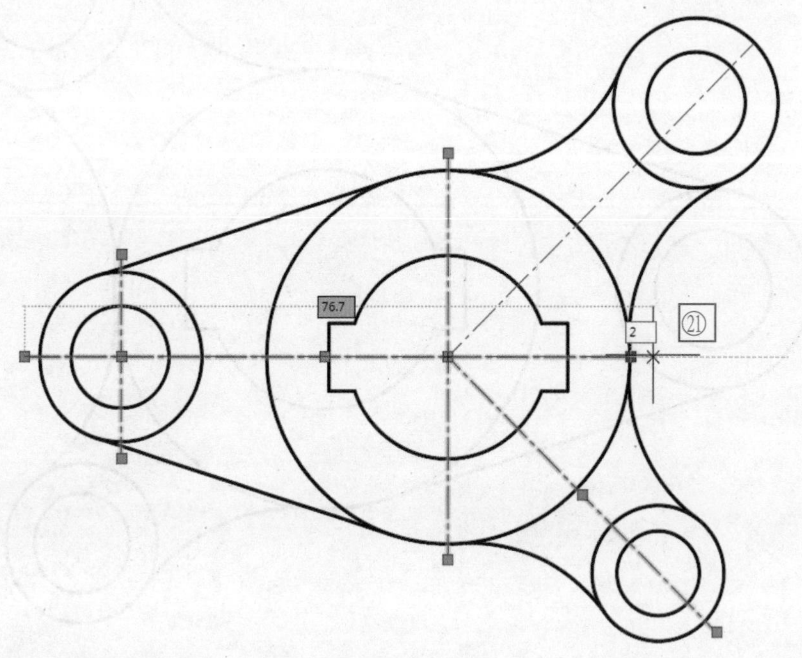

# 第二节　快速绘图的方法

我们在工作中，如何使用 CAD 快速制图，怎样才能提高工作效率呢？下面就来看一下快速绘图的常用方法。

## 一、各类图形的夹点编辑

夹点是夹住特征点的意思。夹点编辑就是夹住图形元素的特征点进行拉长、缩短、拉伸。还可配合单击鼠标右键快速变换（移动、旋转、复制、缩放、镜像等）图形。

**夹点编辑的过程：**

1. 选中图形的元素。
2. 在特征点上单击，使特征点变红。
3. 拉长（缩短）、拉伸图形。
4. 配合右键快捷菜单，对图形进行快速变换（移动、旋转、缩放）等常用编辑。

### 1. 直线的夹点编辑

选中直线，出现 3 个高亮点，如下图所示，夹住这些特征点可进行快速编辑。

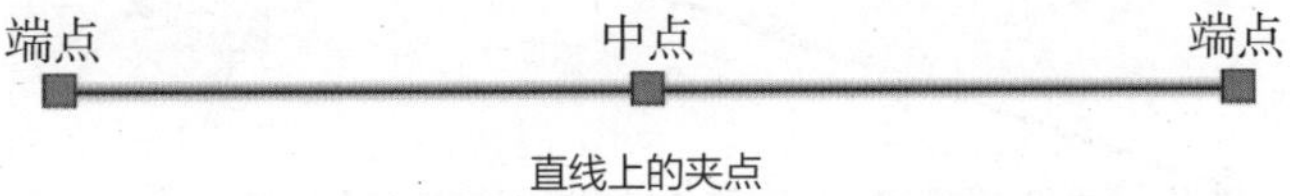
端点
中点
端点

直线上的夹点

直线上的夹点有 3 个：夹住端点可拉长、拉伸直线；夹住中点可移动直线。

**直线夹点编辑操作：**

选中直线，在端点上再次单击，端点颜色变红，此时可拖动鼠标进行夹点编辑。

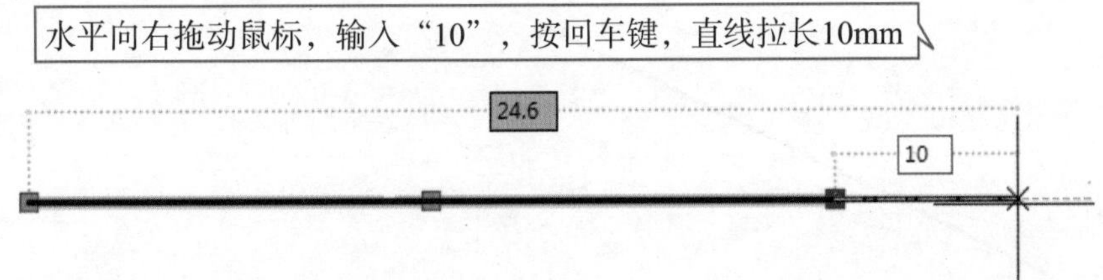
水平向右拖动鼠标，输入“10”，按回车键，直线拉长10mm
24.6
10

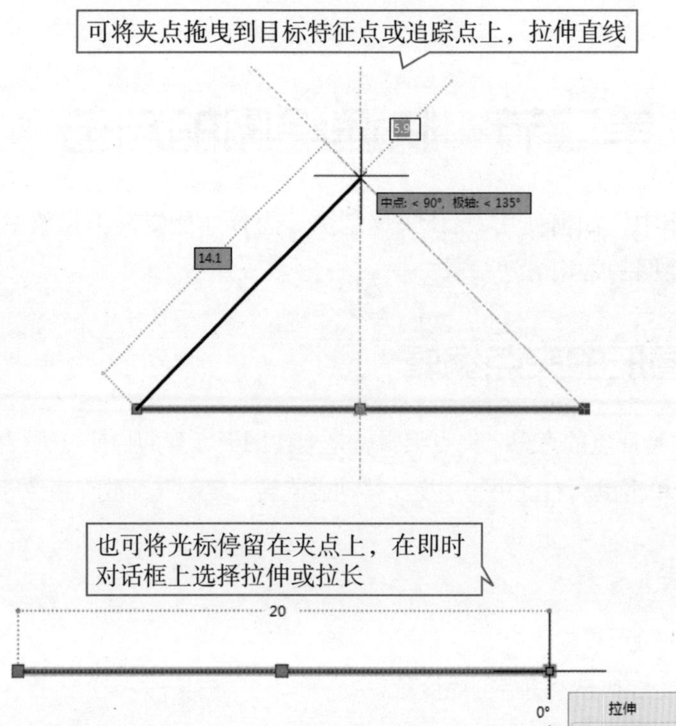
可将夹点拖曳到目标特征点或追踪点上，拉伸直线
5.9
中点: < 90°, 极轴: < 135°
14.1
也可将光标停留在夹点上，在即时对话框上选择拉伸或拉长
20
0°
拉伸
拉长

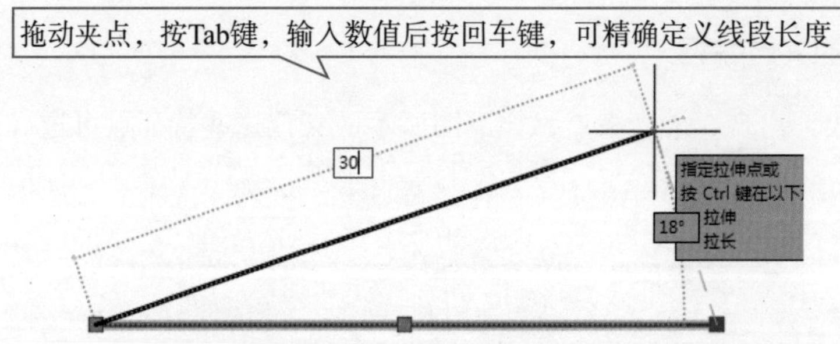
拖动夹点，按Tab键，输入数值后按回车键，可精确定义线段长度
30
指定拉伸点或
按 Ctrl 键在以下
18°
拉伸
拉长

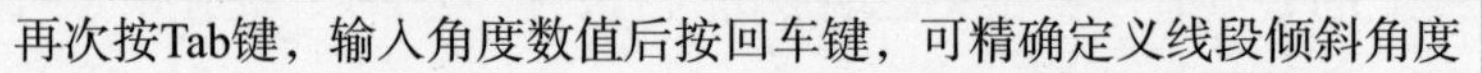
再次按Tab键，输入角度数值后按回车键，可精确定义线段倾斜角度

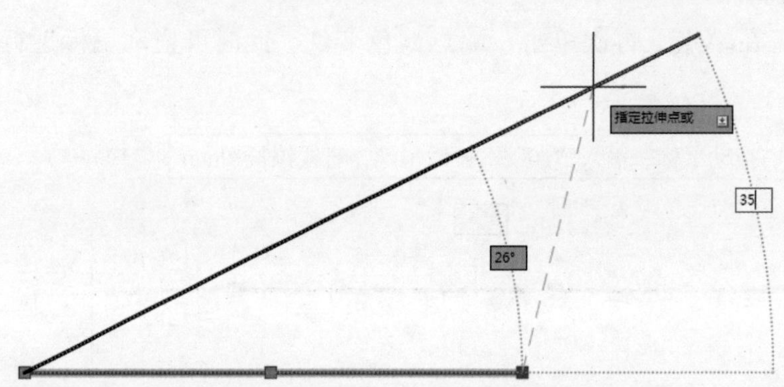
指定拉伸点或
35
26°

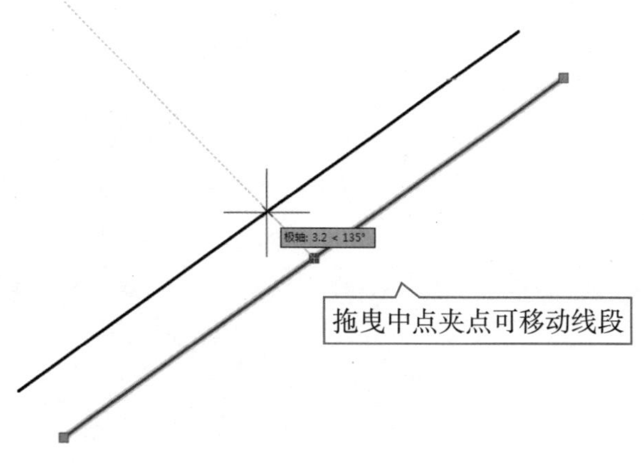


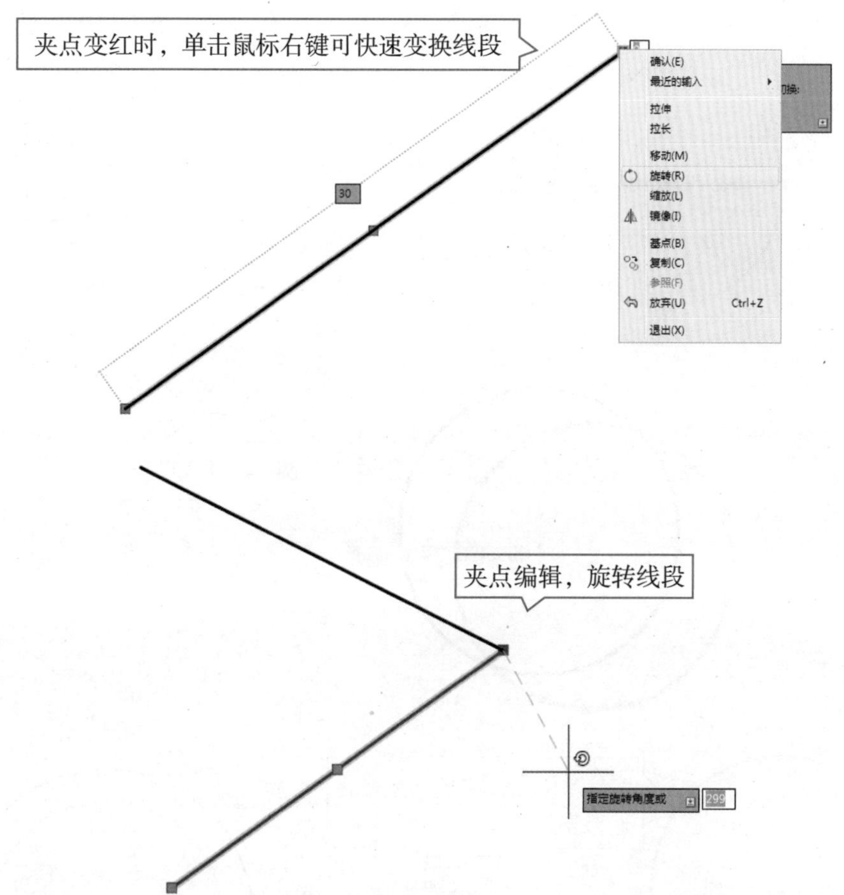


## 2. 圆的夹点编辑

选中圆，出现 5 个高亮点，如下图所示，夹住这些特征点可进行快速编辑。

象限点
象限点
象限点
圆心
象限点

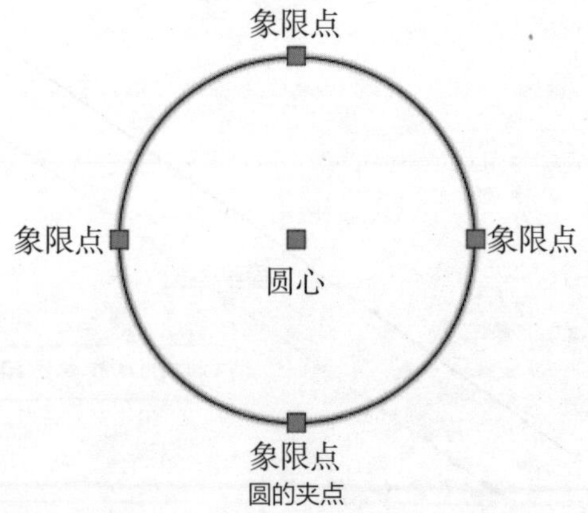

圆的夹点

圆有5个特征点，其中4个象限点，1个圆心。这些特征点的夹点编辑分别介绍如下。

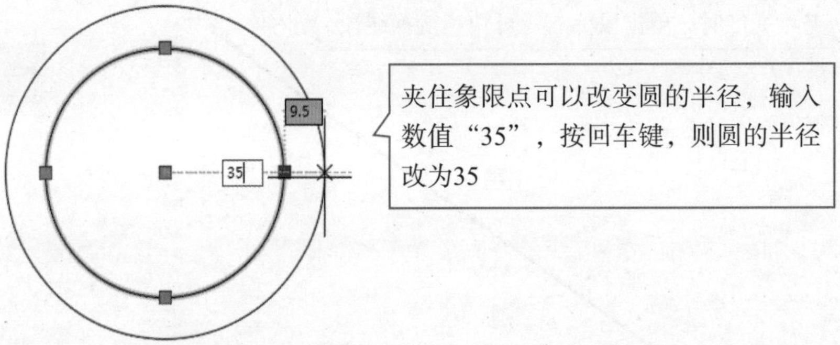

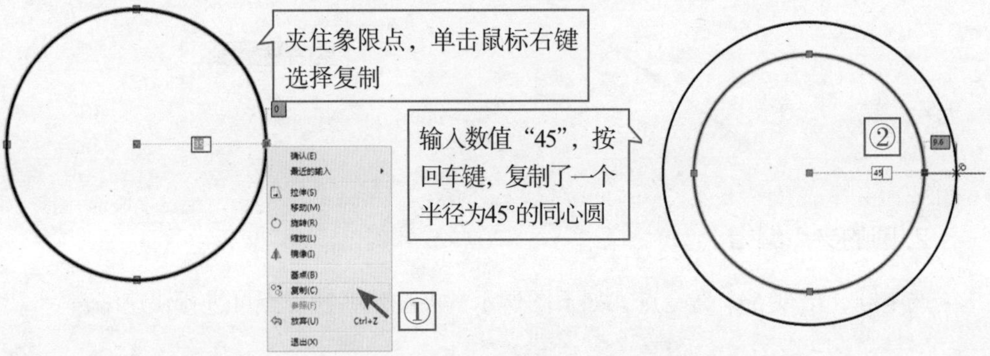

9.5
35
夹住象限点可以改变圆的半径，输入数值“35”，按回车键，则圆的半径改为35

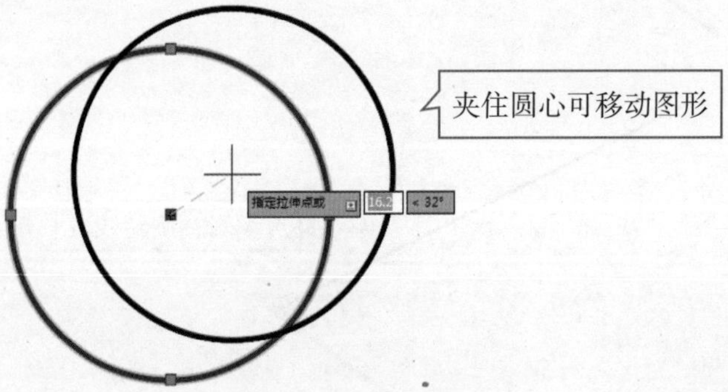

夹住圆心可移动图形
指定拉伸点或
16.2
< 32°

夹住象限点，单击鼠标右键选择复制
确认(E)
最近的输入
拉伸(S)
移动(M)
旋转(R)
缩放(L)
镜像(I)
基点(B)
复制(C)
参照(F)
放弃(U)
Ctrl+Z
退出(X)
①
输入数值“45”，按回车键，复制了一个半径为45°的同心圆
②
9.6
45

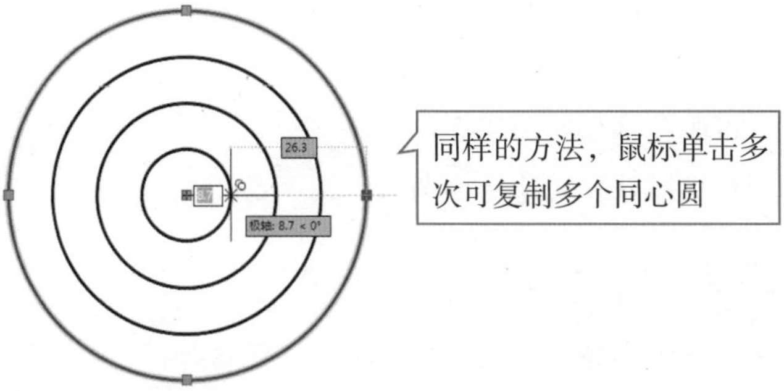

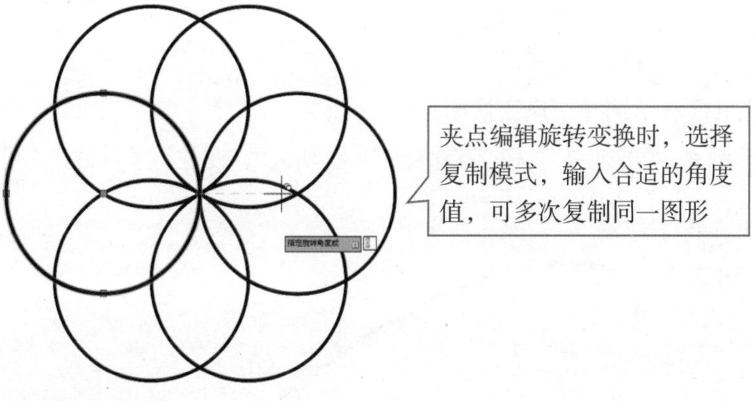

同样的方法，鼠标单击多次可复制多个同心圆

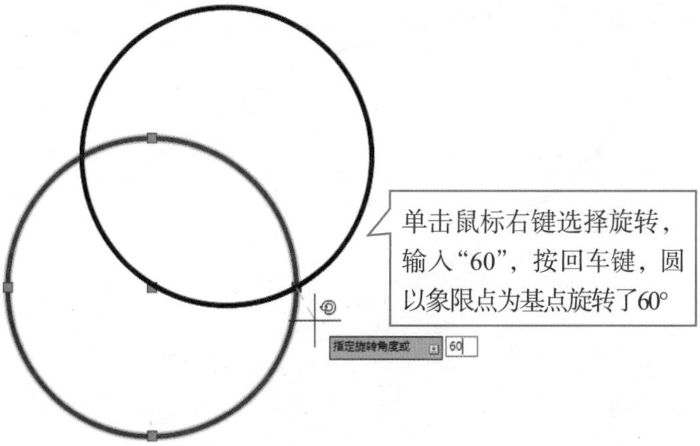

单击鼠标右键选择旋转，输入“60”，按回车键，圆以象限点为基点旋转了60°

夹点编辑旋转变换时，选择复制模式，输入合适的角度值，可多次复制同一图形

### 3. 圆弧的夹点编辑

选中圆弧，出现 4 个高亮点，如下图所示，夹住这些特征点可进行快速编辑。

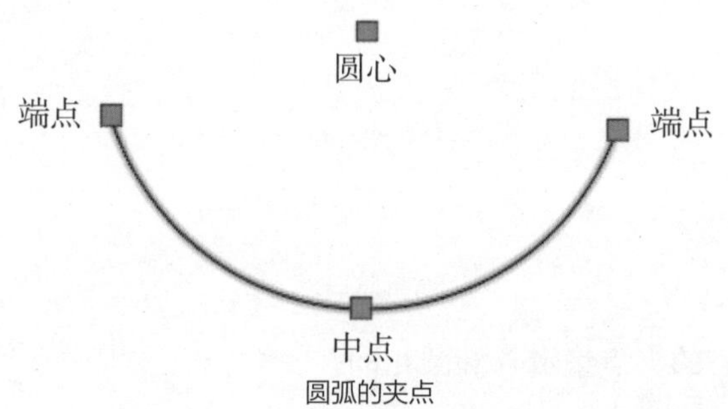


圆弧的夹点

◆拖动端点，可延长或拉伸圆弧。

◆拖动圆心，可移动圆弧。

◆拖动中点，可改变圆弧的曲率。

◆也可配合鼠标右键选择快速变换图形。

### 4. 椭圆和椭圆弧的夹点编辑

选中椭圆，出现 5 个高亮点，如下图所示，夹住这些特征点可进行快速编辑。

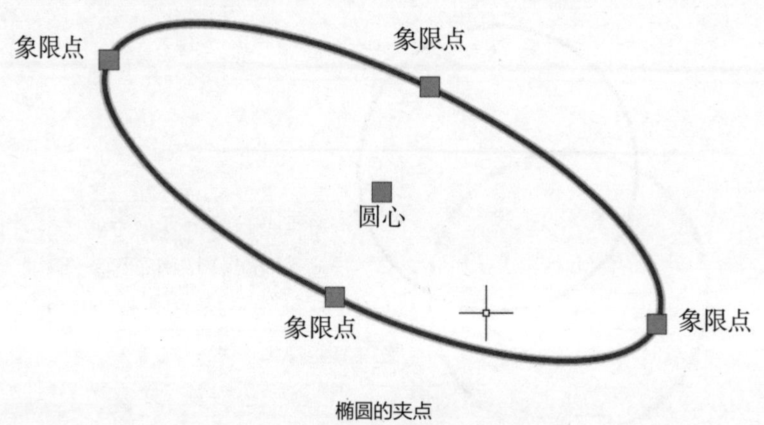


椭圆的夹点

◆拖动象限点，可拉伸椭圆，改变长轴和短轴。

◆拖动圆心，可移动椭圆。

◆配合鼠标右键选择快速变换图形。

选中椭圆弧，出现 7 个高亮点，如下图所示，夹住这些特征点可进行快速编辑。

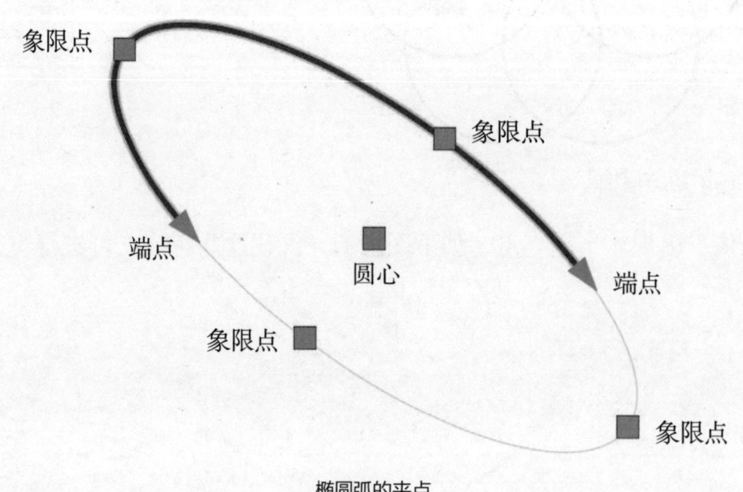


椭圆弧的夹点

◆象限点和圆心的夹点编辑与椭圆相同。

◆拖动端点，可延长和缩短椭圆弧，也可定义椭圆弧的包含角度。

◆配合鼠标右键选择快速变换图形。

### 5. 多段线的夹点编辑

选中多段线，端点和中点高亮显示，如下图所示，夹住这些点可进行快速编辑。

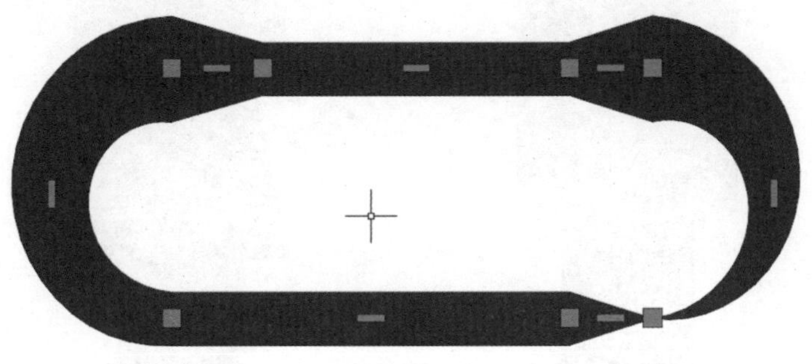

多段线的夹点

◆拖动端点，可局部拉伸多段线。

◆拖动中点，可改变线段位置和圆弧曲率。

◆配合鼠标右键选择快速变换图形。

◆光标放到夹点上出现快速编辑选项，如下图所示。可删除、添加、拉伸顶点，以及线段变圆弧、圆弧变线段。

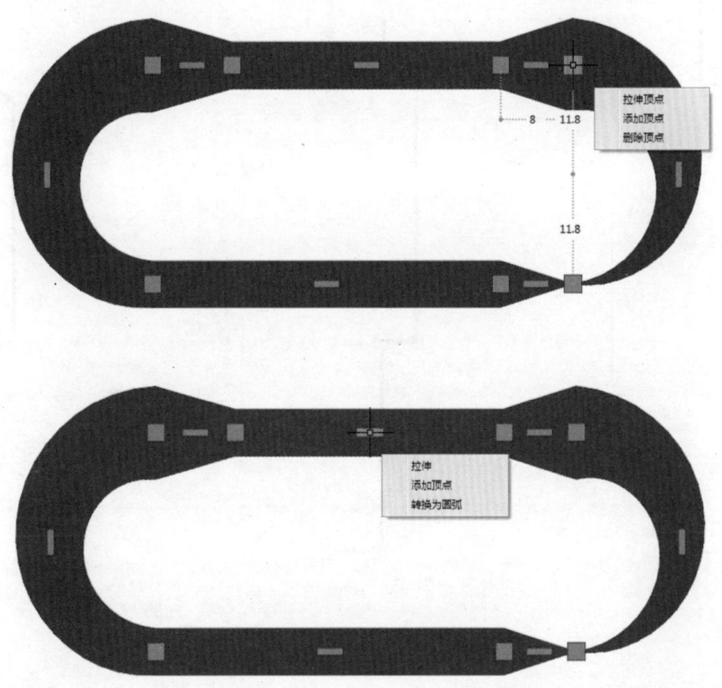

例　利用多段线夹点编辑，绘制下图所示图形。

多段线的夹点编辑

**操作步骤：**

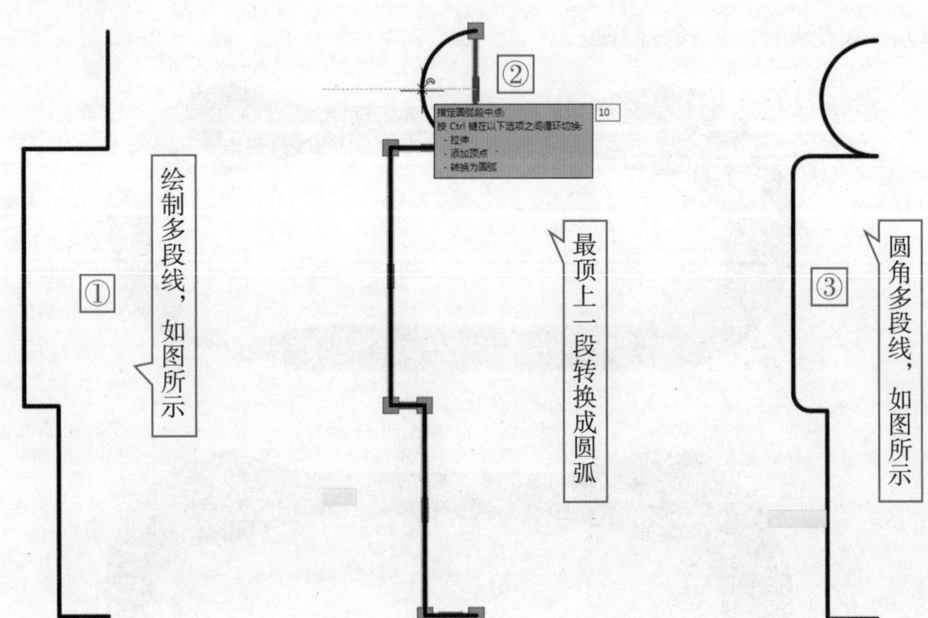

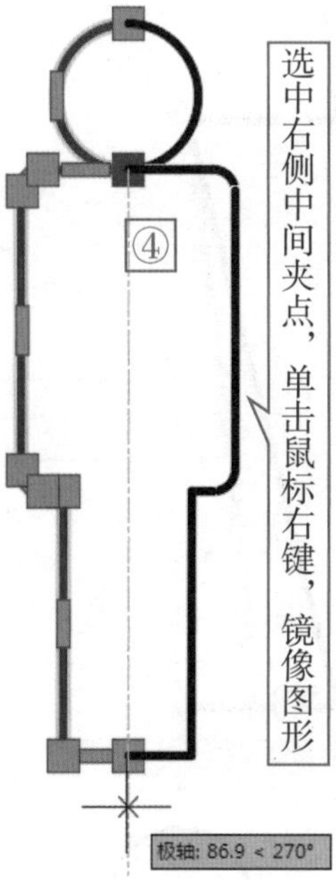

④
选中右侧中间夹点，单击鼠标右键，镜像图形
极轴: 86.9 < 270°
⑤ 
填充后的效果如图所示
⑥  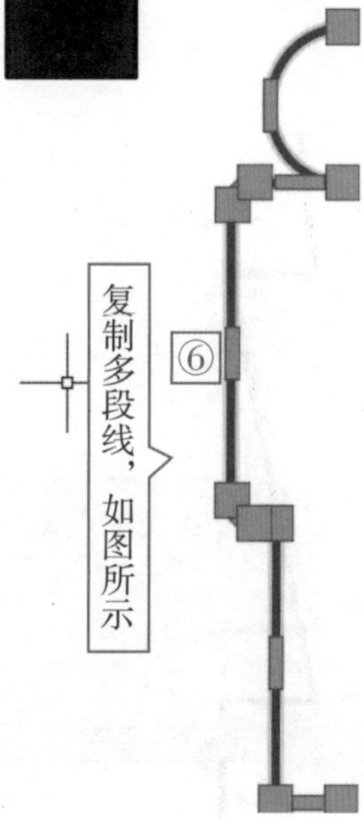
复制多段线，如图所示
拉伸 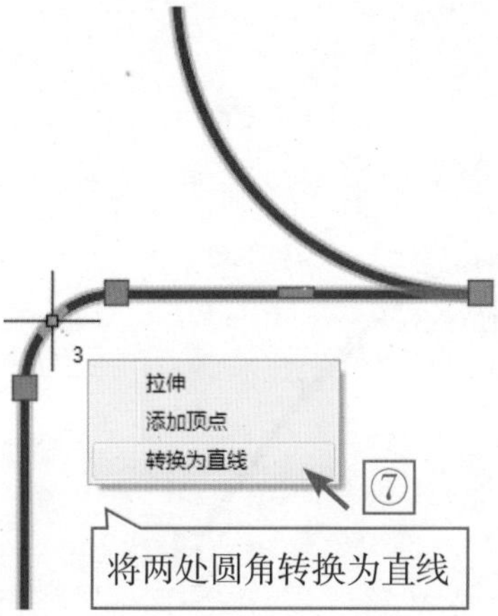
添加顶点
转换为直线
⑦
将两处圆角转换为直线
37° 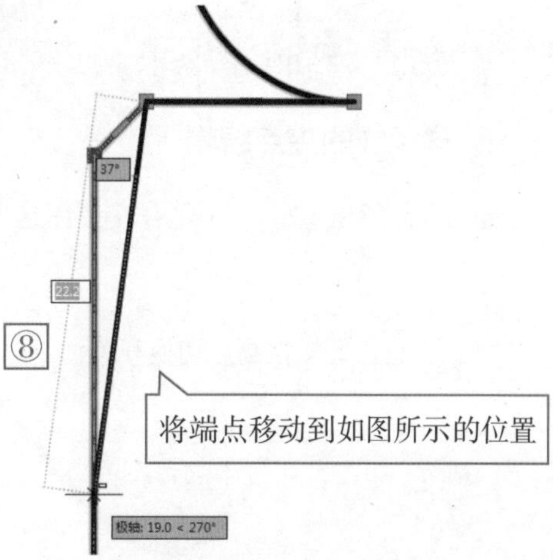
⑧
将端点移动到如图所示的位置
极轴: 19.0 < 270°

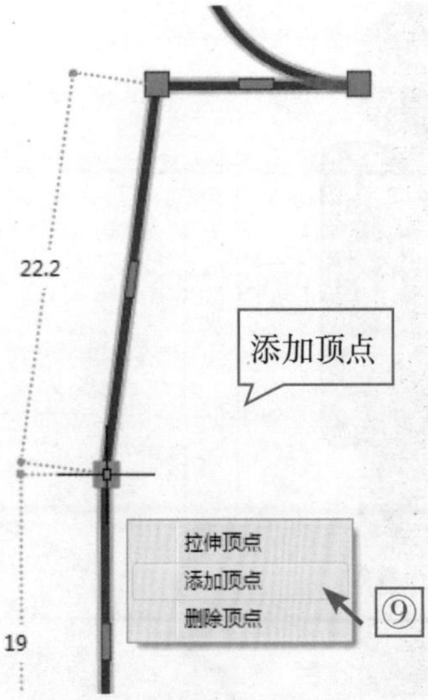

22.2
添加顶点
拉伸顶点
添加顶点
删除顶点
⑨
19

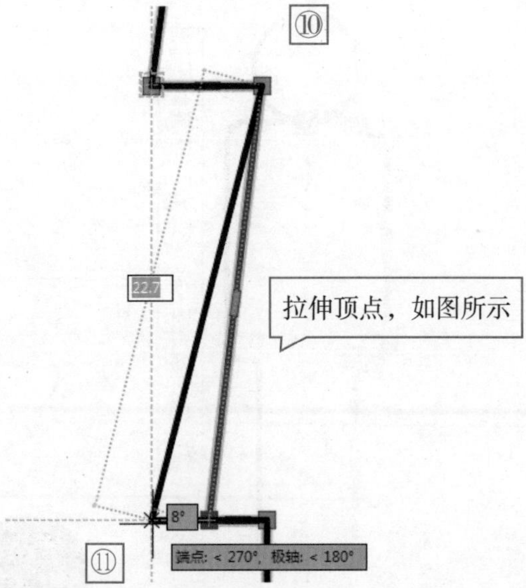

⑩
22.7
拉伸顶点，如图所示
8°
端点: < 270°, 极轴: < 180°
⑪

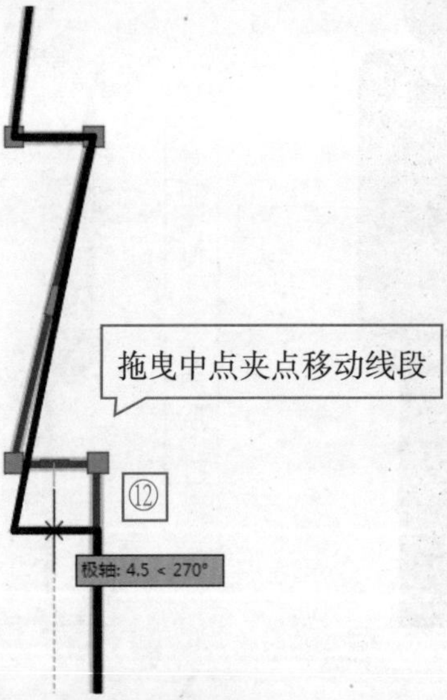

拖曳中点夹点移动线段
⑫
极轴: 4.5 < 270°

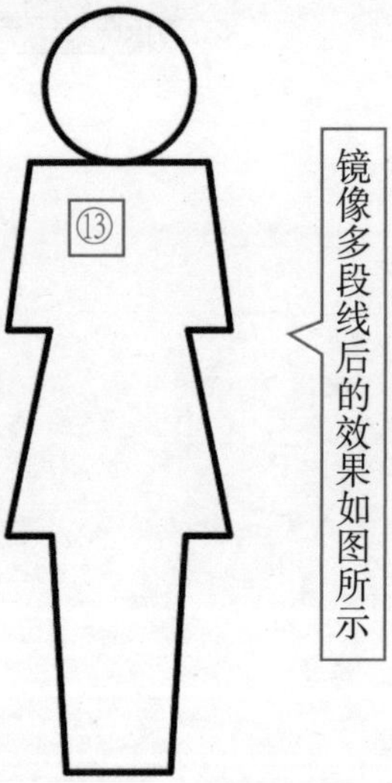

⑬
镜像多段线后的效果如图所示

填充颜色，结束绘图 ⑭

## 6. 样条线的夹点编辑

选中样条线，如下图所示，夹住这些高亮点可进行快速编辑。

起始点
控制点切换开关
中间拟合点
中间拟合点
终点

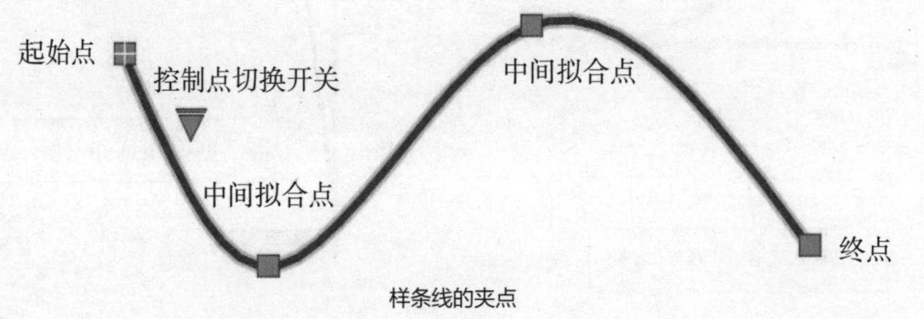

样条线的夹点

样条线的夹点编辑，除拖动夹点移动、拉伸外，还可进行如下编辑操作。

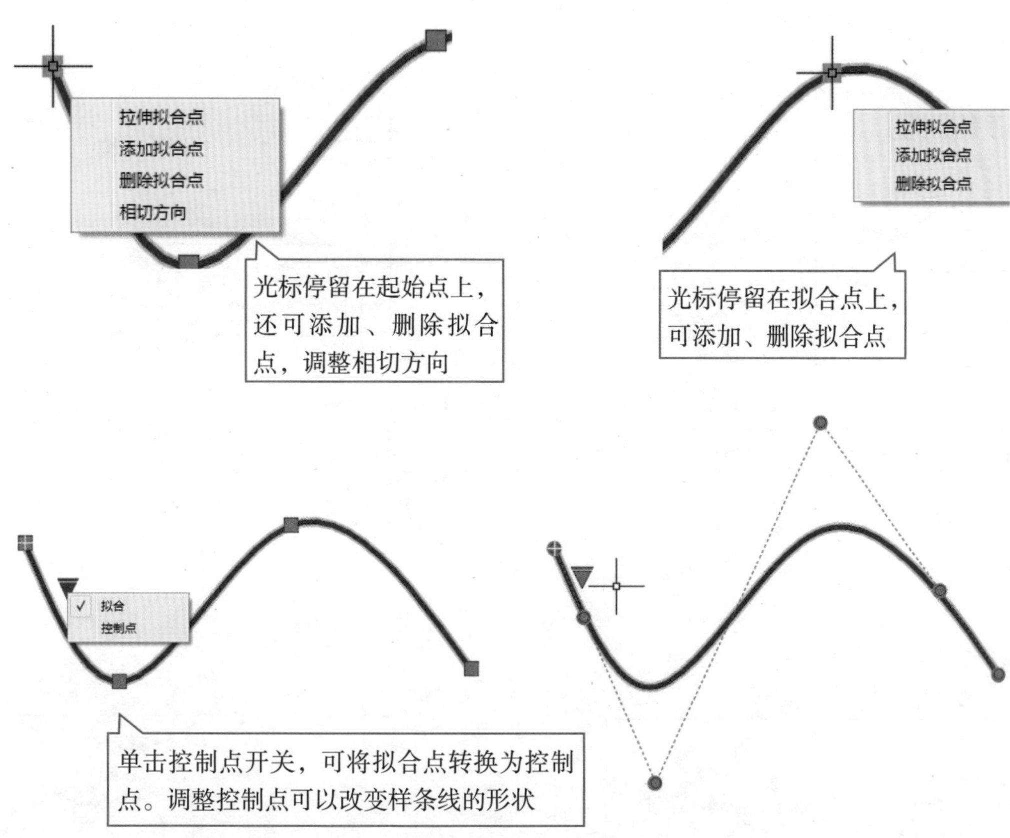


例　利用样条线夹点编辑，绘制下图所示图形。

样条线的夹点编辑

**操作步骤：**

插入光栅参照图像，画样条线描轮廓，如下图所示。

画样条线，参照图像描轮廓

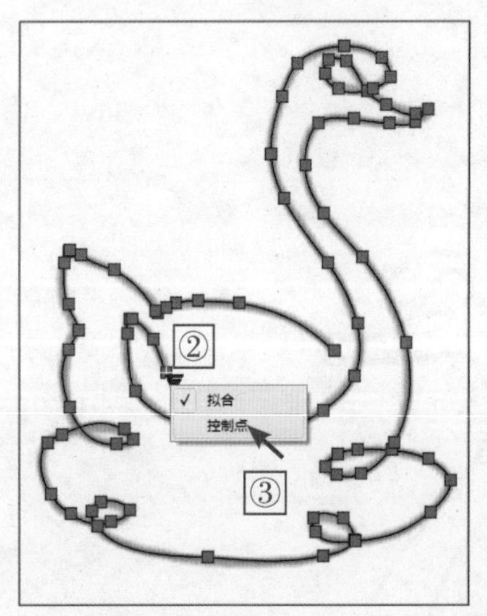


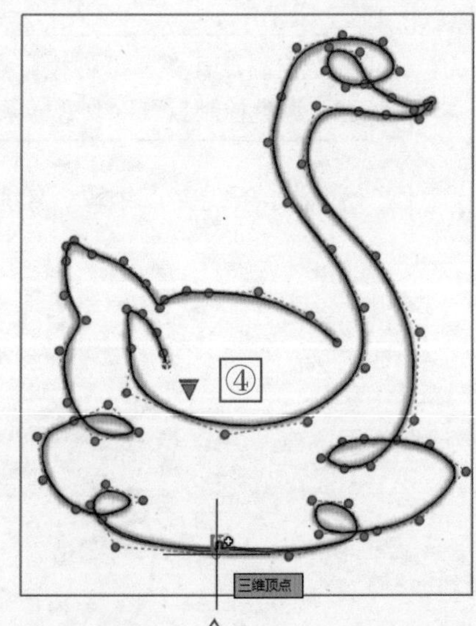


单击控制点开关，可选择控制点模式

添加、删除、调整控制点，调整样条曲线，使之和原始图像吻合。删除参照图像，结束绘图

## 7. 多元素复合夹点编辑

多个图形元素同时选中，特征点重合时可同时进行夹点编辑。

例　用多元素复合夹点编辑，绘制下图所示图形。

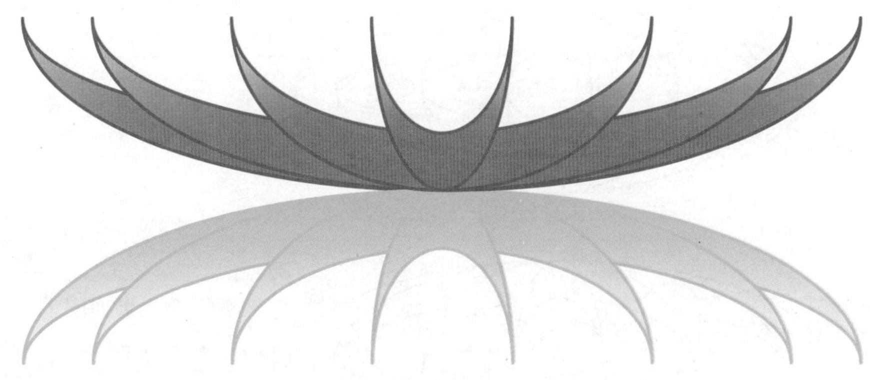

多元素复合夹点编辑

画椭圆（长轴 50，短轴 20），沿两个半轴画辅助线，如下图所示 ①

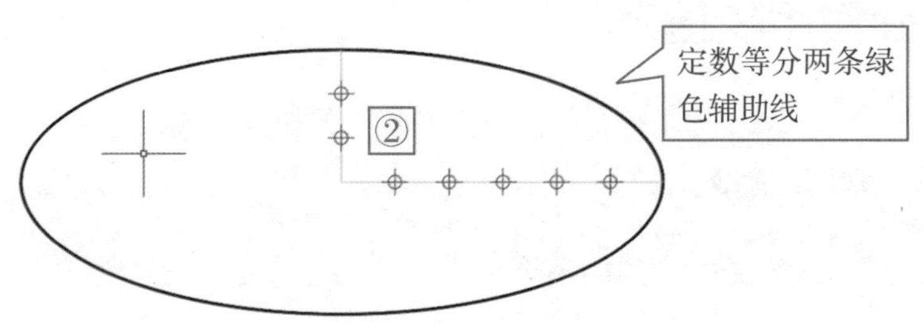


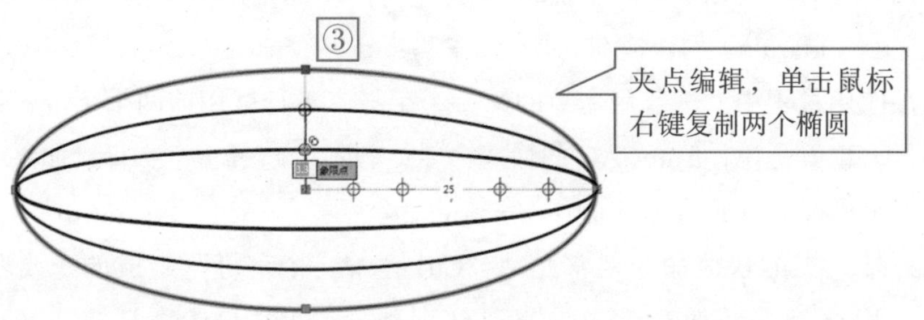


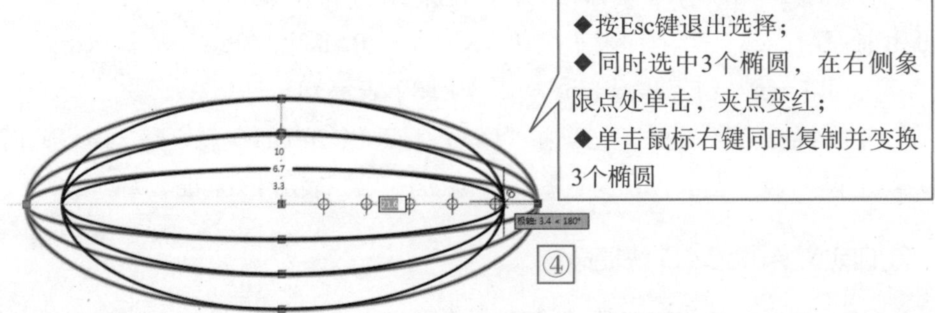

定数等分两条绿色辅助线

夹点编辑，单击鼠标右键复制两个椭圆

◆按Esc键退出选择；
◆同时选中3个椭圆，在右侧象限点处单击，夹点变红；
◆单击鼠标右键同时复制并变换3个椭圆
10
6.7
3.3
④

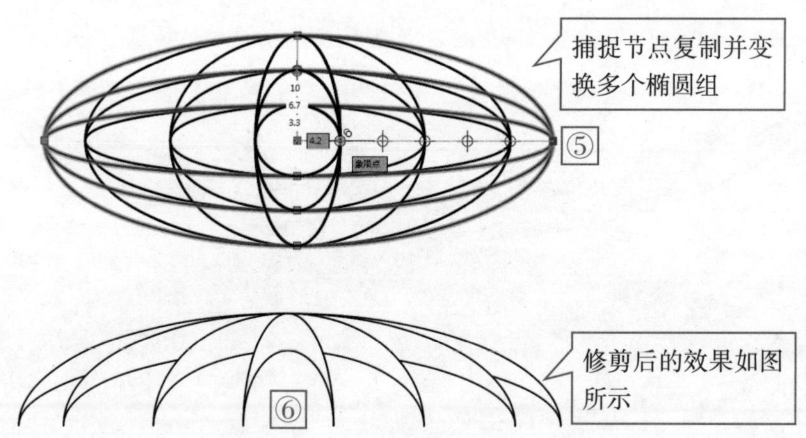


修剪后的效果如图所示

⑥

镜像、填充图形，修改图线颜色。结束绘图

## 二、正确使用快捷键

快捷键是 AutoCAD 为了提高绘图效率而定义的快捷方式，它用一个或几个简单的字母来代替常用的命令。

### 1. AutoCAD 快捷命令的命名规律

快捷命令通常是该命令英文单词的第一个或前面两个字母，有的是前三个字母。

比如，直线（Line）的快捷命令是“L”；复制（Copy）的快捷命令是“CO”；线型比例（Ltscale）的快捷命令是“LTS”。

在使用过程中，试着用命令的第一个字母，不行就用前两个字母，最多用前三个字母，也就是说，AutoCAD 的快捷命令一般不会超过三个字母，如果一个命令用前三个字母都不行的话，只能输入完整的命令。

另外一类的快捷命令通常是由“Ctrl 键 + 一个字母”组成的，或者用功能键 F1 ~ F12 来定义。如 Ctrl 键 +“N”、Ctrl 键 +“O”、Ctrl 键 +“S”、Ctrl 键 +“P”分别表示新建、打开、保存、打印文件；F3 表示“对象捕捉”。

如果有的命令第一个字母都相同的话，那么常用的命令取第一个字母，其他命令可用前面两个或三个字母表示。如“R”表示 Redraw，“RA”表示 RedrawAll；如“L”表示 Line，“LT”表示 LineType，“LTS”表示 LTScale。

个别例外的需要我们去记忆，如“修改文字”（DDEDIT）就不是“DD”，而是“ED”；还有“AA”表示 Area，“T”表示 Mtext，“X”表示 Explode。

### 2. 自定义 AutoCAD 快捷命令

AutoCAD 所有定义的快捷命令都保存 ACAD.PGP 文件中。ACAD.PGP 是一

个纯文本文件，用户可以使用 ASCII 文本编辑器（如 Dos 下的 EDIT）或直接使用 Windows 附件中的记事本来进行编辑。用户还可以自行添加一些 AutoCAD 的快捷命令到文件中。

快捷命令定义格式：快捷命令名称，* 命令全名。如：CO，*COPY。

即键入快捷命令后，再键入一个逗号和快捷命令所替代的命令全称。AutoCAD 的命令必须用一个星号作为前缀。

注：ACAD.PGP 文件在安装盘 \Users\Administrator\AppData\Roaming\Autodesk\AutoCAD 2019\R22.0\chs\Support 目录下，ACAD.PGP 文件编辑完毕，保存即可使用。

### 3. 常用快捷键

| 类别 | 快捷键 | 名称 | 作用 |
|---|---|---|---|
| 绘图命令类 | L | *LINE | 直线 |
| | PL | *PLINE | 多段线 |
| | SPL | *SPLINE | 样条曲线 |
| | REC | *RECTANGLE | 矩形 |
| | C | *CIRCLE | 圆 |
| | A | *ARC | 圆弧 |
| | EL | *ELLIPSE | 椭圆 |
| | T | *MTEXT | 多行文本 |
| | MT | *MTEXT | 多行文本 |
| | DT | *TEXT | 输入文字时在屏幕上显示 |
| | B | *BLOCK | 块定义 |
| | I | *INSERT | 插入块 |
| | W | *WBLOCK | 定义块文件 |
| | DIV | *DIVIDE | 等分 |
| | H | *BHATCH | 填充 |
| | DO | *DONUT | 绘制填充的圆和环 |
| | POL | *POLYGON | 正多边形 |
| | REG | *REGION | 面域 |
| | PO | *POINT | 点 |
| | XL | *XLINE | 射线 |
| | ML | *MLINE | 多线 |

续表

| 类别 | 快捷键 | 名称 | 作用 |
| --- | --- | --- | --- |
| 修改命令类 | CO | *COPY | 复制 |
| | MI | *MIRROR | 镜像 |
| | AR | *ARRAY | 阵列 |
| | O | *OFFSET | 偏移 |
| | RO | *ROTATE | 旋转 |
| | M | *MOVE | 移动 |
| | E | *ERASE | 删除 |
| | X | *EXPLODE | 分解 |
| | TR | *TRIM | 修剪 |
| | EX | *EXTEND | 延伸 |
| | S | *STRETCH | 拉伸 |
| | LEN | *LENGTHEN | 直线拉长 |
| | SC | *SCALE | 比例缩放 |
| | BR | *BREAK | 打断 |
| | CHA | *CHAMFER | 倒角 |
| | F | *FILLET | 倒圆角 |
| | PE | *PEDIT | 多段线编辑 |
| | ED | *DDEDIT | 修改文本 |
| 尺寸标注类 | DLI | *DIMLINEAR | 直线标注 |
| | DAL | *DIMALIGNED | 对齐标注 |
| | DRA | *DIMRADIUS | 半径标注 |
| | DDI | *DIMDIAMETER | 直径标注 |
| | DAN | *DIMANGULAR | 角度标注 |
| | DCE | *DIMCENTER | 中心标注 |
| | DOR | *DIMORDINATE | 点标注 |
| | TOL | *TOLERANCE | 标注形位公差 |
| | LE | *QLEADER | 快速引出标注 |
| | DBA | *DIMBASELINE | 基线标注 |
| | DCO | *DIMCONTINUE | 连续标注 |
| | D 或DST | *DIMSTYLE | 标注样式 |
| | DED | *DIMEDIT | 编辑标注 |
| | DOV | *DIMOVERRIDE | 替换标注系统变量 |

续表

| 类别 | 快捷键 | 名称 | 作用 |
|---|---|---|---|
| 视窗缩放类 | P | *PAN | P，　*PAN（平移） |
| | Z+空格+空格 | | *实时缩放 |
| | Z | | *局部放大 |
| | Z+P | | *返回上一视图 |
| | Z+E　Z+A | | *显示全图 |
| | Z+D | | 动态缩放视图 |
| 对象特性类 | 常用 | | |
| | CH，MO Ctrl+1 | *PROPERTIES | 修改特性 |
| | MA | *MATCHPROP | 属性匹配 |
| | ST | *STYLE | 文字样式 |
| | LT | *LINETYPE | 线形设置工具栏 |
| | LTS | *LTSCALE | 视口中线形的比例因子 |
| | LW | *LWEIGHT | 线宽 |
| | AL | *ALIGN | 在二维和三维空间中将某对象与其他对象对齐 |
| | PU | *PURGE | 清除垃圾 |
| | ATT | *ATTDEF | 属性定义 |
| | ATE | *ATTEDIT | 编辑单个块的可变属性 |
| | BO | *BOUNDARY | 边界创建，包括创建闭合多段线和面域 |
| | OP | *OPTIONS | 自定义CAD设置 |
| | REN | *RENAME | 重命名 |
| | R | *REDRAW | 刷新显示当前视口 |
| | RE | *REGEN | 重生成图形并刷新显示当前视口 |
| | DI | *DIST | 测量两点之间的距离和角度 |
| | OS　SE<br>Shift+鼠标右键 | *OSNAP | 设置捕捉模式 |
| | AA | *AREA | 面积 |
| | AP | *APPLOAD | 加载 AutoLISP、ADS 和 ARX 应用程序 |
| | 不常用 | | |
| | UN | *UNITS | 图形单位 |
| | EXIT | *QUIT | 退出 |
| | PRINT Ctrl+P | *PLOT | 打印 |

续表

| 类别 | 快捷键 | 名称 | 作用 |
|---|---|---|---|
| 常用功能键 | 【F1】 | *HELP | 帮助 |
| | 【F2】 | 文本窗口 | 作图窗和文本窗口的转换 |
| | 【F3】 | *OSNAP | 对象捕捉 |
| | 【F4】 | | 三维对象捕捉 |
| | 【F5】 | | 视图切换 |
| | 【F6】 | | 动态UCS |
| | 【F7】 | *GRID | 栅格显示模式控制 |
| | 【F8】 | *ORTHO | 正交模式控制 |
| | 【F9】 | | 栅格捕捉 |
| | 【F10】 | | 极轴追踪 |
| | 【F11】 | | 对象捕捉追踪 |
| | 【F12】 | | 动态输入 |
| 常用Ctrl快捷键 | 【Ctrl】+1 | *PROPERTIES | 修改特性 |
| | 【Ctrl】+2 | *ADCENTER | 设计中心 |
| | 【Ctrl】+O | *OPEN | 打开文件 |
| | 【Ctrl】+N、M | *NEW | 新建文件 |
| | 【Ctrl】+P | *PRINT | 打印文件 |
| | 【Ctrl】+S | *SAVE | 保存文件 |
| | 【Ctrl】+Y | *_mredo | 重做 |
| | 【Ctrl】+Z | *UNDO | 放弃 |
| | 【Ctrl】+X | *CUTCLIP | 剪切 |
| | 【Ctrl】+C | *COPYCLIP | 复制 |
| | 【Ctrl】+V | *PASTECLIP | 粘贴 |
| | 【Ctrl】+B或【F9】 | *SNAP | 栅格捕捉 |
| | 【Ctrl】+F或【F3】 | *OSNAP | 对象捕捉 |
| | 【Ctrl】+G或【F7】 | *GRID | 栅格 |
| | 【Ctrl】+L或【F8】 | *ORTHO | 正交 |
| | 【Ctrl】+W或【F11】 | | 对象追踪 |
| | 【Ctrl】+U或【F10】 | | 极轴 |

续表

| 类别 | 快捷键 | 名称 | 作用 |
|---|---|---|---|
| 其他 | LA | *LAYER | 图层属性管理器 |
| | G | *GROUP | 成组 |
| | RR | RENDER | 渲染 |
| | DC | ADCENTER | 设计中心 |
| | DS | DSETTINGS | 草图设置 |
| | VS | | 显示模式 |
| | PLAL | | 设置视图 |

## 三、绘图技巧集锦

### 1. 面域或边界作图

第 3 章中已讲过面域命令，面域不仅能使封闭线框变成面片，还可利用布尔运算快速作图。

例 1　利用面域命令作下图所示图形。

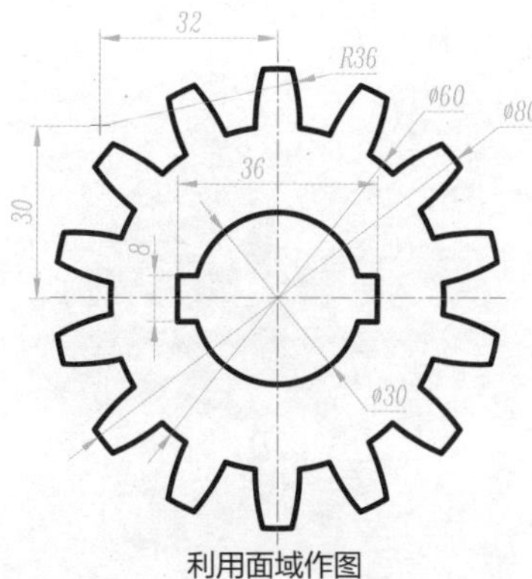


利用面域作图

**操作步骤：**

按要求绘制 3 个圆，如下图所示

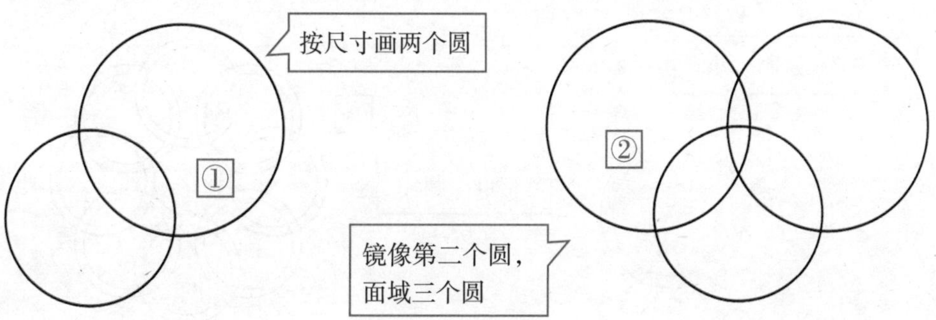

续表

上方两个圆布尔运算交集

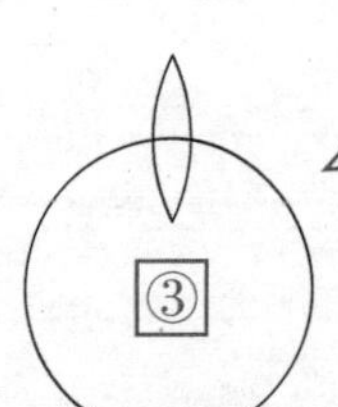

④ 阵列14个图形

⑤ 布尔运算合集所有面域

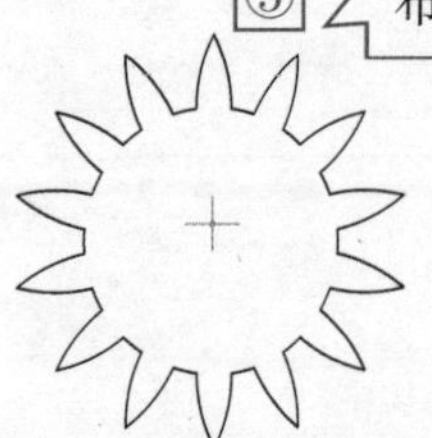

⑥ 齿顶圆面域，布尔运算交集

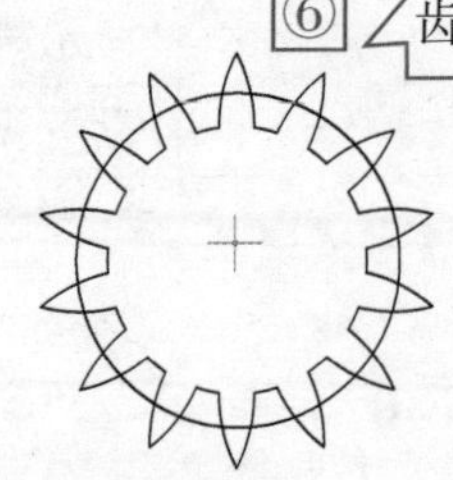

按要求画圆和矩形并中心对齐

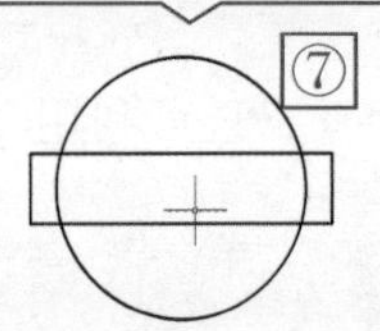

面域并布尔运算合集

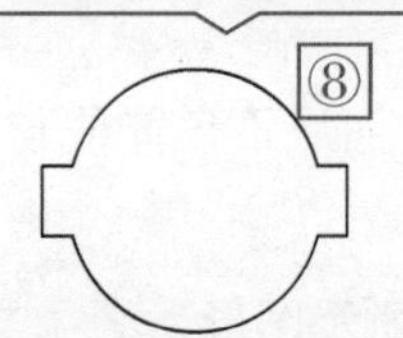

移动到图形中心，结束绘图

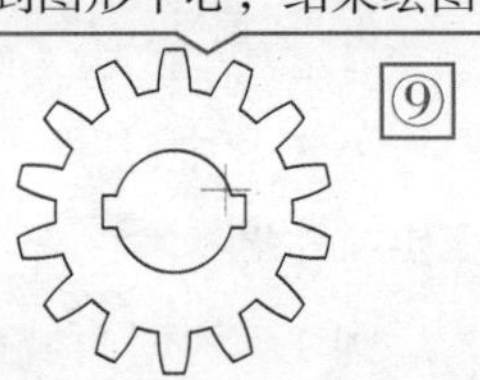

例 2　利用边界和面域绘制下图所示图形。

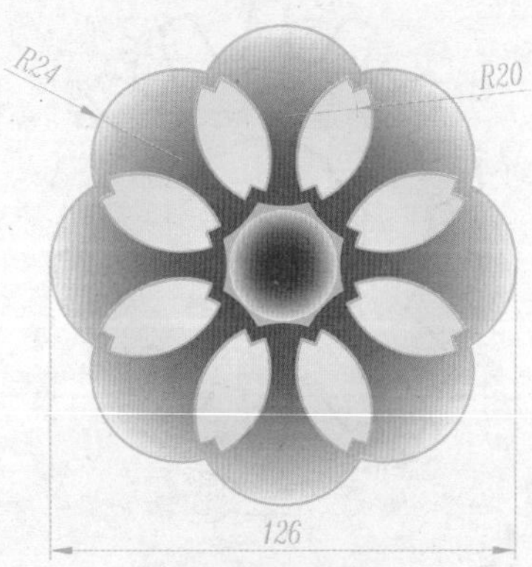


利用边界和面域作图

**操作步骤：**

按要求绘制3个圆

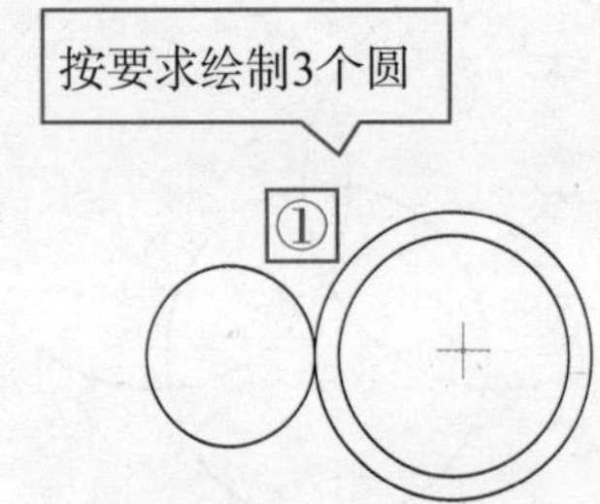

阵列8个圆环

执行 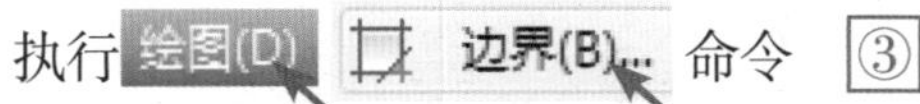 命令 ③



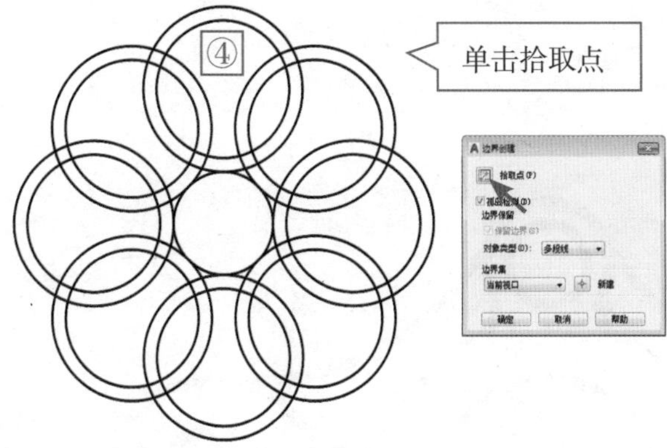



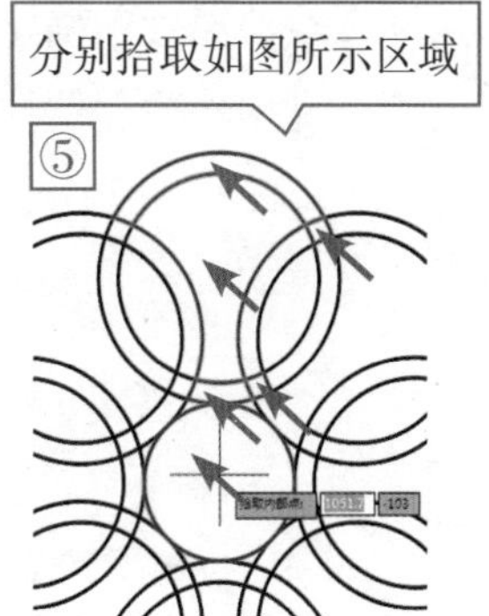



执行 工具(T) 快速选择(K)... 命令 ⑥

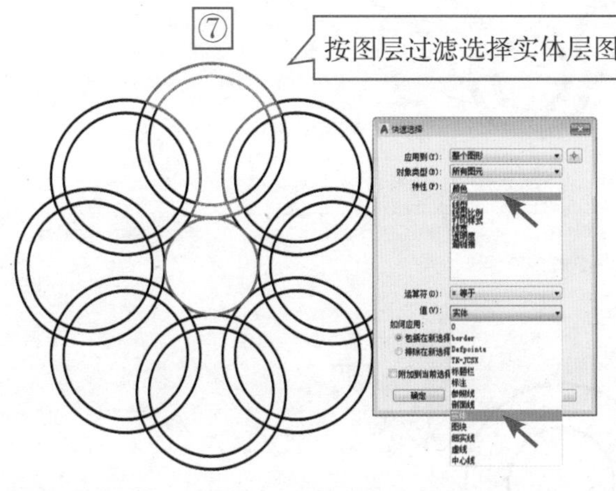



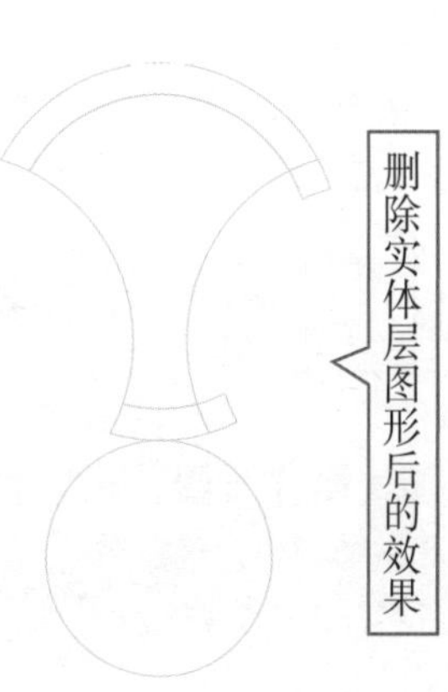



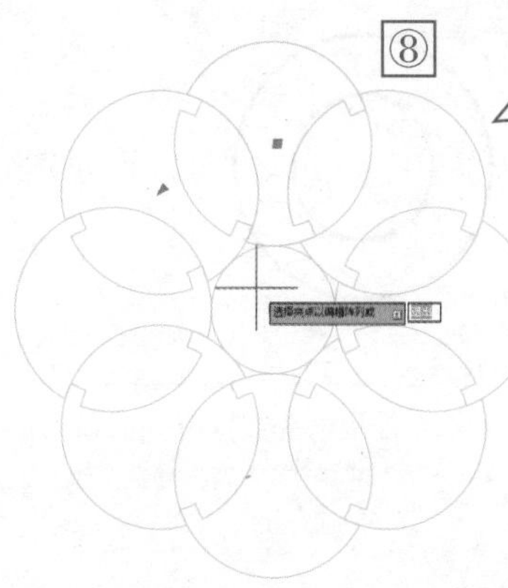



⑨

面域所有图形并布尔运算合集，按要求填充颜色。结束绘图

## 2. 利用快捷属性快速绘图

绘图过程中经常遇到相同或相似的图形，可以先把相同、相似的图形复制出来，然后通过快捷属性精确定义尺寸数值。

例　利用快捷属性快速作下图所示图形。

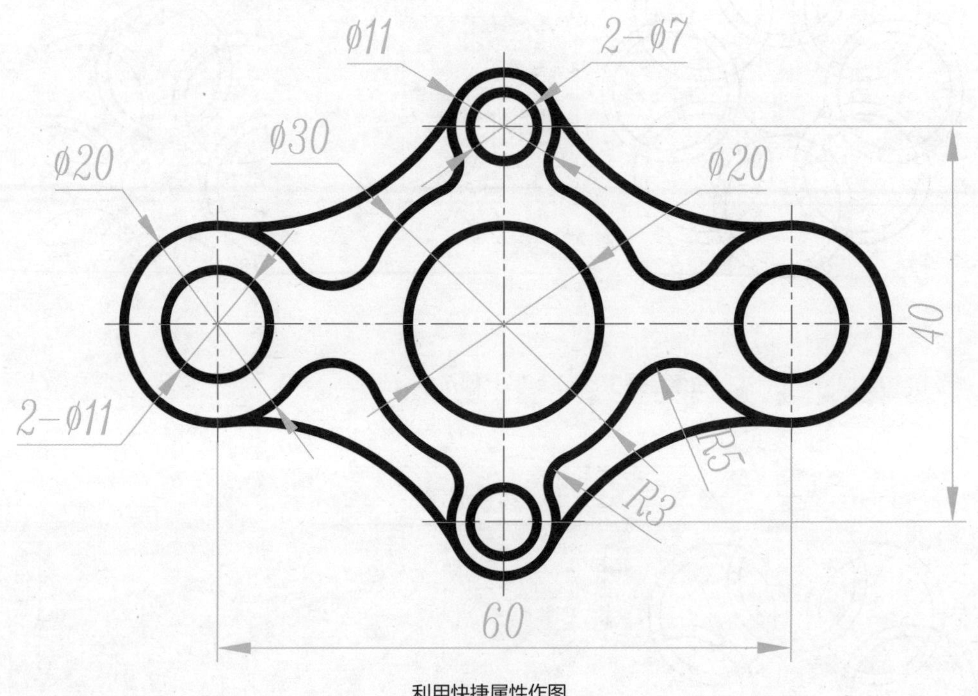


利用快捷属性作图

**操作步骤：**

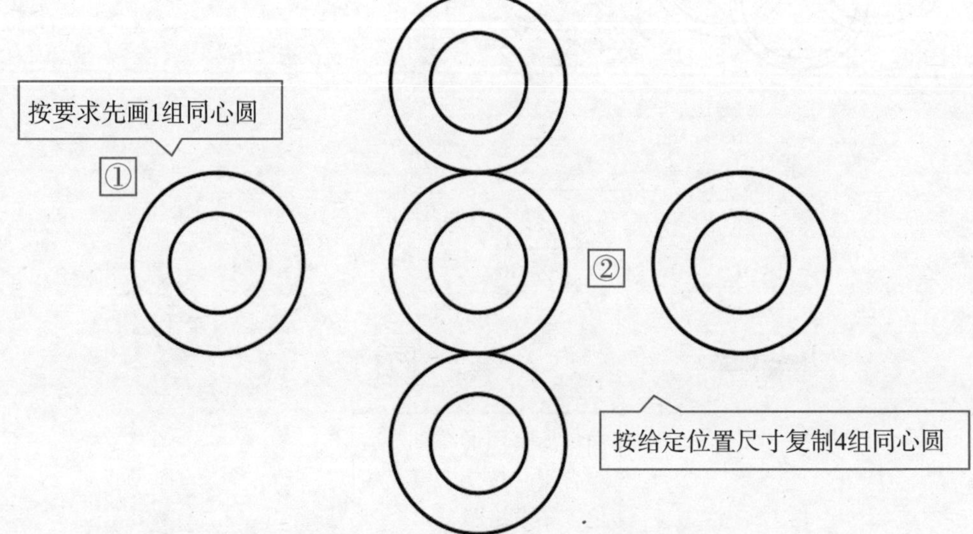

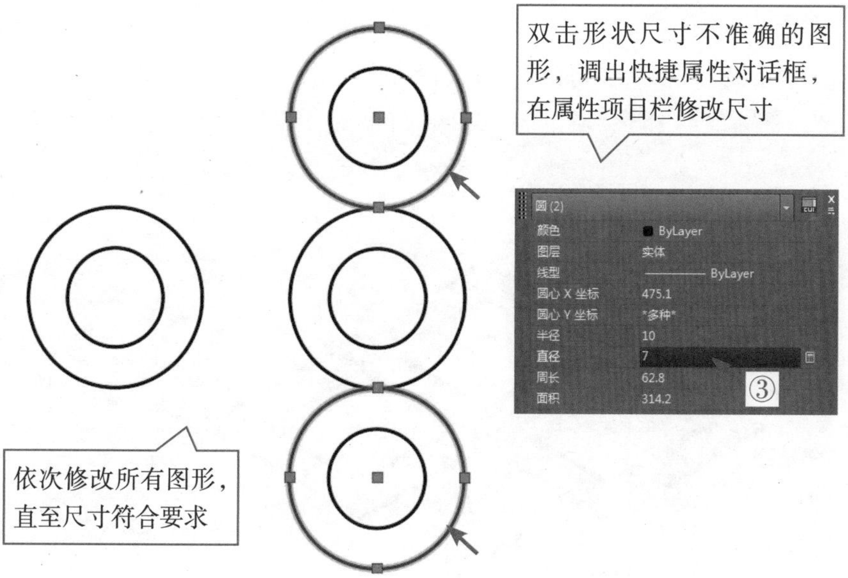

双击形状尺寸不准确的图形，调出快捷属性对话框，在属性项目栏修改尺寸

| 圆 (2) | |
|---|---|
| 颜色 | ByLayer |
| 图层 | 实体 |
| 线型 | ByLayer |
| 圆心 X 坐标 | 475.1 |
| 圆心 Y 坐标 | *多种* |
| 半径 | 10 |
| 直径 | 7 |
| 周长 | 62.8 |
| 面积 | 314.2 |

③

依次修改所有图形，直至尺寸符合要求

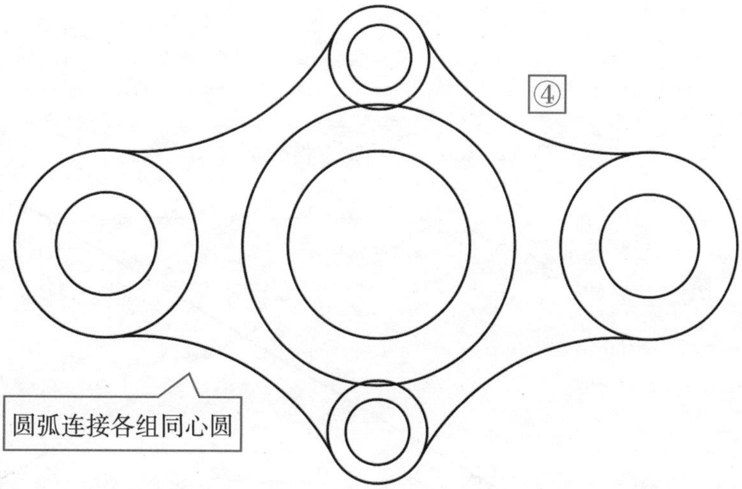

④

圆弧连接各组同心圆

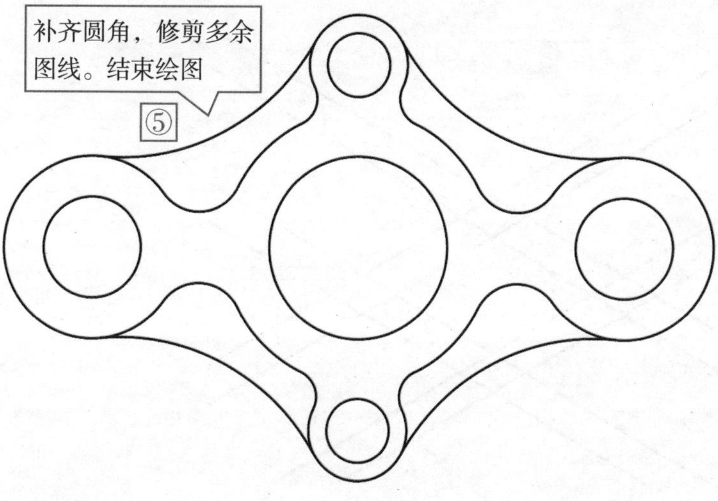

补齐圆角，修剪多余图线。结束绘图

⑤

### 3. 巧用圆角命令

圆角命令不仅可以绘圆弧，还可以用来修剪图线。

例　利用圆角命令修剪图线，画下图所示图形。

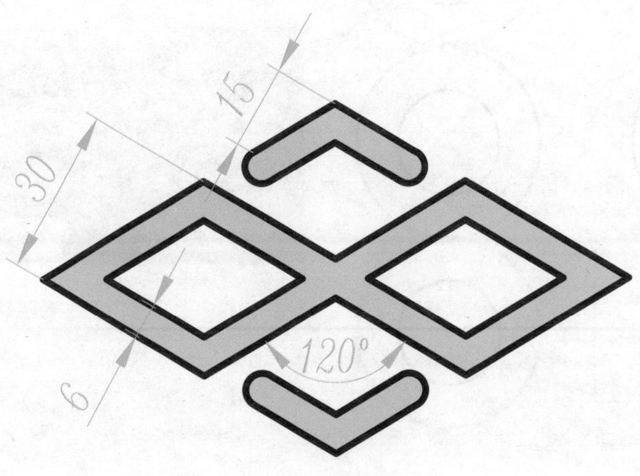
15
30
6
120°

利用圆角命令修剪图线

**操作步骤：**

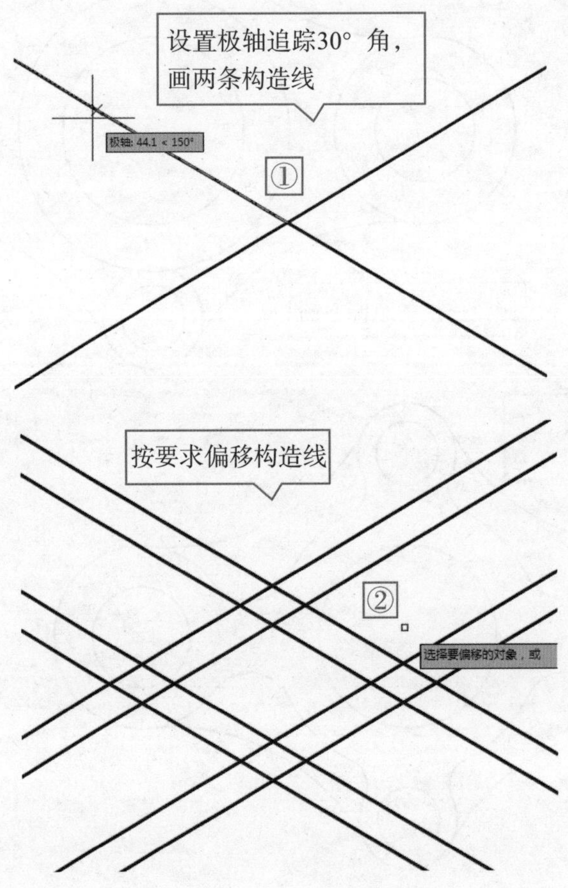
设置极轴追踪30° 角，画两条构造线
极轴: 44.1 < 150°
①
按要求偏移构造线
②
选择要偏移的对象，或

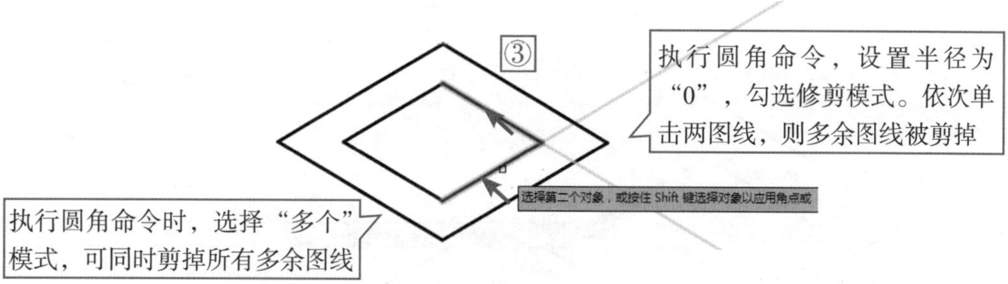

③
执行圆角命令，设置半径为“0”，勾选修剪模式。依次单击两图线，则多余图线被剪掉
选择第二个对象，或按住 Shift 键选择对象以应用角点或
执行圆角命令时，选择“多个”模式，可同时剪掉所有多余图线

按要求复制一组菱形
④
端点

极轴: < 30°, 范围: < 150°
⑤
复制一组“拱顶”图线

夹点编辑将最顶端图线缩短一半
17.3
⑥
中点

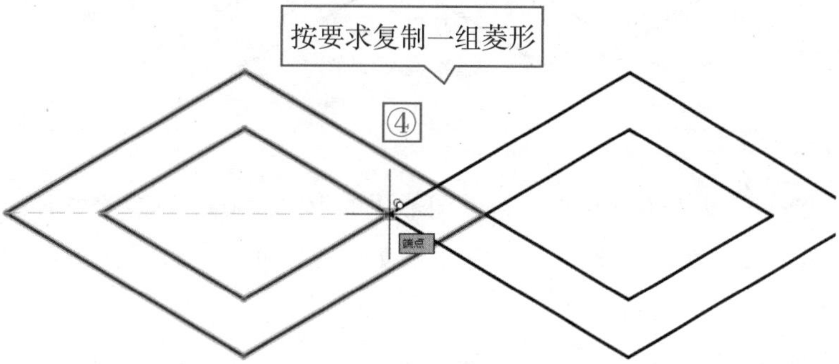

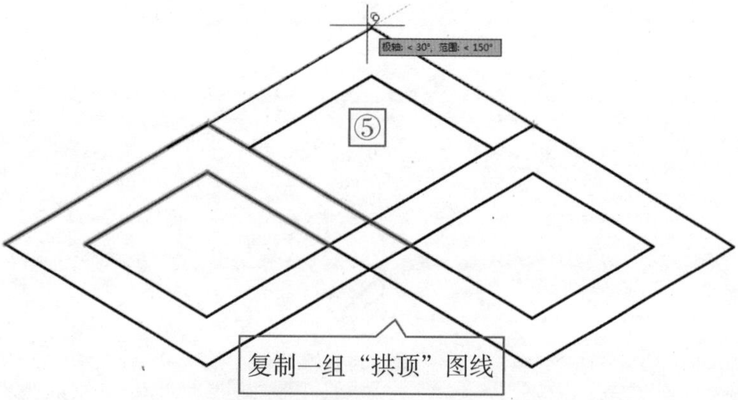

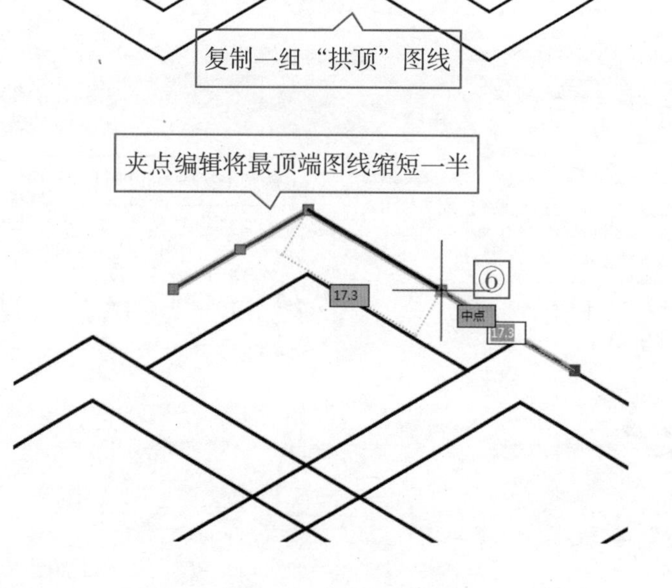

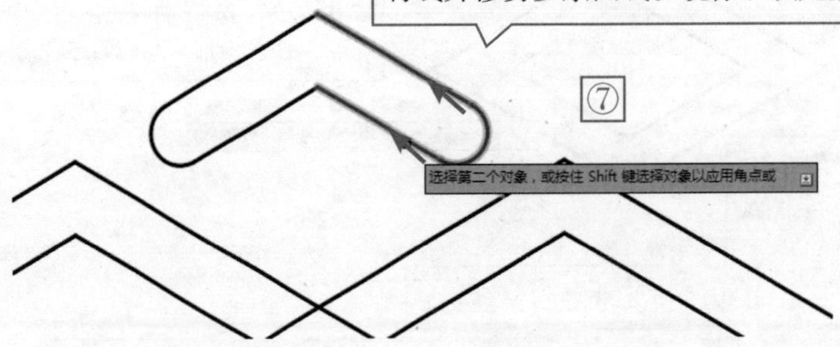

执行圆角命令，不必设置半径数值。依次单击两平行线，可在第一次单击线段的端点处加半圆连接两段平行线并修剪多余图线。镜像、填充颜色。结束绘图
⑦
选择第二个对象，或按住 Shift 键选择对象以应用角点或


4. 文字编辑技巧

默认状态下，CAD 中的文字是以图形块的形式存在，只能改变其内容，无法改变边缘轮廓。但是在许多情况下需要雕刻文字或作文字立体效果，这就需要一些特殊技巧。

例 1　画图并编辑文字，如下图所示。

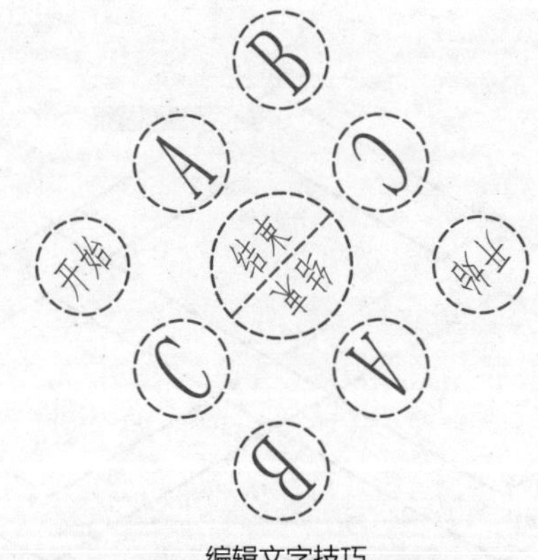


编辑文字技巧

**操作步骤：**

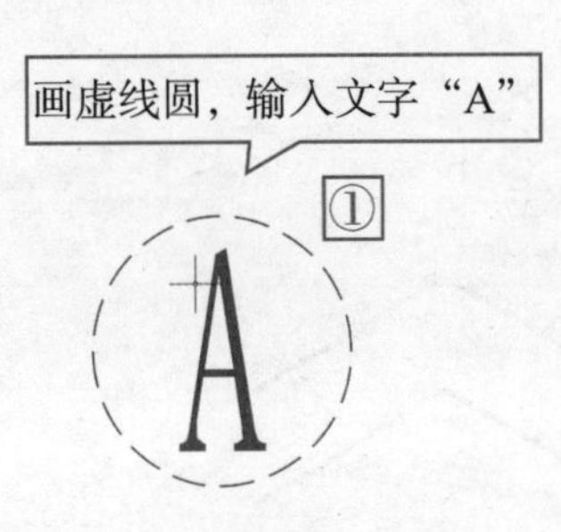


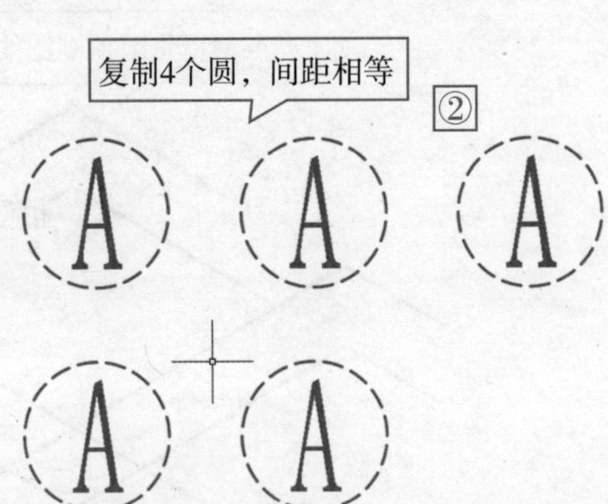

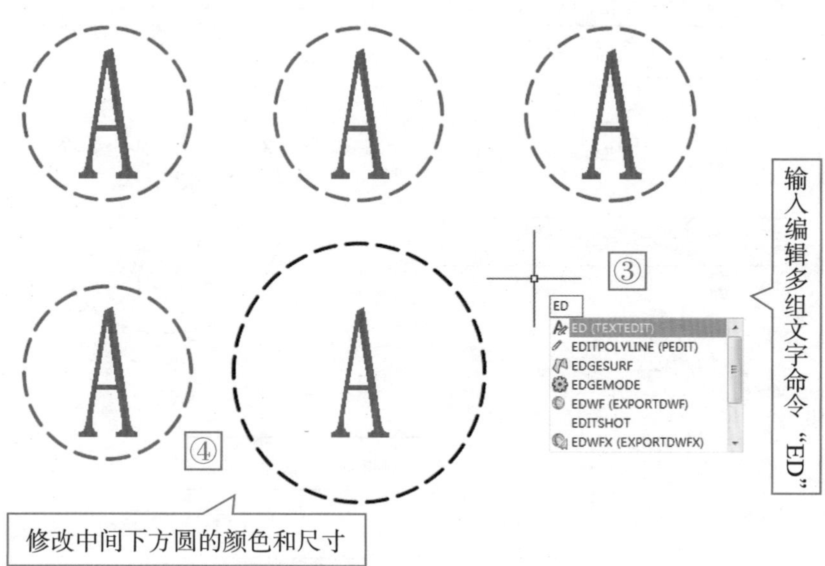
③
ED
ED (TEXTEDIT)
EDITPOLYLINE (PEDIT)
EDGESURF
EDGEMODE
EDWF (EXPORTDWF)
EDITSHOT
EDWFX (EXPORTDWFX)
输入编辑多组文字命令"ED"
④
修改中间下方圆的颜色和尺寸

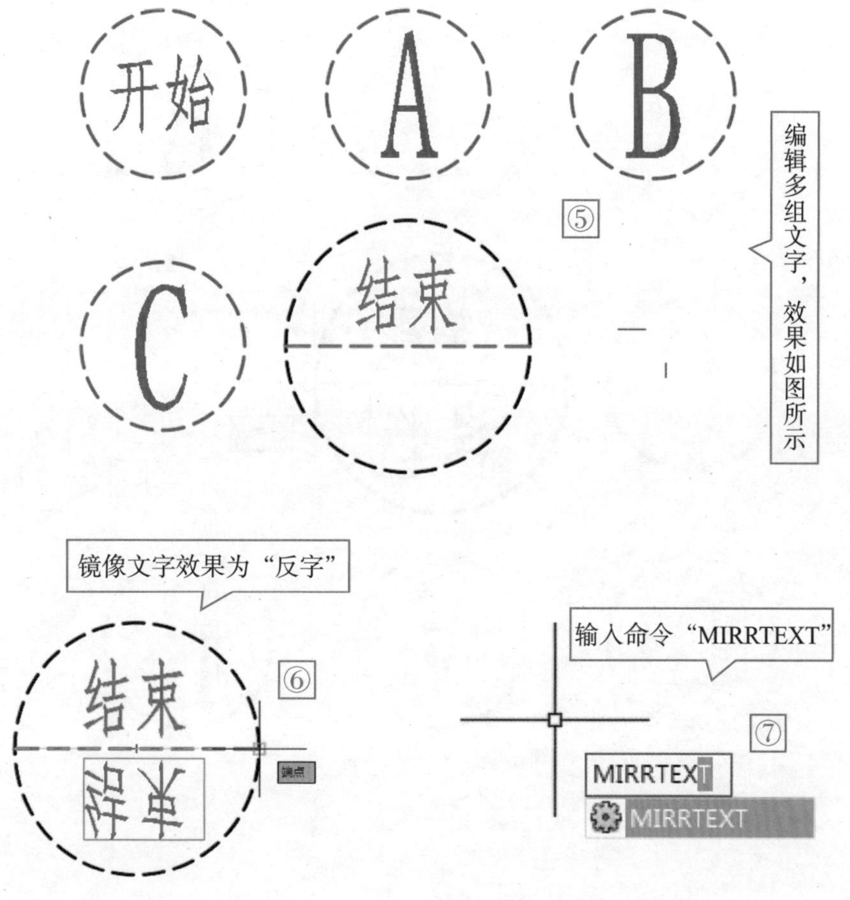
开始
A
B
C
结束
⑤
编辑多组文字，效果如图所示
镜像文字效果为"反字"
⑥
输入命令"MIRRTEXT"
⑦
MIRRTEXT
MIRRTEXT

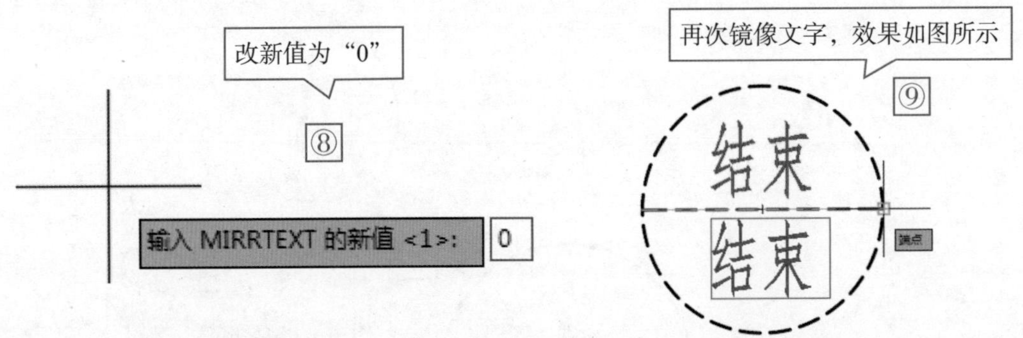

改新值为“0”
⑧
输入 MIRRTEXT 的新值 <1>:
0
再次镜像文字，效果如图所示
⑨
结束
结束
端点

新值改回默认数值“1”
⑩
输入 MIRRTEXT 的新值 <0>:
1


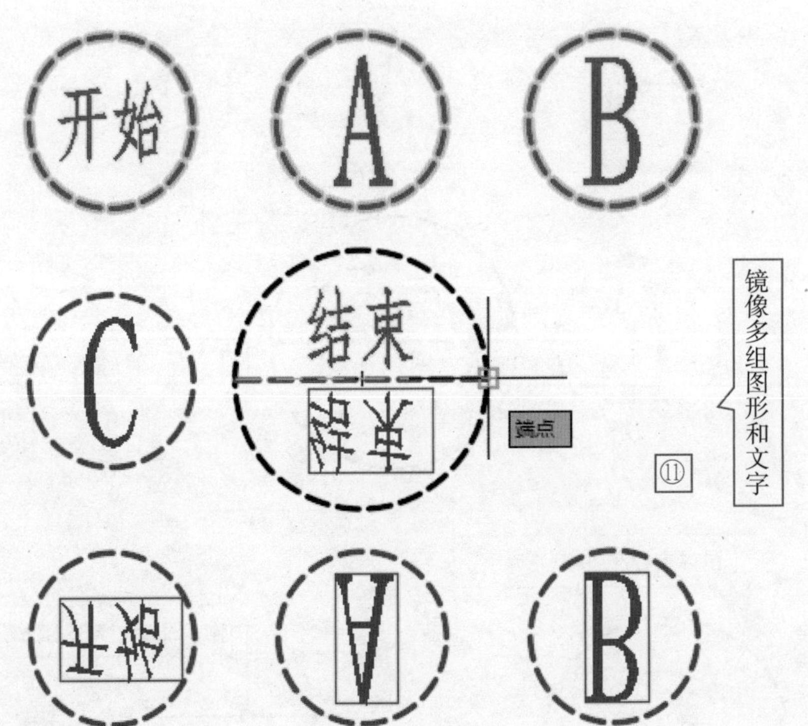

开始
A
B
C
结束
端点
镜像多组图形和文字
⑪
B

旋转整体图形，结束绘图 ⑭

例 2　分解文字为多段线。

**操作步骤：**

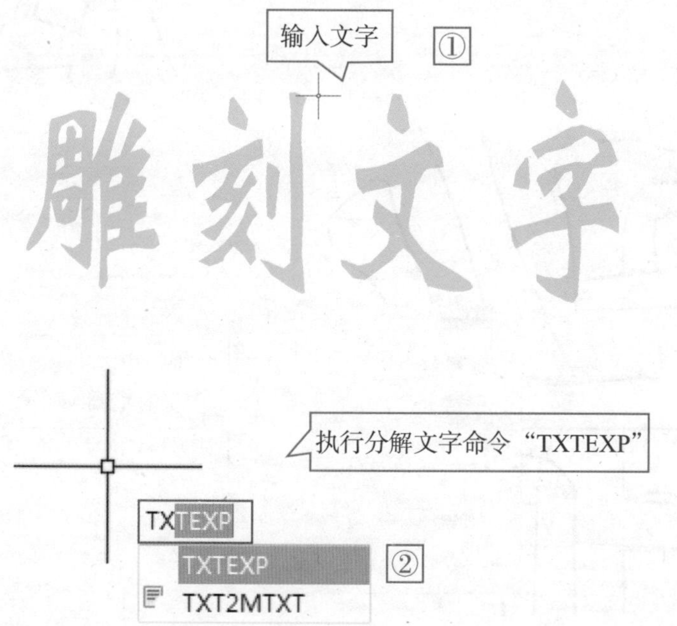

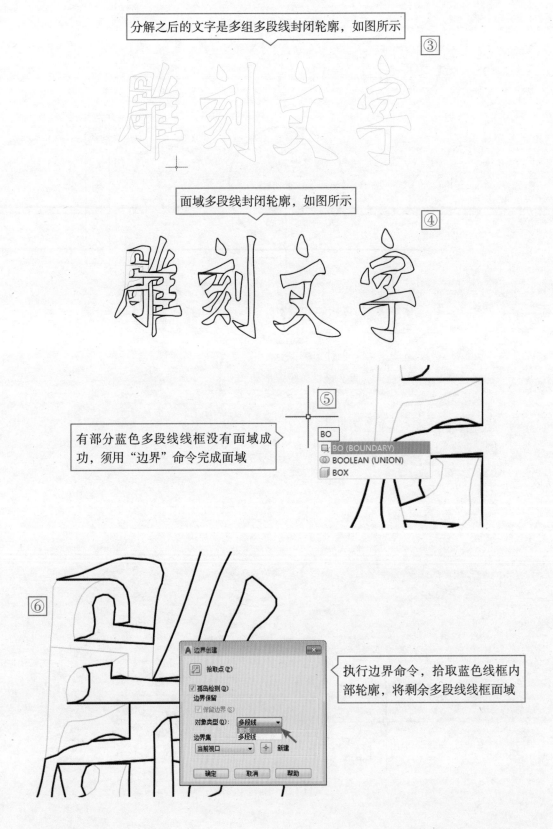

分解之后的文字是多组多段线封闭轮廓，如图所示

③

面域多段线封闭轮廓，如图所示

④

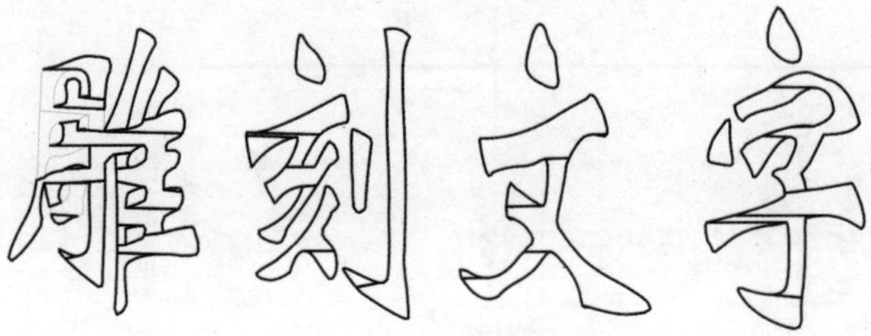

⑤

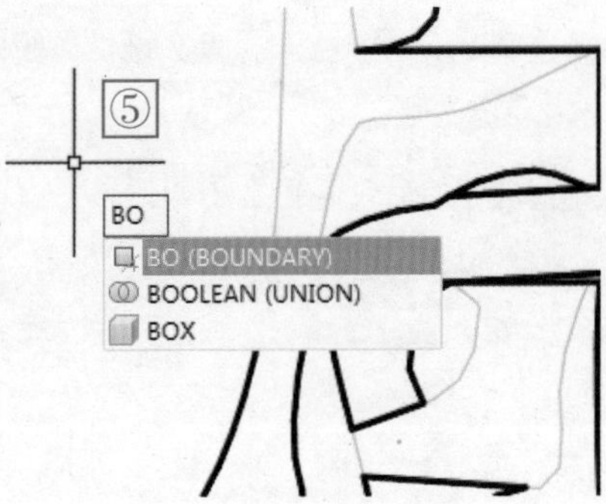

有部分蓝色多段线线框没有面域成功，须用“边界”命令完成面域

BO

BO (BOUNDARY)

BOOLEAN (UNION)

BOX

⑥

边界创建

拾取点(P)

孤岛检测(D)

边界保留

保留边界(S)

对象类型(O)：多段线

面域

多段线

边界集

当前视口

新建

确定 取消 帮助

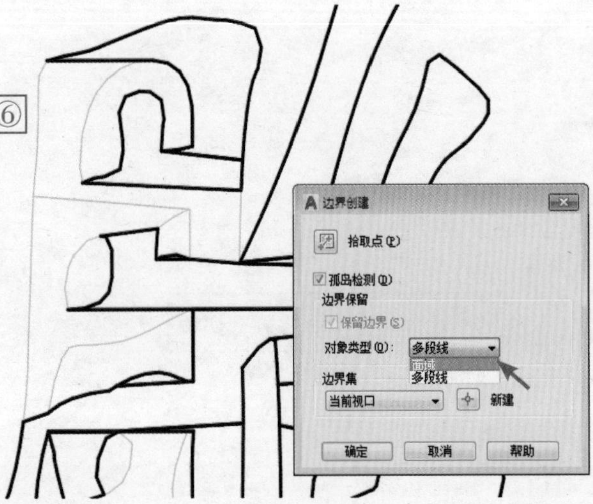

执行边界命令，拾取蓝色线框内部轮廓，将剩余多段线线框面域

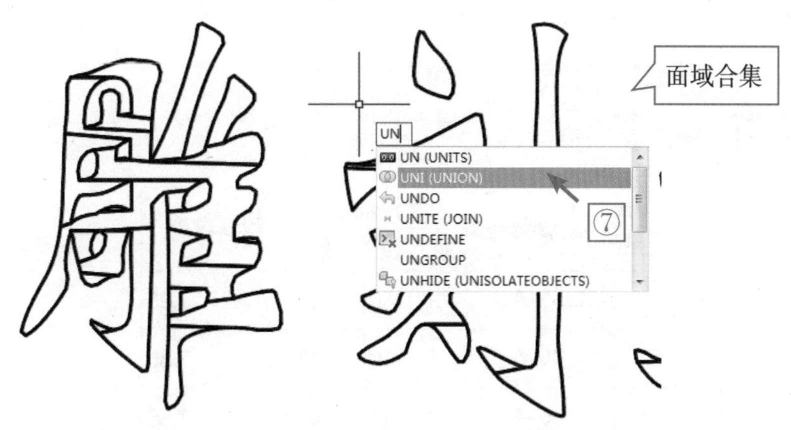


面域后的效果如图所示

⑧

删除多余蓝色多段线

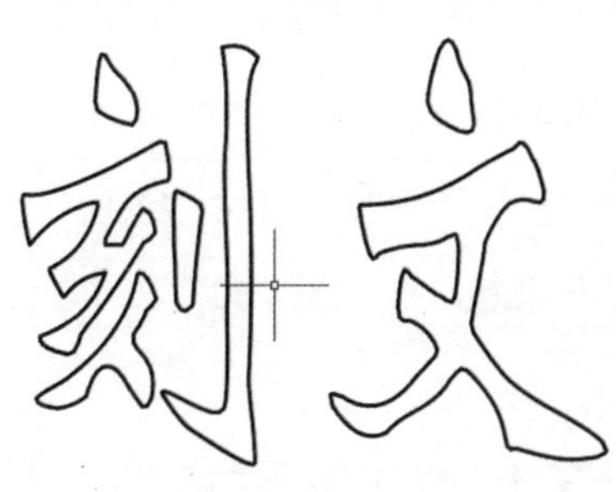

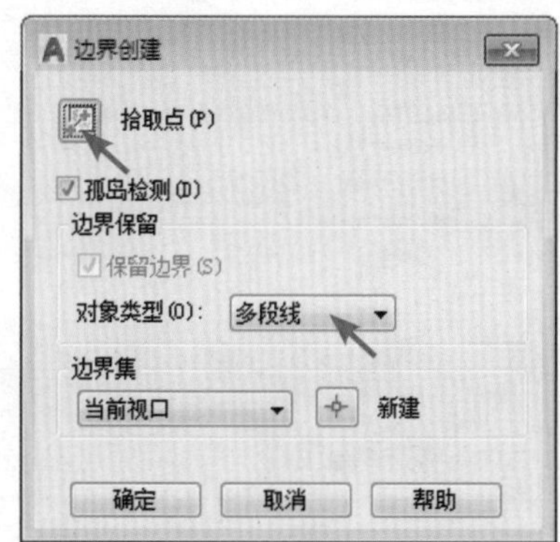


⑨

再次执行边界命令，选择对象类型为“多段线”，拾取文字笔画轮廓

删除黑色面域，留蓝色的多段线文字轮廓。结束绘图

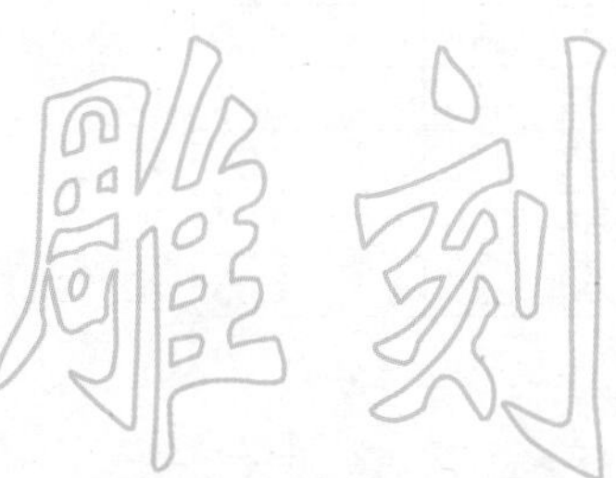

多段线文字轮廓可用来雕刻和切割文字，也可用来作文字立体效果。

### 5.Excel 电子表格数据导入 CAD

快速完成下图所示表格制作。

| 序号 | 材料牌号 | 零件规格 | | | 材料密度 |
|---|---|---|---|---|---|
| | | 厚 | 长 | 宽 | |
| 1 | Q235-A | 3 | 40 | 20 | 7.85 |
| 2 | Q335-A | 4 | 40 | 170 | 7.85 |
| 3 | Q435-A | 6 | 46 | 40 | 7.85 |
| 4 | Q136-A | 8 | 138 | 138 | 7.85 |
| 5 | Q236-A | 20 | 445 | 445 | 7.85 |
| 6 | Q336-A | 14 | 435 | 435 | 7.85 |
| 7 | T2 | 2 | 156 | 2000 | 8.90 |
| 8 | 环氧板 | 15 | 30 | 226 | 1.85 |

表格制作

打开 Excel 电子表格文件“物料清单”①

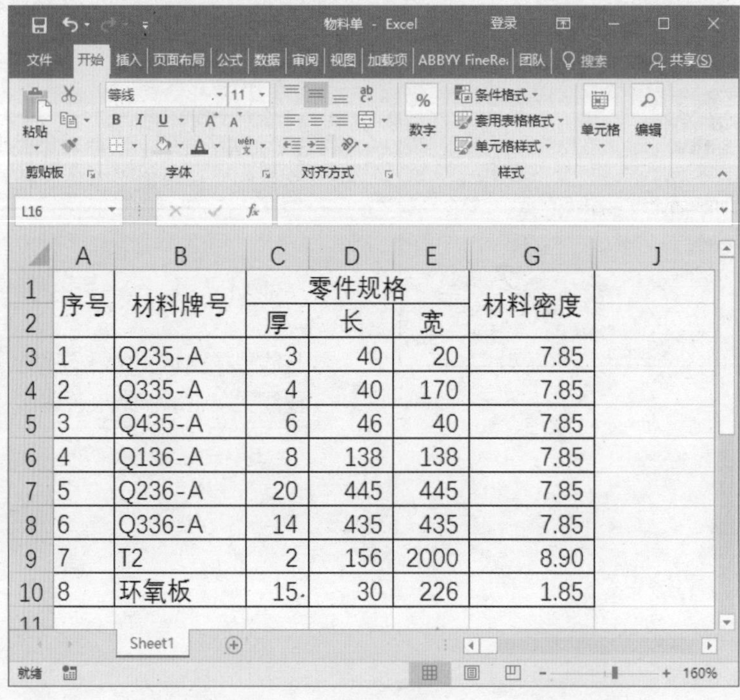

| 序号 | 材料牌号 | 零件规格 | | | 材料密度 |
|---|---|---|---|---|---|
| | | 厚 | 长 | 宽 | |
| 1 | Q235-A | 3 | 40 | 20 | 7.85 |
| 2 | Q335-A | 4 | 40 | 170 | 7.85 |
| 3 | Q435-A | 6 | 46 | 40 | 7.85 |
| 4 | Q136-A | 8 | 138 | 138 | 7.85 |
| 5 | Q236-A | 20 | 445 | 445 | 7.85 |
| 6 | Q336-A | 14 | 435 | 435 | 7.85 |
| 7 | T2 | 2 | 156 | 2000 | 8.90 |
| 8 | 环氧板 | 15 | 30 | 226 | 1.85 |

选中数据，按 Ctrl+C 组合键复制到剪贴板 ②

打开 CAD 并执行如下命令 ③

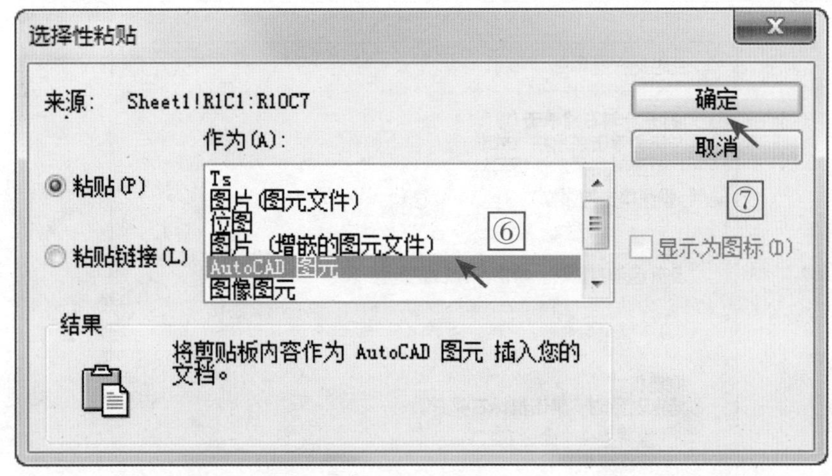


完成数据导入并微调，完成表格制作。

### 6. 设置鼠标右键确认

默认状态下，确定键有两个：一个是“回车”，另一个是“空格”。我们还可以通过设置，使鼠标右键具备确定功能，提高设计效率。

输入快捷命令“OP”或单击“工具”→“选项”。

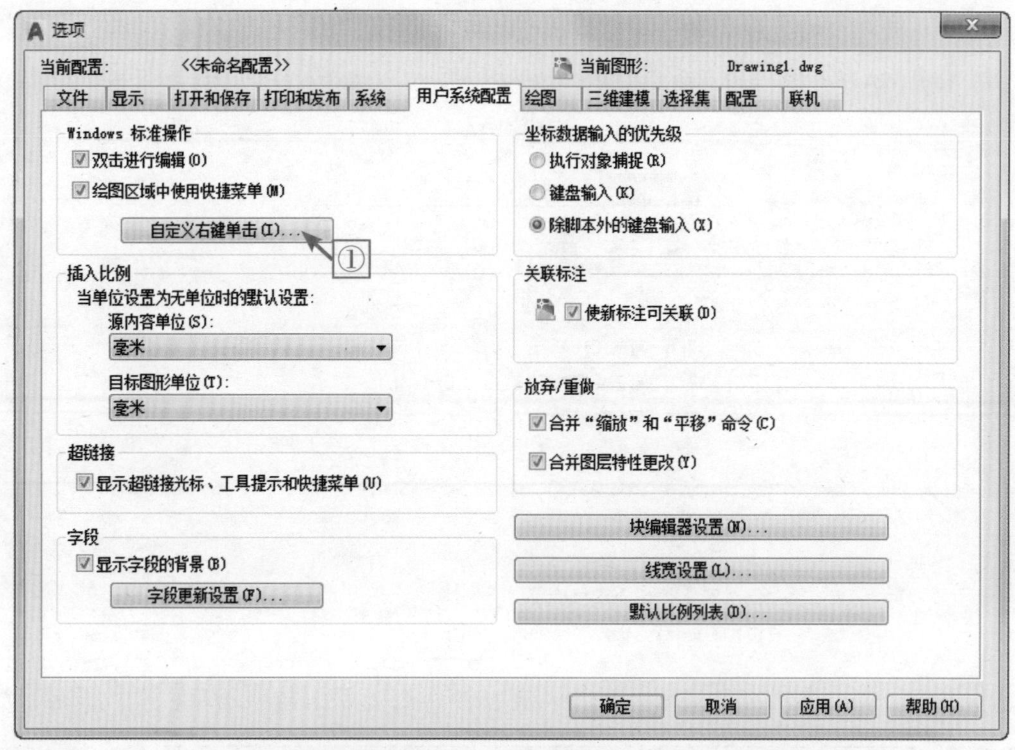


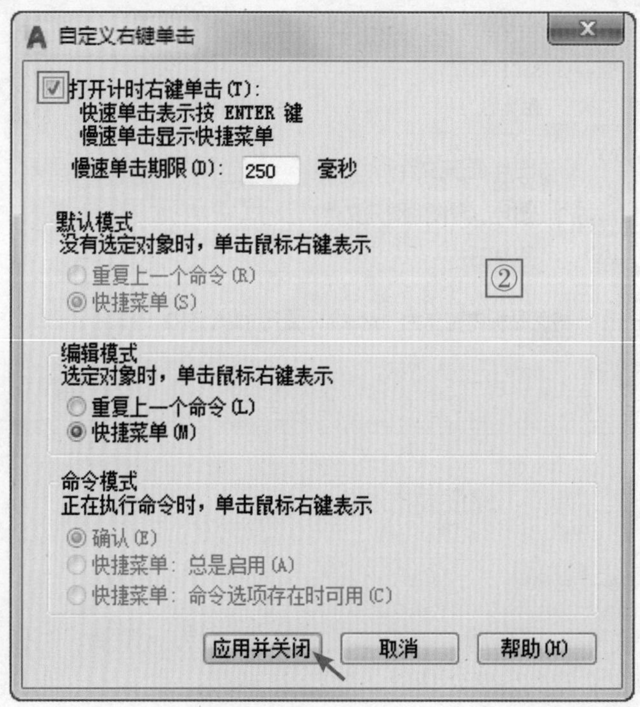


此时短按鼠标右键等同按回车键或空格键，具备了确认功能；长按鼠标右键显示快捷菜单。

### 7. 清理文件

**方法一：执行清理命令**

执行清理（PURGE）命令，清理掉多余的数据，如无用的块、没有实体的图层，未用的线型、字体、尺寸样式等，可以有效减少文件大小。一般彻底清理需要执行 PURGE 命令二到三次。-PURGE，前面加个减号，清理的会更彻底些。

**方法二：用 WBLOCK 命令**

把需要传送的图形用 WBLOCK 命令以块的方式产生新的图形文件，把新生成的图形文件作为传送或存档用。目前为止，这是笔者发现的最有效的“减肥”方法。现简明示例如下。

命令：WBLOCK 后按回车键。

定义块的名字：添写文件名。

给一个基点：任选一点。

选择物体：选择全部图形元素。

指定保存位置，单击“确定”按钮结束。这样就在指定的文件夹中生成了一个新的图形文件。

### 8. 常见问题的解决方法

（1）AutoCAD 系统变量还原

如果 CAD 里的系统变量被人无意更改或一些参数被人有意调整了怎么办？这时

不需重装，也不需要一个一个地改。输入“OP”，打开选项→配置→重置，即可恢复。但恢复后，有些选项还需要一些调整，如十字光标的大小等。

（2）图形里的圆不圆怎么办

经常作图的人都会有这样的体会，所画的圆都不圆了，这是因为降级显示的原因。输入“RE”（重生成）即可。

（3）如何将自动保存的图形复原

AutoCAD 将自动保存的图形存放到 Auto.SV$ 或 Auto?.SV$ 文件中，找到该文件将其改名为图形文件即可在 AutoCAD 中打开。一般该文件存放在 WINDOWS 的临时目录，如 C:\WINDOWS\TEMP。

（4）为什么不能显示汉字或输入的汉字变成了问号“？”

◆对应的字型没有使用汉字字体，如 HZTXT.SHX 等。

◆当前系统中没有汉字字体文件，应当添加字体文件或将不能正常显示的文字改为 AutoCAD 现有汉字字体。

◆对于某些符号，如希腊字母等，同样必须使用对应的字体文件，否则会显示成“?”号。如果找不到错误的字体是什么，那么重新设置正确字体及大小，重新录入一个符号，然后用格式刷将新输入的字体格式，刷给不能正常显示的符号即可。

5

# 第5章 创建块与尺寸标注

# 第一节 创建块

图块也称为块，是 AutoCAD 图形设计中的一个重要概念。用户在 AutoCAD 中使用图块可以在提高绘图速度的同时大大减小文件的存储容量。在绘制图形时，如果图形中有大量相同或相似的内容，则可以把需要重复绘制的图形创建成图块。在需要时直接插入它们，这样就不需要多次绘制相同的图形。

## 一、创建块及其属性

块是可组合起来形成单个对象（或称为块定义）的对象集合。可以在图形中对块进行插入、比例缩放和旋转等操作，还可以将块分解并进行修改，然后重定义这个块。在该图形单元中，各图形实体均有各自的图层、线型、颜色等特征，AutoCAD 把这个图形单元（块）作为一个单独的、完整的对象来操作。

### 1. 创建块

通过直线工具绘制出如下图形。①

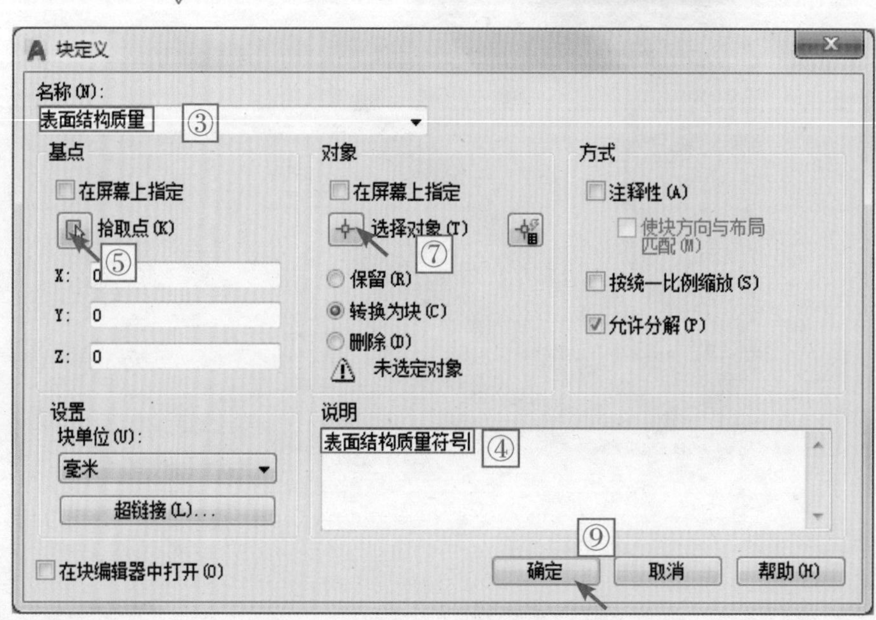

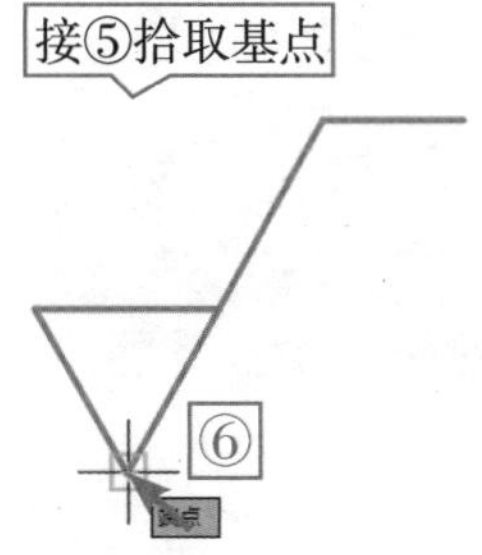


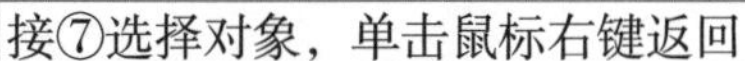


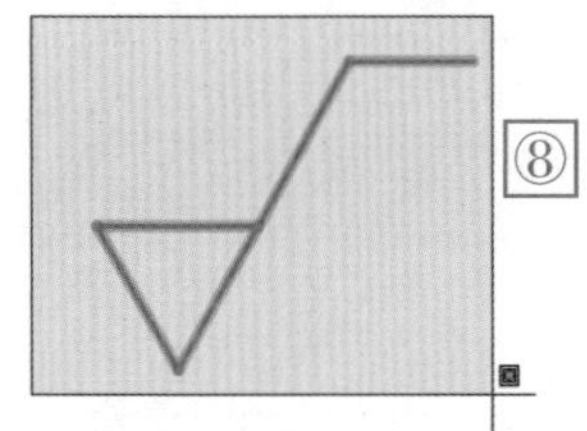


接⑨单击“确定”按钮，完成块定义。

## 2. 定义块属性

通过直线工具绘制出下图。①

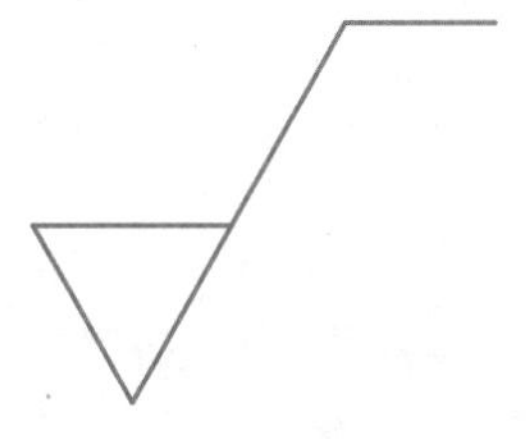

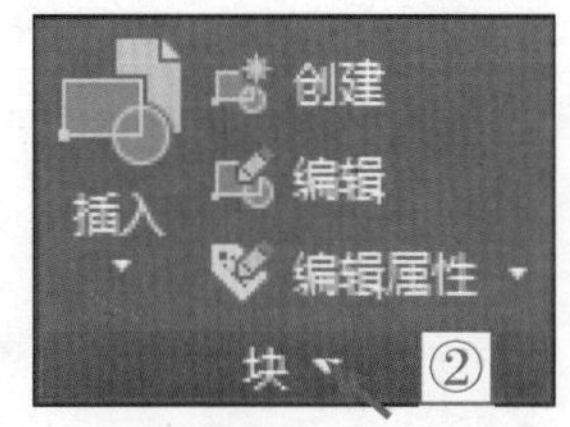

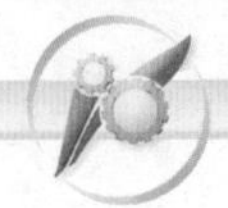

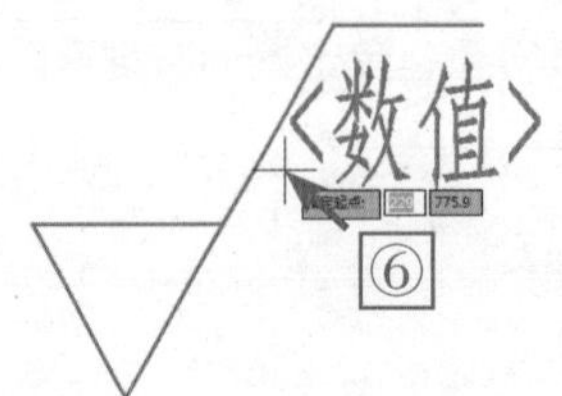
<数值>
⑥

插入
创建
编辑
编辑属性
块
⑦

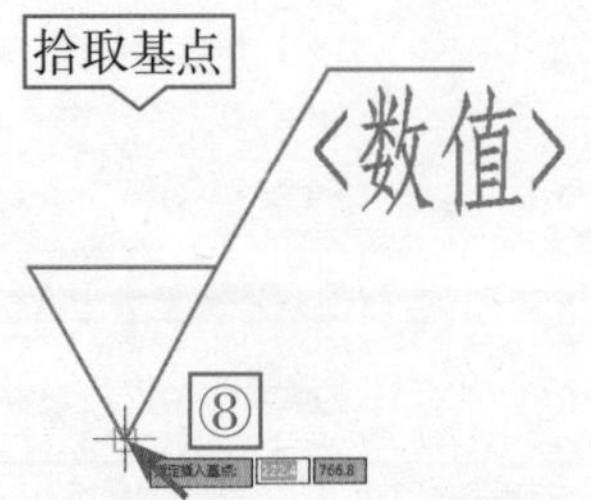
拾取基点
<数值>
⑧

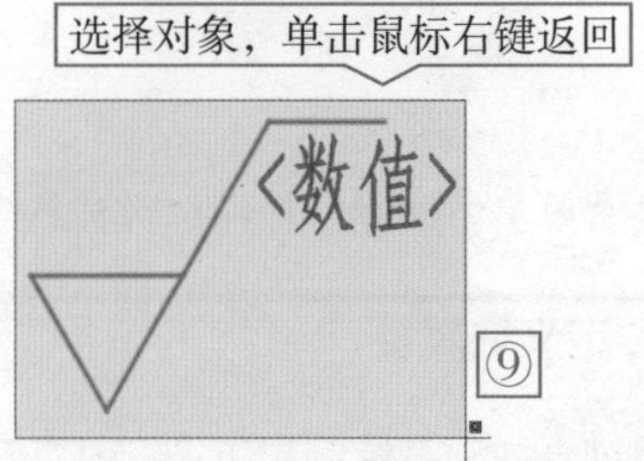
选择对象，单击鼠标右键返回
<数值>
⑨

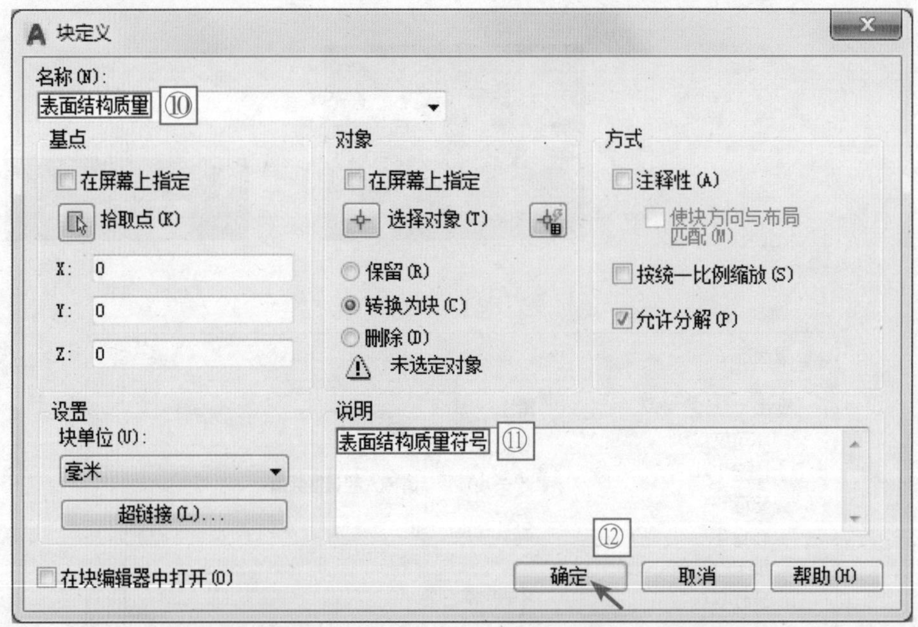
块定义
名称(N):
表面结构质量
⑩
基点
在屏幕上指定
拾取点(K)
X: 0
Y: 0
Z: 0
对象
在屏幕上指定
选择对象(T)
保留(R)
转换为块(C)
删除(D)
未选定对象
方式
注释性(A)
使块方向与布局匹配(M)
按统一比例缩放(S)
允许分解(P)
设置
块单位(U):
毫米
超链接(L)...
说明
表面结构质量符号
⑪
⑫
在块编辑器中打开(O)
确定
取消
帮助(H)

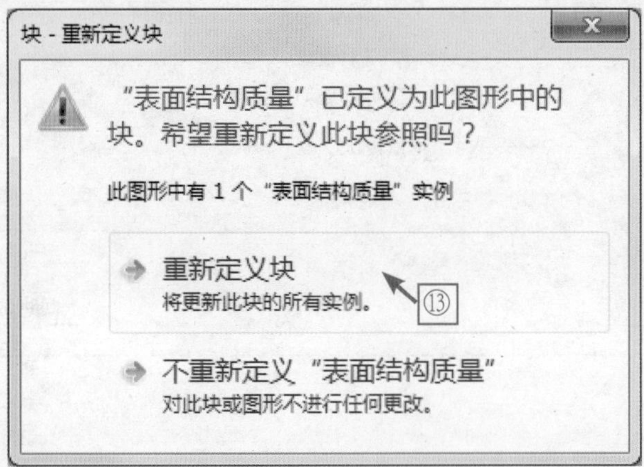
块 - 重新定义块
"表面结构质量" 已定义为此图形中的块。希望重新定义此块参照吗？
此图形中有 1 个 "表面结构质量" 实例
重新定义块
将更新此块的所有实例。
⑬
不重新定义 "表面结构质量"
对此块或图形不进行任何更改。

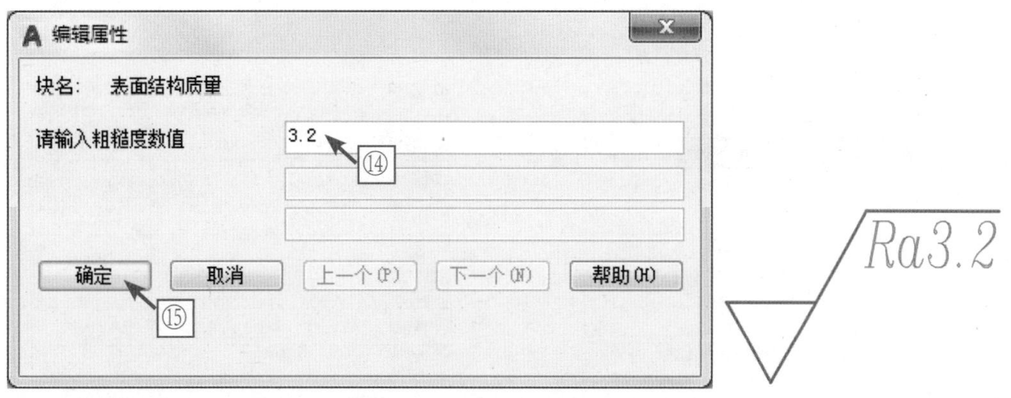


完成含属性的块定义，效果如右图所示，保存块文件。

## 二、创建表格

表格是由单元格构成的矩形矩阵，在 AutoCAD 2019 中，可以使用创建表格命令创建表格，还可以从 Microsoft Excel 中直接复制表格，也可以从外部直接导入表格对象。此外，还可以输出来自 AutoCAD 的表格数据，以供在 Microsoft Excel 或其他应用程序中使用。

### 1. 创建表格

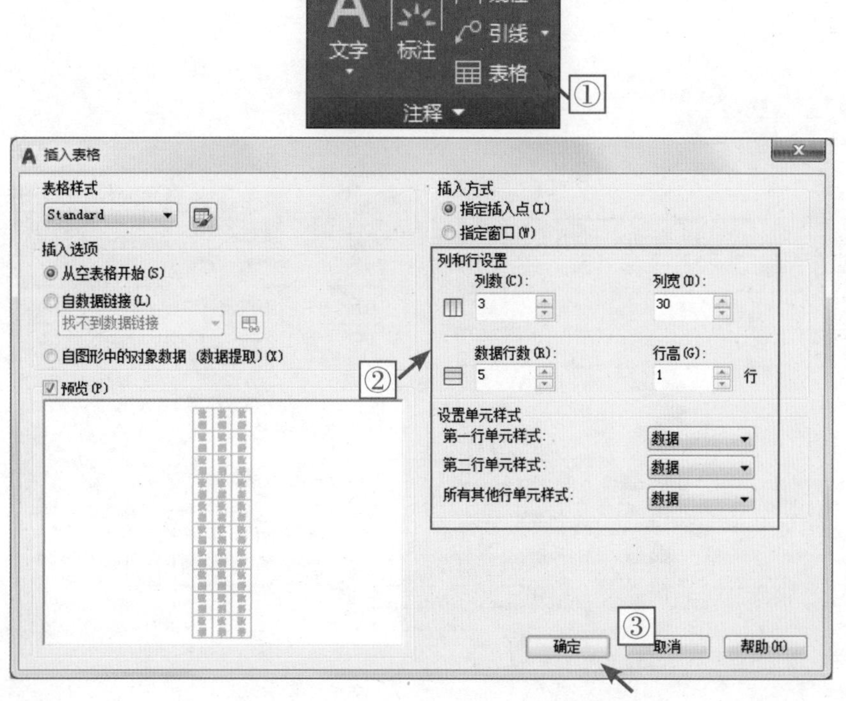

至此，得到下面的空表。

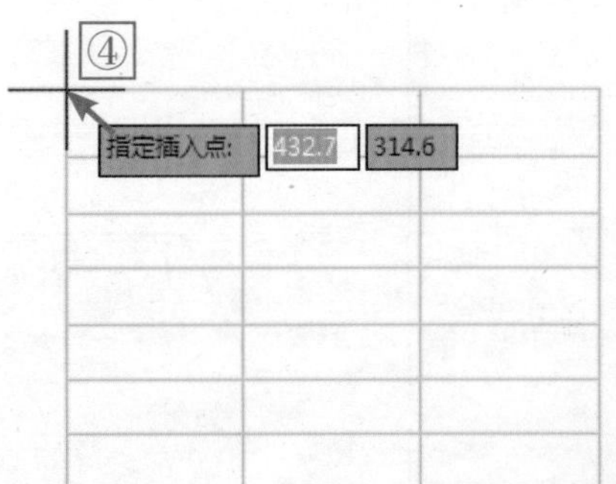


| | A | B | C |
|---|---|---|---|
| 1 | | | |
| 2 | | | |
| 3 | | | |
| 4 | | | |
| 5 | | | |
| 6 | | | |
| 7 | | | |

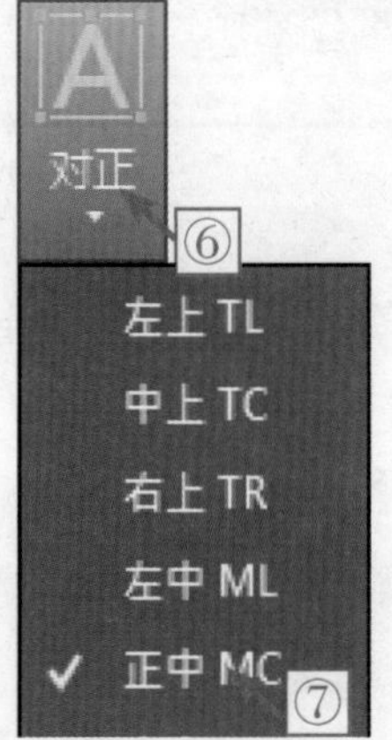


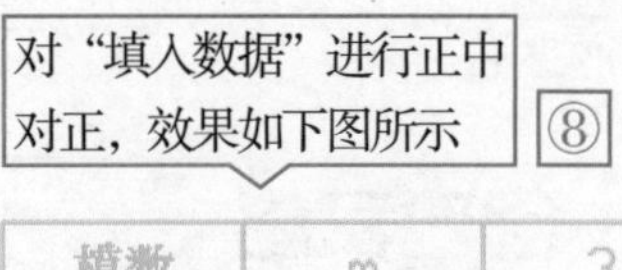


| 模数 | m | 3 |
|---|---|---|
| | | |
| | | |
| | | |
| | | |
| | | |
| | | |

按“Esc”键退出编辑，结果如下图所示。⑨

| | A | B | C |
|---|---|---|---|
| 1 | 模数 | m | 3 |
| 2 | | | |
| 3 | | | |
| 4 | | | |
| 5 | | | |
| 6 | | | |
| 7 | | | |

⑩ 单击并拖动自动填充

| | A | B | C |
|---|---|---|---|
| 1 | 模数 | m | 3 |
| 2 | 模数 | | |
| 3 | 模数 | | |
| 4 | 模数 | | |
| 5 | 模数 | | |
| 6 | 模数 | | |
| 7 | 模数 | | |

⑪ 填充完毕，如图所示

| 模数 | m | 3 |
|---|---|---|
| 模数 | m | 4 |
| 模数 | m | 5 |
| 模数 | m | 6 |
| 模数 | m | 7 |
| 模数 | m | 8 |
| 模数 | m | 9 |

⑫ 确认后退出编辑，最终效果如图所示

## 2. 修改表格

画框选择，选中整个表格，效果如下图所示。①

| 模数 | m | 3 |
|---|---|---|
| 模数 | m | 4 |
| 模数 | m | 5 |
| 模数 | m | 6 |
| 模数 | m | 7 |
| 模数 | m | 8 |
| 模数 | m | 9 |

| | A | B | C |
|---|---|---|---|
| 1 | 模数 | m | 3 |
| 2 | 模数 | m | 4 |
| 3 | 模数 | m | 5 |
| 4 | 模数 | m | 6 |
| 5 | 模数 | m | 7 |
| 6 | 模数 | m | 8 |
| 7 | 模数 | m | 9 |

利用“修改”菜单或按“Ctrl+1”组合键打开“特性”面板，如下面左图所示，对照右图修改参数。②

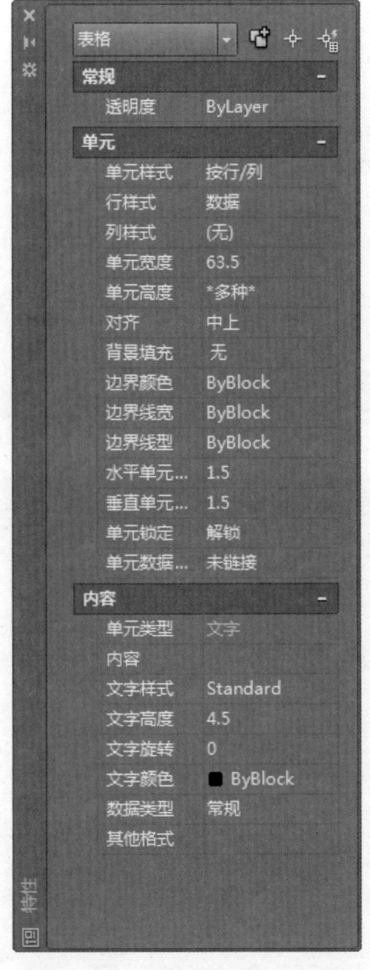


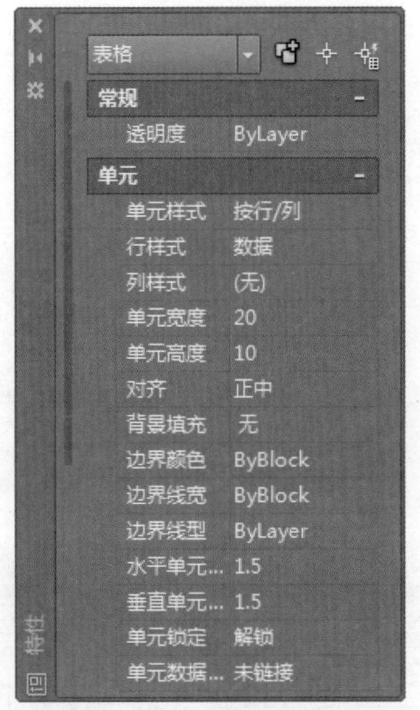


| | A | B | C |
|---|---|---|---|
| 1 | 模数 | m | 3 |
| 2 | 模数 | m | 4 |
| 3 | 模数 | m | 5 |
| 4 | 模数 | m | 6 |
| 5 | 模数 | m | 7 |
| 6 | 模数 | m | 8 |
| 7 | 模数 | m | 9 |

得到表格外观

画框选择，选中B列 ③

| | A | B | C |
|---|---|---|---|
| 1 | 模数 | m | 3 |
| 2 | 模数 | m | 4 |
| 3 | 模数 | m | 5 |
| 4 | 模数 | m | 6 |
| 5 | 模数 | m | 7 |
| 6 | 模数 | m | 8 |
| 7 | 模数 | m | 9 |

单击鼠标右键，打开快捷菜单，在B列左侧插入一列

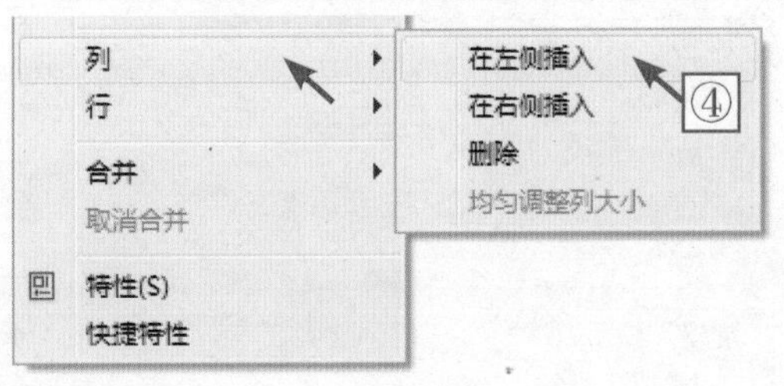


画框选择，选中单元格 ⑤

| | A | B | C | D |
|---|---|---|---|---|
| 1 | 模数 | | m | 3 |
| 2 | 模数 | | m | 4 |
| 3 | 模数 | | m | 5 |
| 4 | 模数 | | m | 6 |
| 5 | 模数 | | m | 7 |
| 6 | 模数 | | m | 8 |
| 7 | 模数 | | m | 9 |

按行合并选中的单元格

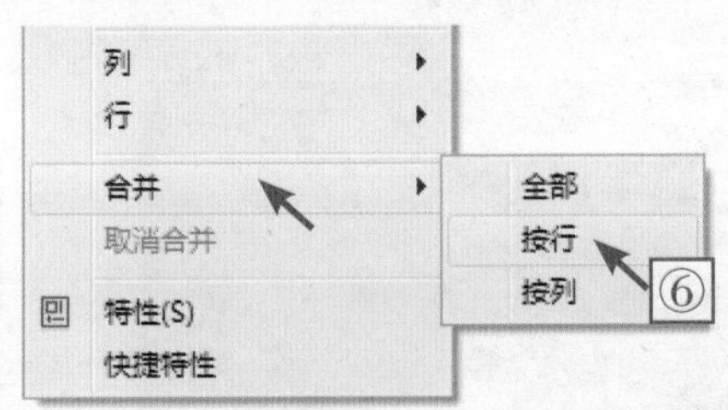


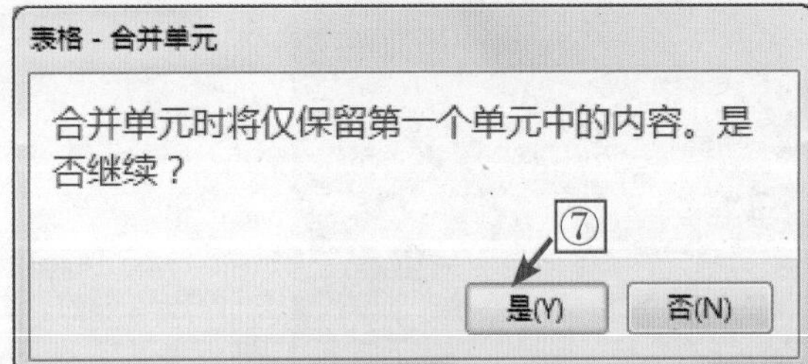


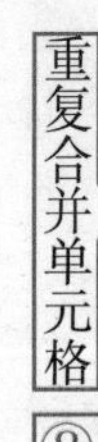


⑧

| 模数 | | m | 3 |
|---|---|---|---|
| 模数 | | m | 4 |
| 模数 | | m | 5 |
| 模数 | | m | 6 |
| 模数 | | m | 7 |
| 模数 | | m | 8 |
| | | m | 9 |

画框选择，选中D列 ⑨

| | A | B | C | D |
|---|---|---|---|---|
| 1 | 模数 | | m | 3 |
| 2 | 模数 | | m | 4 |
| 3 | 模数 | | m | 5 |
| 4 | 模数 | | m | 6 |
| 5 | 模数 | | m | 7 |
| 6 | 模数 | | m | 8 |
| 7 | | | m | 9 |

修改D列的单元格宽度为“50” ⑩

| | A | B | C | D |
|---|---|---|---|---|
| 1 | 模数 | | m | 3 |
| 2 | 模数 | | m | 4 |
| 3 | 模数 | | m | 5 |
| 4 | 模数 | | m | 6 |
| 5 | 模数 | | m | 7 |
| 6 | 模数 | | m | 8 |
| 7 | | | m | 9 |

修改表格中的文字，最终效果如下。⑪

| 模数 | | m | 3 |
|---|---|---|---|
| 齿数 | | z | 9 |
| 压力角 | | α | 20° |
| 变位系数 | | x | 0.294 |
| 精度等级 | | | TFHJB/T179 |
| 配偶齿轮 | 件号 | | 5 |
| | 齿数 | z | 9 |

# 第二节　标注

## 一、尺寸标注

绘制图形的根本目的是反映对象的形状，而图形中各个对象的大小和相互位置只有经过尺寸标注才能表现出来。AutoCAD 2019 提供了一套完整的尺寸标注命令，用户使用它们足以完成图纸中尺寸标注的要求。

各种尺寸标注的方法见下表。

| 类型 | 作用 | 图例 |
|---|---|---|
| 对齐尺寸 | 线性标注可以水平、垂直放置尺寸 | 线性尺寸标注 |

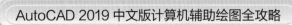

续表

| 类型 | 作用 | 图例 |
|---|---|---|
|  对齐尺寸 | 可以创建与指定位置或对象平行的标注<br>在对齐标注中，尺寸线平行于尺寸界线原点连成的直线 | 对齐尺寸标注 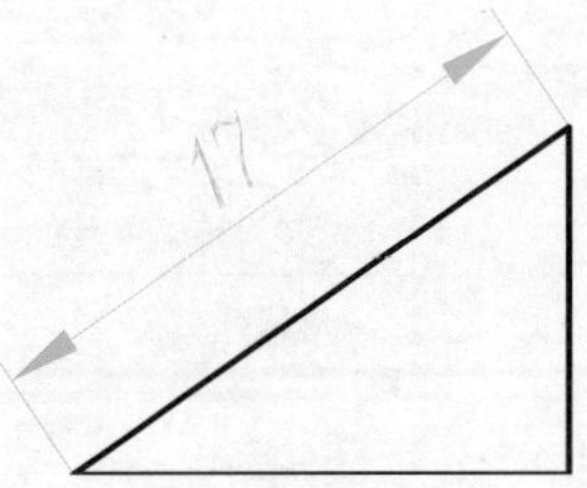<br>17 |
|  坐标尺寸 | 坐标标注用于测量从原点（称为基准）到要素（如部件上的一个孔）的水平或垂直距离 | |
|  弧长尺寸 | 弧长标注用于测量圆弧或多段线圆弧上的距离，在标注文字的上方或前面将显示圆弧符号 | 弧长尺寸标注 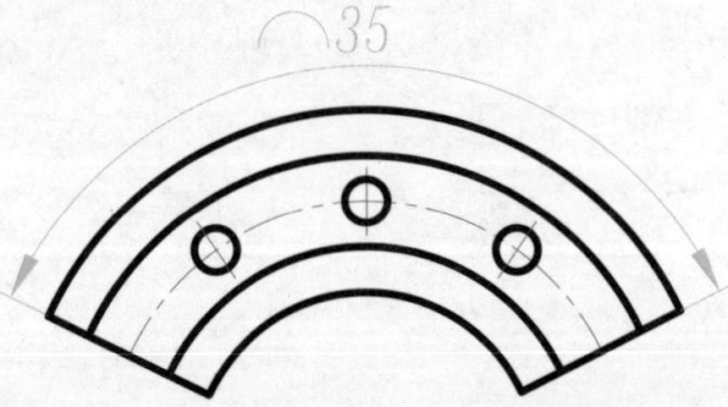<br>⌒35 |
|  半径尺寸 | 测量选定圆或圆弧的半径，并显示前面带有半径符号的标注文字 | 半径尺寸标注 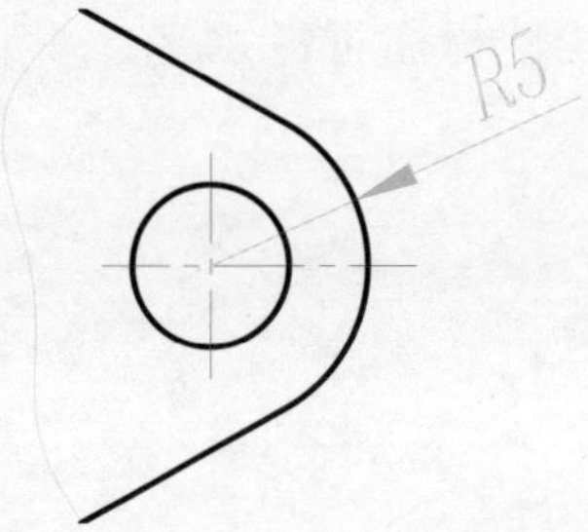<br>R5 |

续表

| 类型 | 作用 | 图例 |
| --- | --- | --- |
| 折弯尺寸 | 当圆弧或圆的中心位于布局之外并且无法在其实际位置显示时，将创建折弯半径标注。通常，标注的实际测量值小于显示的值 | 折弯尺寸标注<br> |
| 直径尺寸 | 测量选定圆或圆弧的直径，并显示前面带有直径符号的标注文字 | 直径尺寸标注<br> |
| 角度尺寸 | 角度标注测量两条直线或三个点之间的角度 | 角度尺寸标注<br> |

## 二、尺寸公差、形位公差标注

尺寸公差是指允许尺寸的变动量。形位公差包括形状公差和位置公差，主要用来表示形状和位置的允许偏差。

### 1. 尺寸公差

在 AutoCAD 2019 中创建尺寸公差有 3 种方法：设置标注样式、编辑标注文字、使用“特性”。这里介绍常用的“特性”标注尺寸公差方法，这种方法简单方便、易于修改，并可通过“特性匹配”命令将创建的公差匹配给其他需要创建相同公差的尺寸。

### 2. 形位公差

AutoCAD 形状位置公差的标注可通过“形位公差”对话框来实现。

例　标注尺寸公差及形位公差，如下图所示。

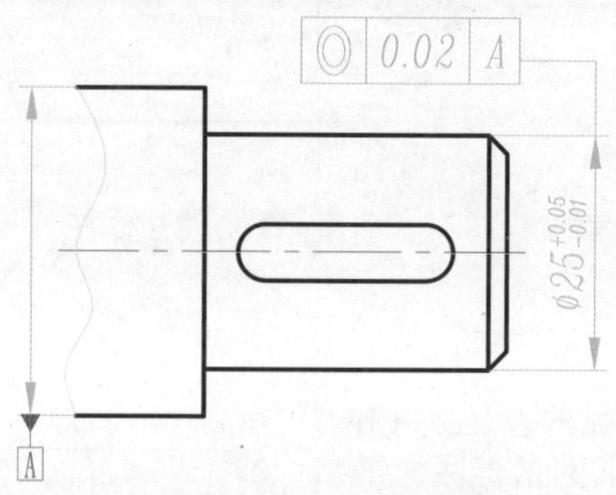


尺寸公差及形位公差标注

**操作步骤：**

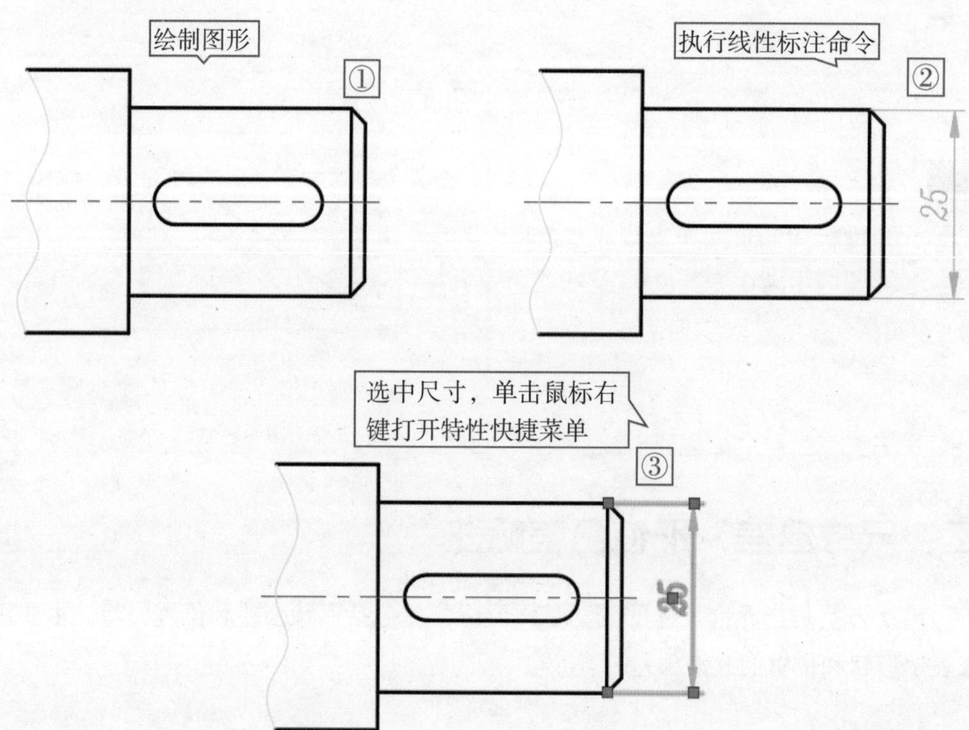

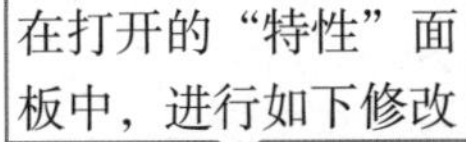


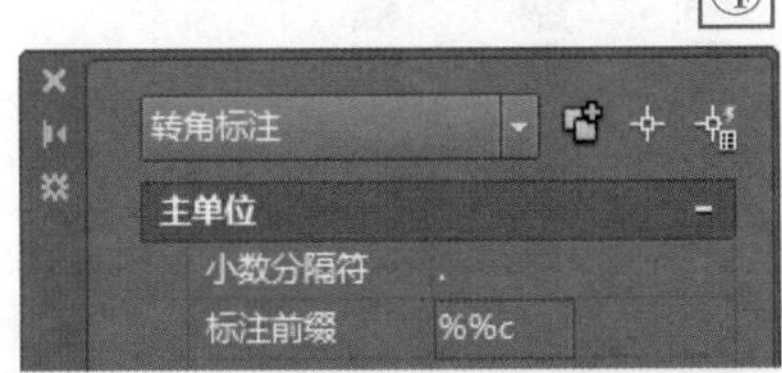


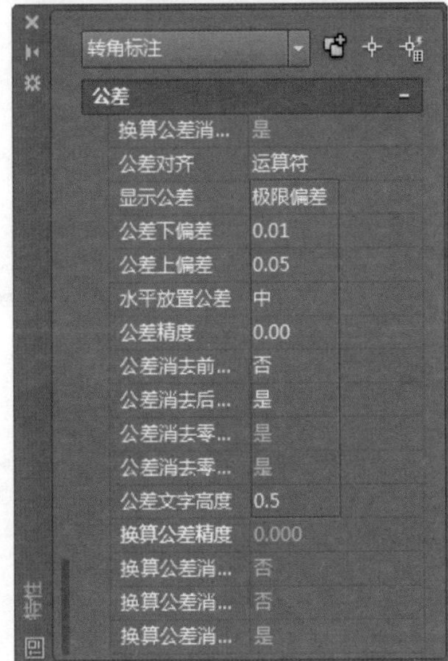


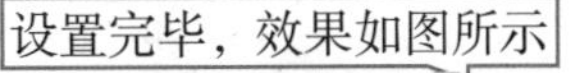


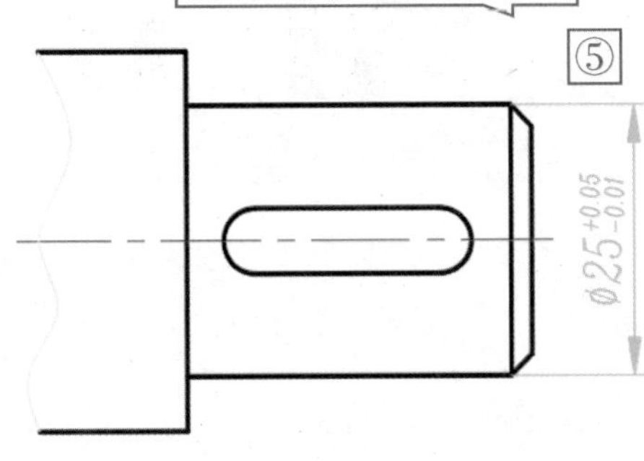


标注形位公差，插入基准代号块“A”

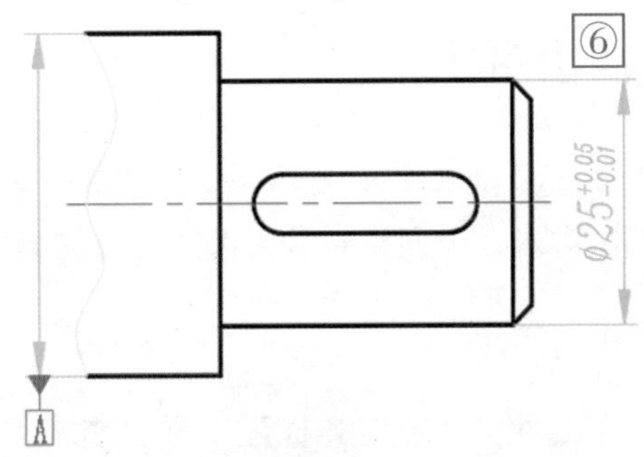


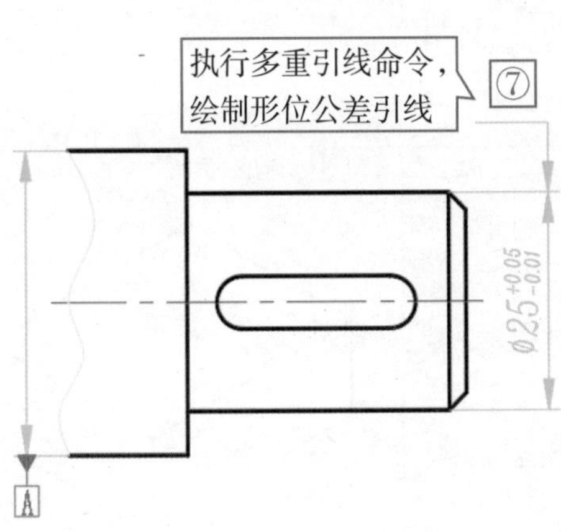

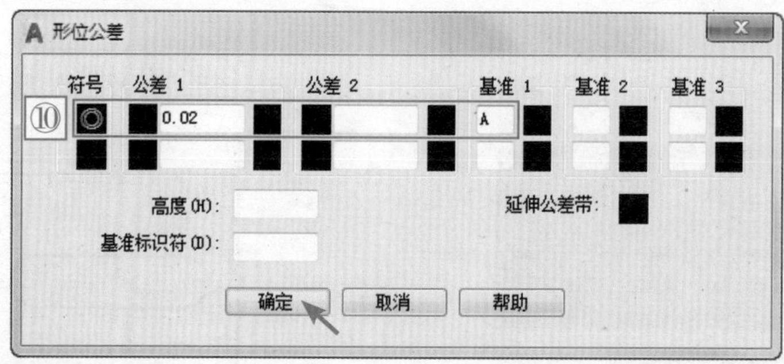


设置完毕，完成标注。

### 3. 圆心标记

单击圆或圆弧，在圆或圆弧的圆心处添加十字叉。

## 三、编辑标注

标注对象创建完成后，可以根据需要对其进行编辑操作，以满足工程图纸的实际标注需求，下面将对常用标注对象的编辑方法进行介绍。

### 1. 折弯线性

在线性标注或对齐标注中添加或删除折弯线。标注中的折弯线表示所标注的对象中的折断。标注值表示实际距离，而不是图形中测量的距离。

### 2. 编辑标注

编辑标注文字的旋转角度和尺寸界线的倾斜角度。

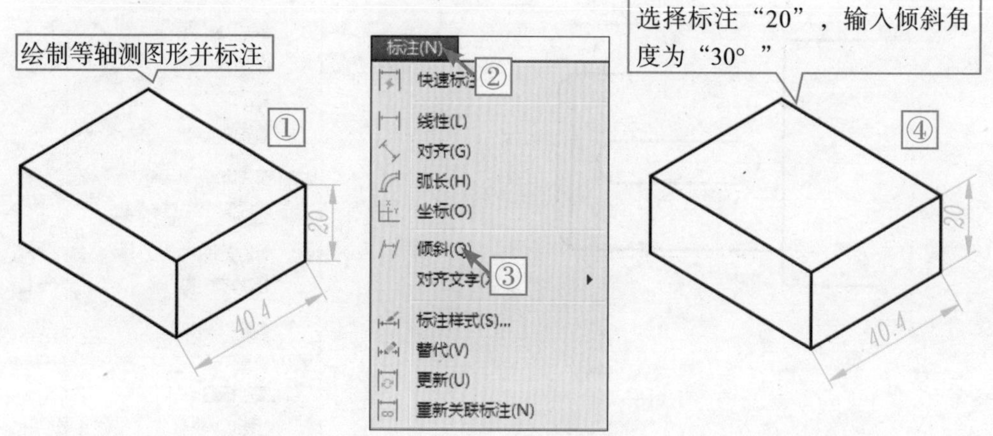

按空格键或回车键重复倾斜命令，选择另一标注，输入倾斜角度为“90° ”

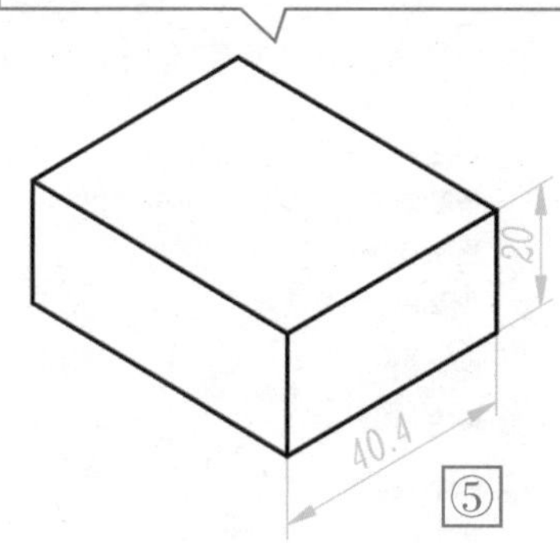


按空格键或回车键重复命令，选择新建模式，在输入框中输入“40”，按“Ctrl+Enter”组合键确认退出，选择标注“40.4”，得到如下效果

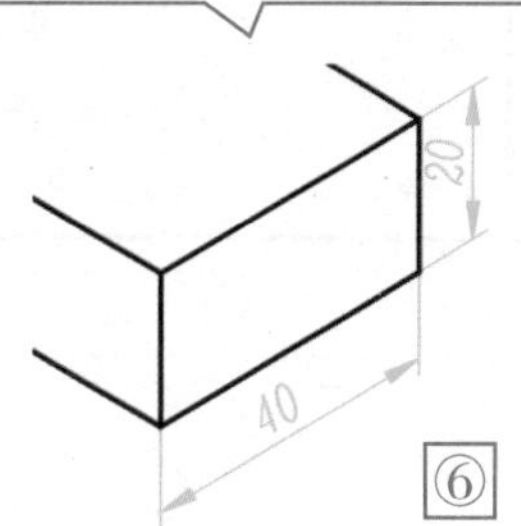


按空格键或回车键再次重复命令，选择旋转模式，输入标注文字的角度为“60° ”，选择标注“40”，得到如下效果

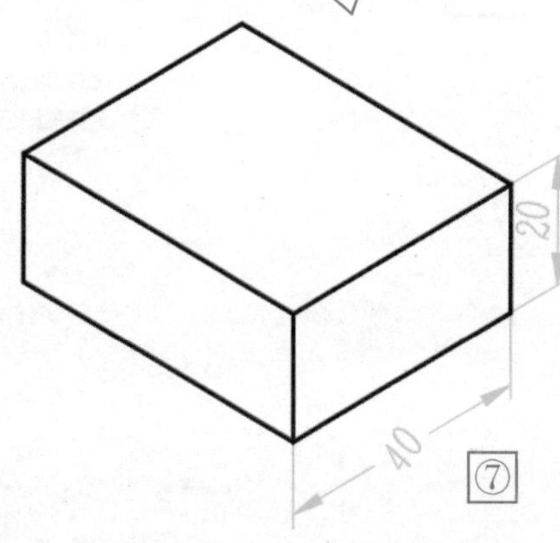


### 3. 编辑标注文字

编辑标注文字是对标注文字的对齐方式和角度进行编辑修改。

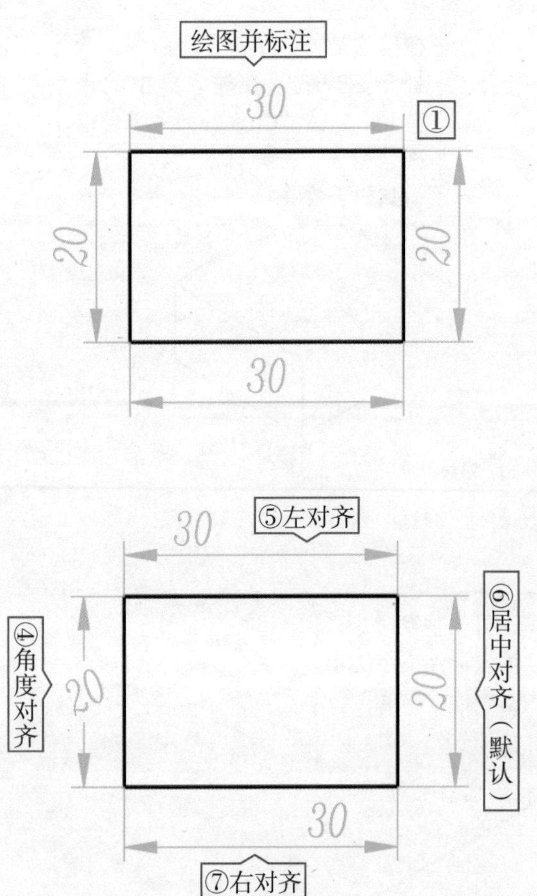

绘图并标注
30
①
20
20
30
⑤左对齐
30
④角度对齐
20
20
⑥居中对齐（默认）
30
⑦右对齐


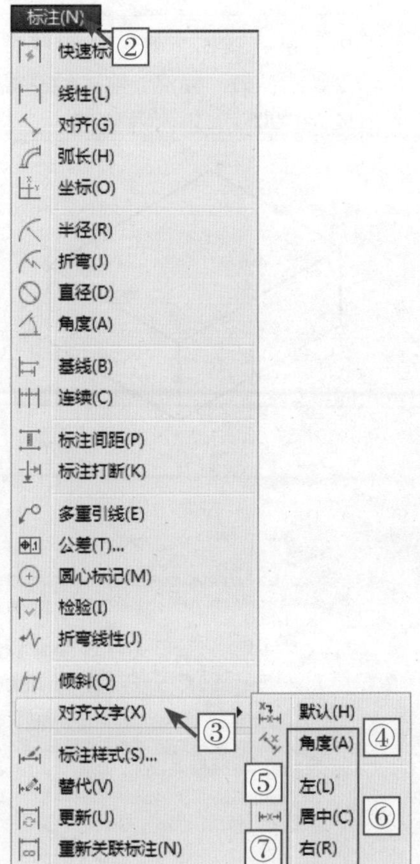

标注(N)
②
快速标
线性(L)
对齐(G)
弧长(H)
坐标(O)
半径(R)
折弯(J)
直径(D)
角度(A)
基线(B)
连续(C)
标注间距(P)
标注打断(K)
多重引线(E)
公差(T)...
圆心标记(M)
检验(I)
折弯线性(J)
倾斜(Q)
对齐文字(X)
③
默认(H)
角度(A)
④
标注样式(S)...
⑤
左(L)
替代(V)
居中(C)
⑥
更新(U)
重新关联标注(N)
⑦
右(R)

6

# 第6章 定制模板

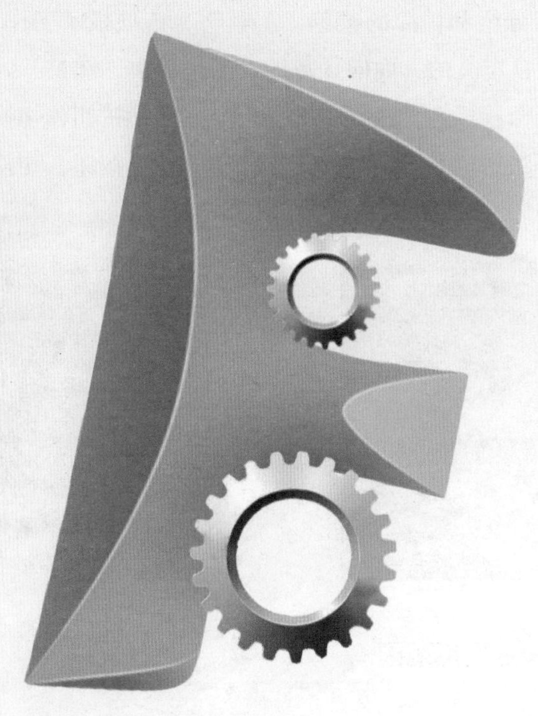

定制模板：AutoCAD 定制模板，是根据用户需求和行业规范，将软件功能模块重组和编排，将某些模块编辑内容进行预设，以达到统一规范，操作方便快捷的目的。

AutoCAD 模板的定制包括以下内容。

（1）设置绘图环境。

（2）设置特性与特性管理。

（3）创建图形样式、创建文字标注、打印输出样式。

# 第一节　设置绘图环境

## 一、认识 AutoCAD 2019 预置工作空间

自 AutoCAD 2010 始，AutoCAD 界面做了重大变化，完全按工作流程和功能划分为工作空间，采用大工作面板式软件界面。

### 1. 工作空间的切换方法

工作空间是经过分组和精简的菜单、工具栏、选项板、工作面板和控制面板的集合，使用户可以在自定义的、面向任务的绘图环境中工作。

**方法一**　在屏幕标题栏左上角，单击工作空间切换按钮，切换工作空间。

**方法二**　在屏幕状态栏右下角，单击工作空间切换按钮，切换工作空间。

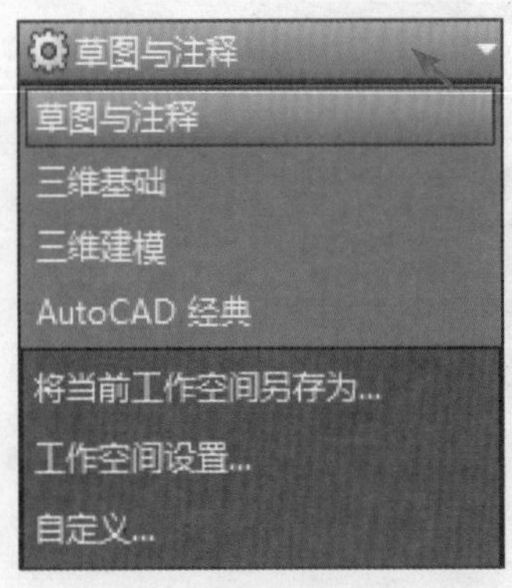


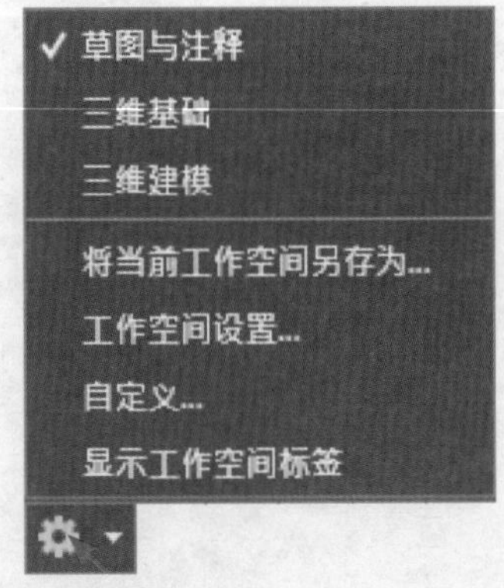


### 2. 各种工作空间的适用范围

（1）草图与注释

适用于绘制平面图形、工程图纸等二维绘图及标注，如下图所示。

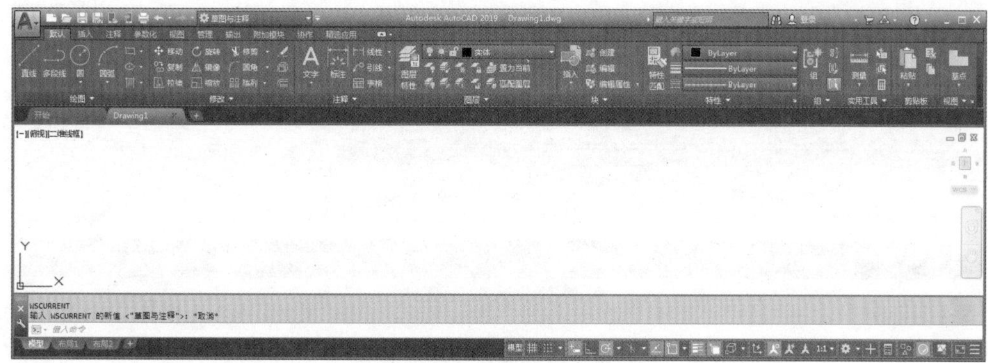

草图与注释工作空间

（2）三维基础

适用于简单建模及基本零件模型仿真，如下图所示。

三维基础工作空间

（3）三维建模

适用于构建复杂模型及渲染，如下图所示。

三维建模工作空间

（4）AutoCAD 经典

为方便早期版本老用户而保留的界面配置，如下图所示。

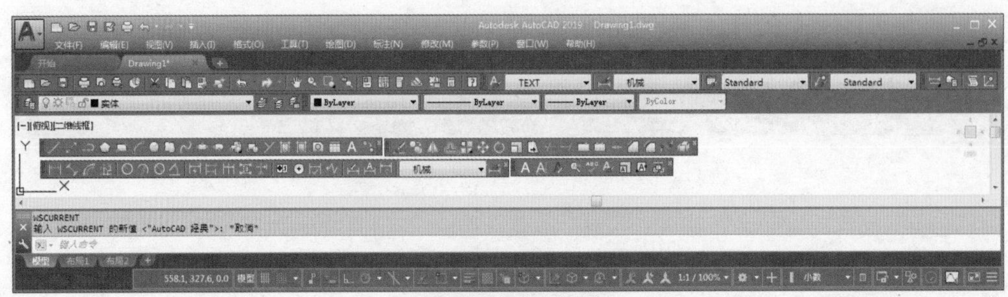
AutoCAD 经典工作空间

## 二、系统配置、单位、窗口界限设置

系统选项用于对系统进行优化设置，包括文件、显示、打开和保存、打印和发布、系统、用户系统配置、绘图、三维建模设选择集、配置和联机设置。

### 1. 系统配置

（1）启动系统配置“选项”对话框的方法

◆

◆输入快捷命令“OP”，按回车键。

◆在绘图区单击鼠标右键打开快捷菜单，选择选项工具，打开“选项”对话框。

（2）选项→文件

如下图所示，可添加 / 删除 AutoCAD 系统搜索路径、文件名和文件位置，将用户编写的小程序、字体文件、模板文件、填充图案文件等存储到搜索路径内的文件夹中，才能正常使用。

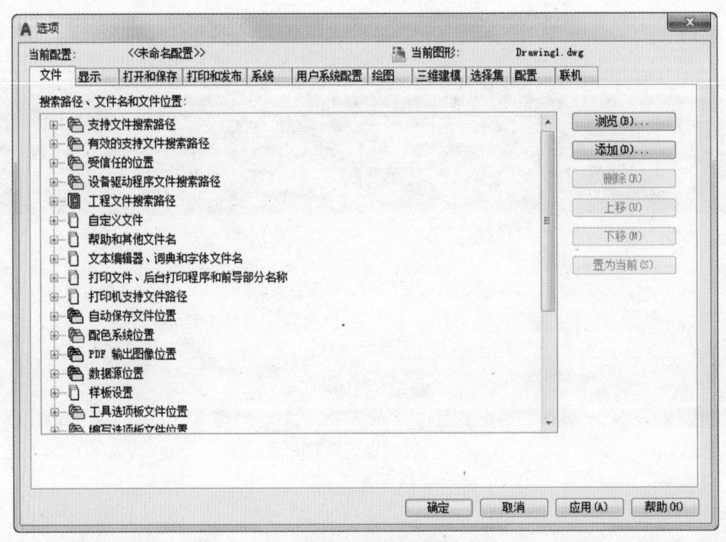

选项→文件设置

（3）选项→显示

如下图所示，可设置窗口、背景及窗口元素显示状态，可设置图形元素显示精度，可设置十字光标大小及显示性能等。

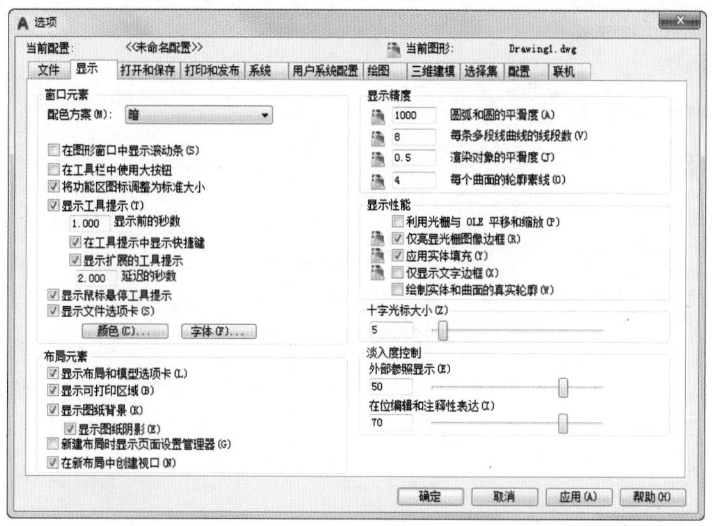

选项→显示设置

（4）选项→打开和保存

本选项卡可设置图形保存版本格式、自动保存间隔时间，设置记录最近打开和使用的文件数、外部参照编辑修改权限等，如下图所示。

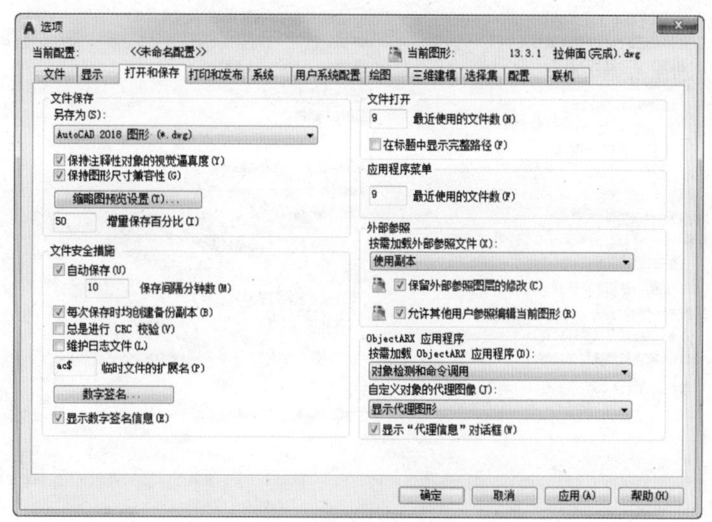

选项→打开和保存设置

（5）选项→绘图

可设置自动捕捉方式、特征点标记大小、靶框大小、工具提示等，如下图所示。

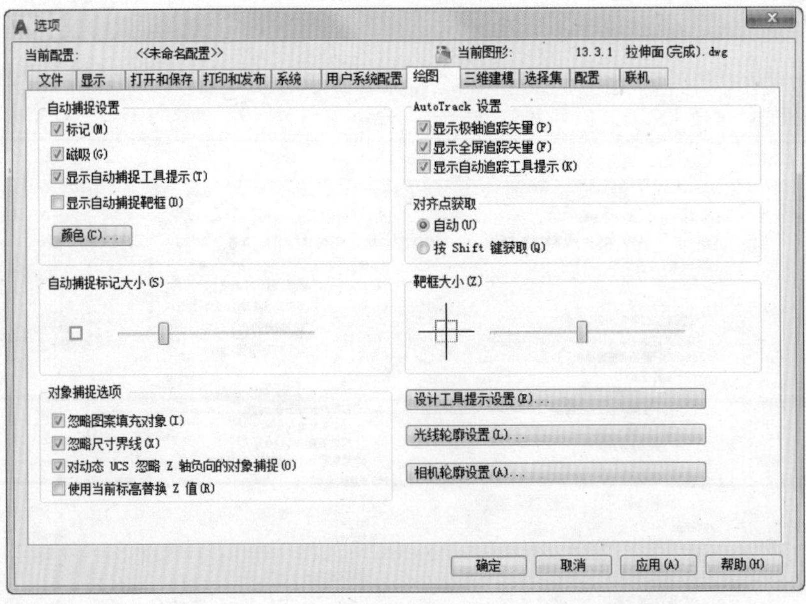

选项→绘图设置

(6) 选项→三维建模

可设置三维十字光标、ViewCube、三维对象视觉显示、三维导航等，如下图所示。

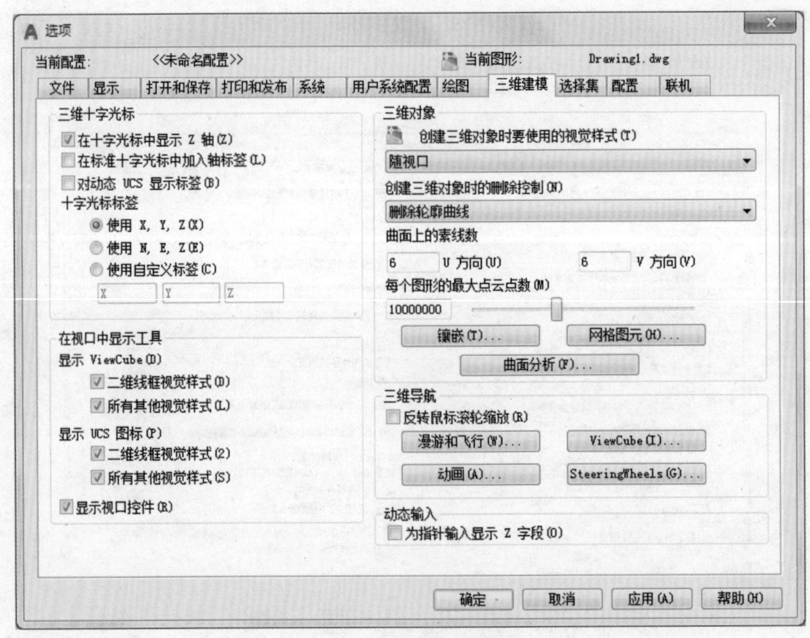

选项→三维建模设置

(7) 选项→选择集

可设置拾取框大小、选择集模式、夹点样式、选择集预览等，如下图所示。

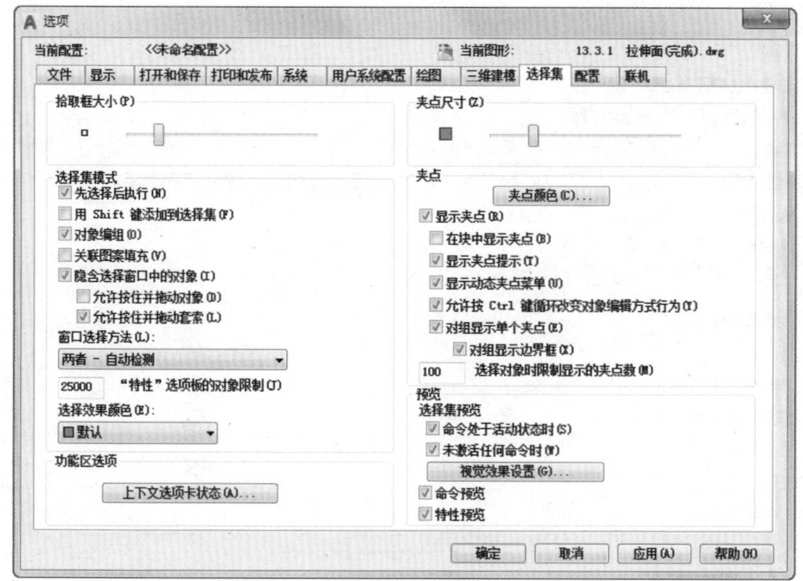


选项→选择集设置

## 2. 单位设置

设置绘图单位方法如下。

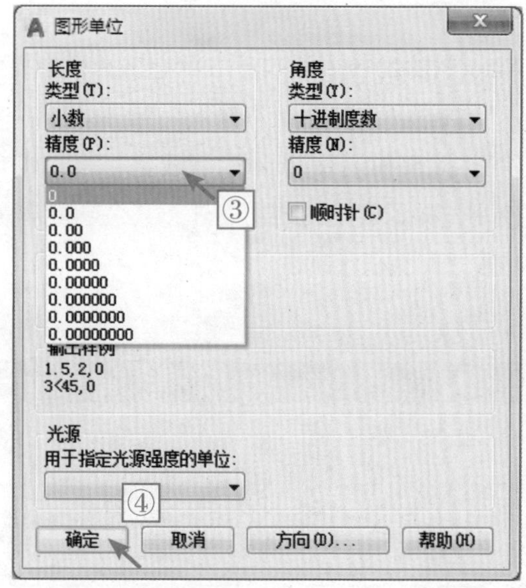


## 3. 绘图界限设置

设置绘图界限方法如下。

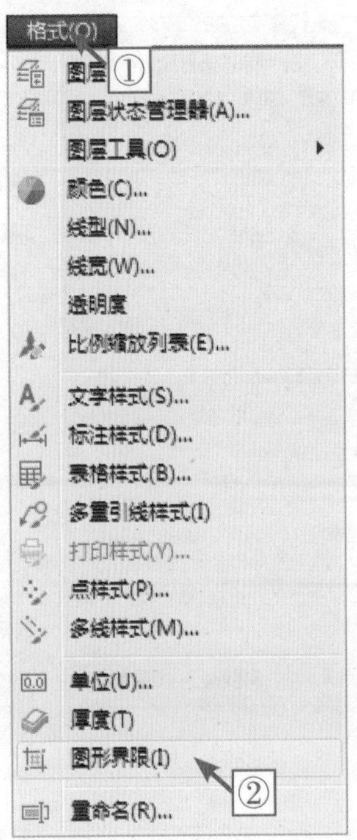


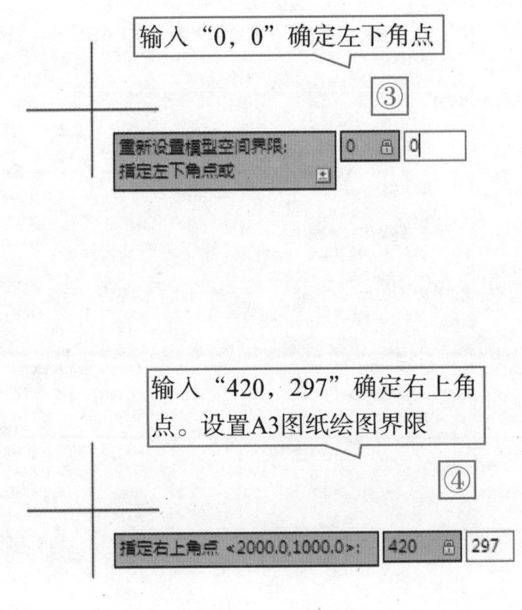


## 三、设置辅助绘图模式

AutoCAD 2019 在窗口下方状态工具栏中提供了丰富的绘图辅助工具，包括“栅格显示”“捕捉模式”“动态输入”“正交模式”“极轴追踪”“等轴测草图”“对象捕捉追踪”“对象捕捉”“显示隐藏线宽”等，如下图所示。在设计工作中可根据需要合理使用，除了常用到的功能外，其余功能尽量做到随用随开，用完即关，以防止众多功能之间造成干扰。

辅助绘图工具条（状态工具栏）作用及快捷键

### 1. 捕捉与栅格

栅格捕捉的作用是捕捉到栅点，可借助此工具快速绘制草图，栅格显示和捕捉

间距可在“草图设置”对话框中进行设置。在此功能按钮上单击鼠标右键可打开草图设置对话框。

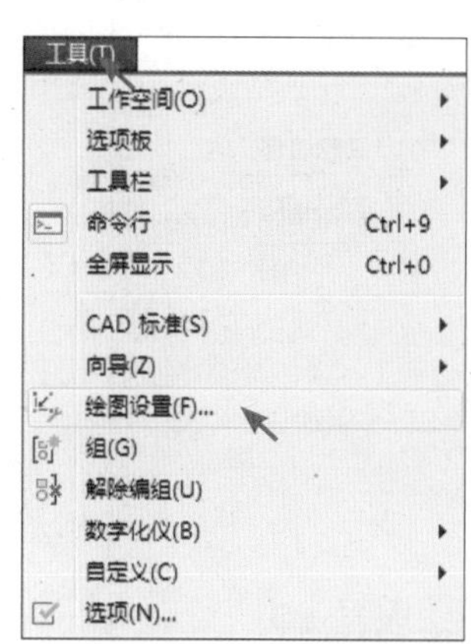


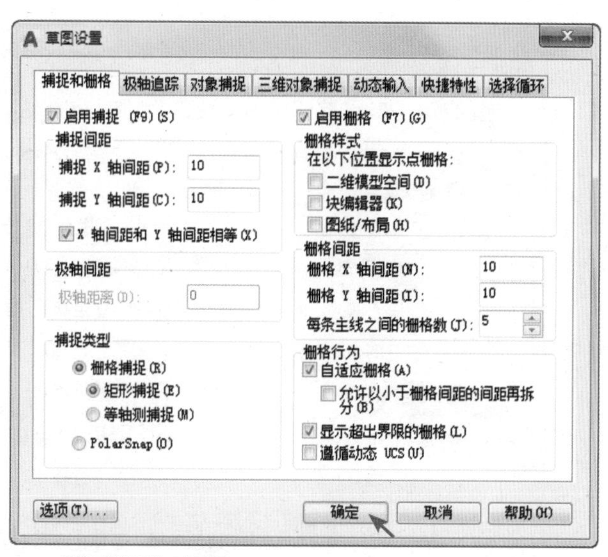


“草图设置”对话框

### 2. 正交

正交开关打开，光标强制捕捉（追踪）水平或竖直方向，可用于画横平竖直的线，或用来执行水平或竖直方向的变换。

### 3. 极轴追踪

极轴追踪特定角度方向。可单击小倒三角，即时设置追踪角度。极轴追踪与正交捕捉不能同时打开，在此功能按钮上单击鼠标右键可打开“草图设置”对话框。

### 4. 等轴测捕捉

等轴测捕捉配合正交模式，捕捉追踪正等轴测方向，可用来绘制正等轴测图。必须与正交捕捉同时开启才起作用。

### 5. 对象捕捉

对象捕捉开启后，执行命令时，光标靠近特征点磁吸才起作用。可单击小倒三角，选择捕捉的特征点，也可通过“草图设置”对话框，选择捕捉特征点。此功能一般常开，在此功能按钮上单击鼠标右键可打开“草图设置”对话框。

### 6. 对象捕捉追踪

对象捕捉追踪开启后，光标在特征点上停留一会（不单击），移开鼠标，就可延

特征点追踪水平、竖直或延长线方向。此功能必须和对象捕捉开关同时开启才起作用，此功能一般常开。

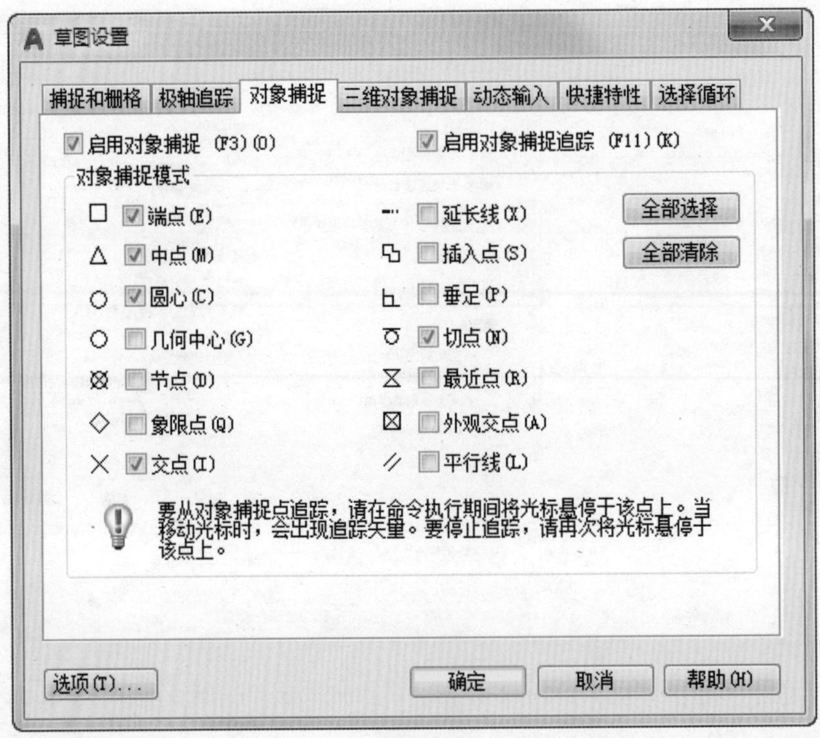


对象捕捉设置

命令执行过程中需指定点时，对象捕捉和对象捕捉追踪起作用，而此时极轴追踪并不一定起作用。只有执行点后，当前状态下极轴追踪才起作用。

### 7. 动态输入

动态输入开启时，可即时在窗口中显示命令执行过程，可在绘图窗口中输入命令执行条件，或输入数值或坐标值，按 Tab 键切换输入项目。

其他状态栏设置按钮，将在本系列图书其他分册中讲解。

# 第二节　创建与管理图层

## 一、图形特性

图形特性是指图形元素本身特有的属性和管理属性，可通过以下方式来管理和

修改图形特性。

### 1. 工作面板特性模块

（1）可通过工作面板特性模块，修改颜色、线宽、线型和透明度等。

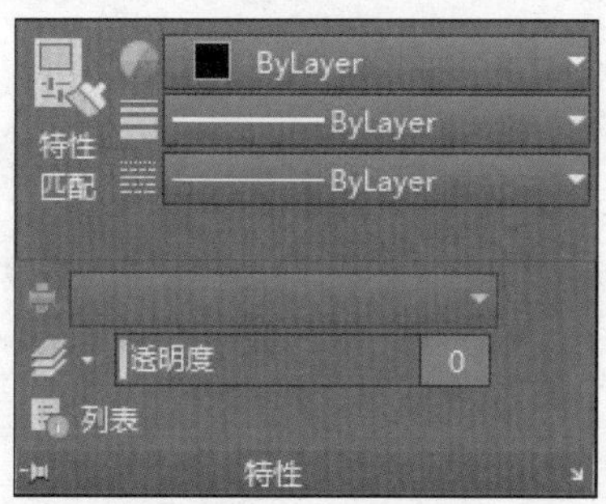


（2）可用特性匹配工具（格式刷）将原对象属性匹配到目标对象。

### 2. 快捷特性

（1）窗口右下角开启快捷特性，单击图形，弹出快捷特性工具框。

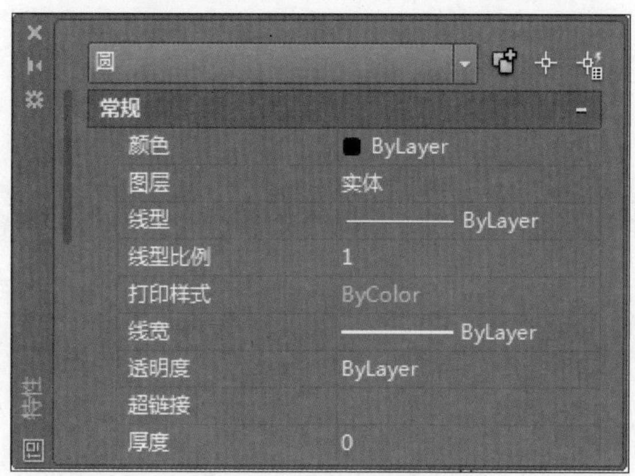


（2）双击图形，弹出快捷特性工具栏，在快捷特性工具栏里修改快捷特性。

### 3. 特性工具面板

（1）按“Ctrl+1”组合键，弹出特性面板。

（2）单击工作面板特性模块下方小箭头，弹出特性面板，在特性面板里，所有特性都可以编辑修改。

转角标注

| 常规 | |
| --- | --- |
| 颜色 | ByLayer |
| 图层 | 实体 |
| 线型 | ByLayer |
| 线型比例 | 1 |
| 打印样式 | ByColor |
| 线宽 | ByLayer |
| 透明度 | ByLayer |
| 超链接 | |
| 关联 | 是 |
| **其他** | |
| 标注样式 | 机械 |
| 注释性 | 否 |
| **直线和箭头** | |
| 箭头 1 | 实心闭合 |
| 箭头 2 | 实心闭合 |
| 箭头大小 | 5 |
| 尺寸线线宽 | ByBlock |
| 尺寸界线线宽 | ByBlock |
| 尺寸线 1 | 开 |
| 尺寸线 2 | 开 |
| 尺寸线颜色 | ByBlock |

## 二、创建图层和图层特性

图层是 AutoCAD 提供的强大功能之一，利用图层可以方便地对图形进行管理。图层相当于重叠的透明图纸，每张图纸上面的图形都具备自己的颜色、线宽、线型等特性，可以根据需要对其进行相应的隐藏或显示，从而为图形的绘制提供方便。

### 创建图层及定义图层特性

单击图层特性按钮，弹出图层特性管理器对话框，可以在对话框中创建、冻结、删除图层。

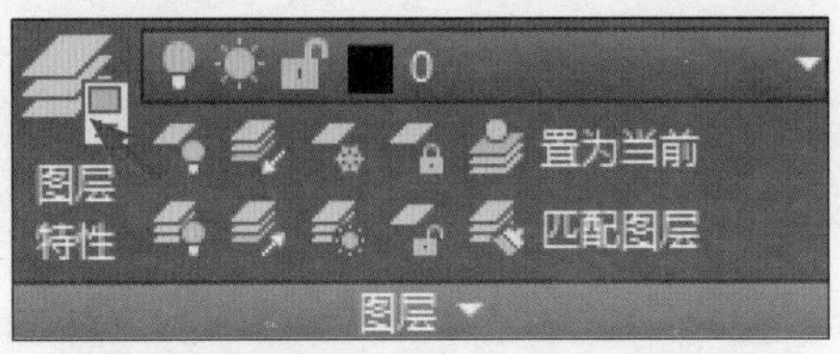


单击创建图层，创建一个新的图层。

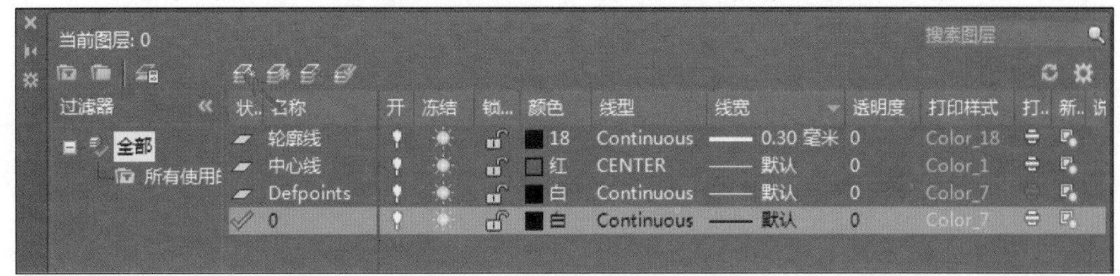


| 状.. | 名称 | 开 | 冻结 | 锁... | 颜色 | 线型 | 线宽 | 透明度 | 打印样式 | 打.. | 新.. | 说 |
|---|---|---|---|---|---|---|---|---|---|---|---|---|
| | 轮廓线 | | | | 18 | Continuous | 0.30 毫米 | 0 | Color_18 | | | |
| | 中心线 | | | | 红 | CENTER | 默认 | 0 | Color_1 | | | |
| | Defpoints | | | | 白 | Continuous | 默认 | 0 | Color_7 | | | |
| | 0 | | | | 白 | Continuous | 默认 | 0 | Color_7 | | | |

修改图层名称和图层特性。

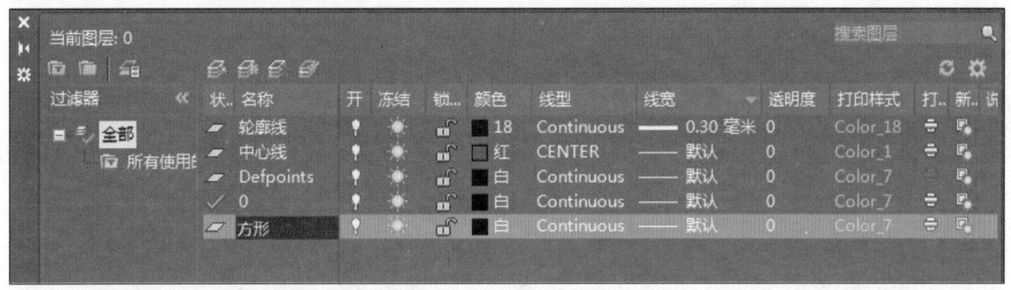


| 状.. | 名称 | 开 | 冻结 | 锁... | 颜色 | 线型 | 线宽 | 透明度 | 打印样式 | 打.. | 新.. | 说 |
|---|---|---|---|---|---|---|---|---|---|---|---|---|
| | 轮廓线 | | | | 18 | Continuous | 0.30 毫米 | 0 | Color_18 | | | |
| | 中心线 | | | | 红 | CENTER | 默认 | 0 | Color_1 | | | |
| | Defpoints | | | | 白 | Continuous | 默认 | 0 | Color_7 | | | |
| | 0 | | | | 白 | Continuous | 默认 | 0 | Color_7 | | | |
| | 方形 | | | | 白 | Continuous | 默认 | 0 | Color_7 | | | |

可修改图层颜色、线型、线宽和打印样式等。

| 状.. | 名称 | 开 | 冻结 | 锁... | 颜色 | 线型 | 线宽 | 透明度 | 打印样式 | 打.. | 新.. | 说 |
|---|---|---|---|---|---|---|---|---|---|---|---|---|
| | 轮廓线 | | | | 18 | Continuous | 0.30 毫米 | 0 | Color_18 | | | |
| | 中心线 | | | | 红 | CENTER | 默认 | 0 | Color_1 | | | |
| | Defpoints | | | | 白 | Continuous | 默认 | 0 | Color_7 | | | |
| | 0 | | | | 白 | Continuous | 默认 | 0 | Color_7 | | | |
| | 方形 | | | | 80 | ACAD_ISO... | 0.30 毫米 | 0 | Color_7 | | | |

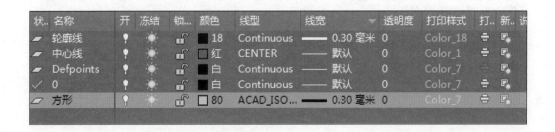

## 三、图层状态管理器

在工作面板上单击图层按钮，弹出图层管理下拉工具栏，可在下拉工具栏里隐藏、显示、冻结、解冻、锁定、解锁图层，将图层置为当前层等。

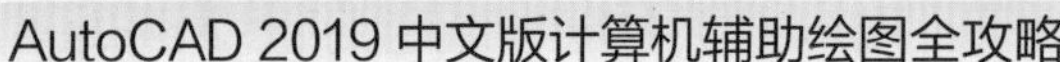

 关闭/打开图层

图层关闭后，窗口中将不显示图层上的所有图形

冻结/解冻图层

图层冻结后，本图层上的图形不能显示也不可编辑，系统重生成时不再计算本图层上的内容，可节省系统资源

锁定/解锁图层

图层锁定后，本图层上的图形可显示，但不可编辑

单击本栏，可将本图层设置为当前层

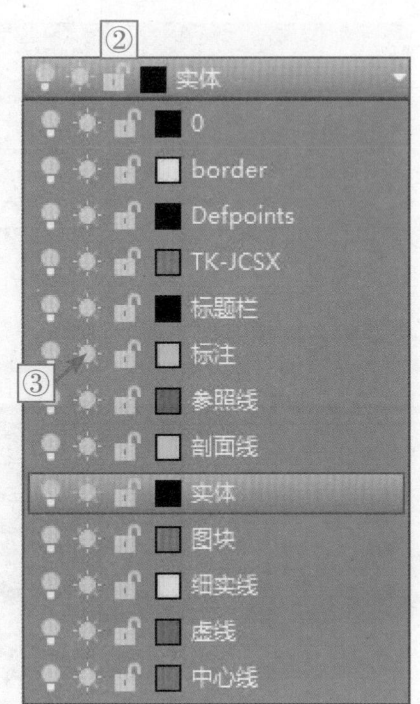


打开图层特性管理器工作面板，也可进行上述编辑，如下图所示。

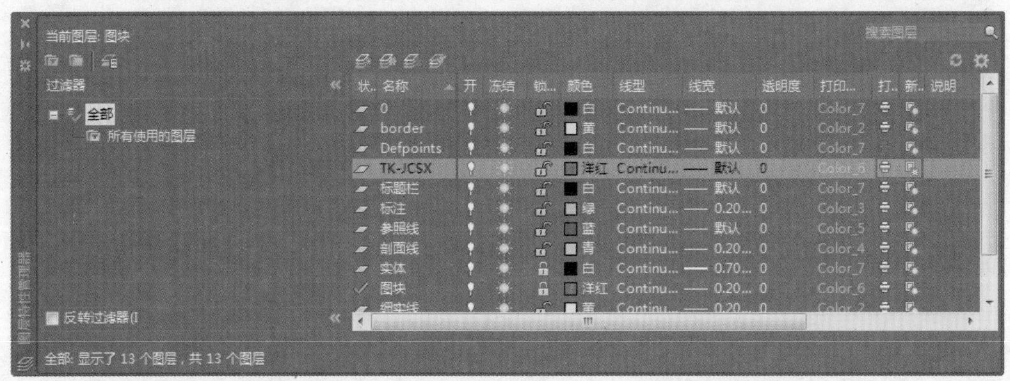


在图层特性管理器面板中，还可设置不打印、在新视口中不更新图层。

## 四、编辑图层

### 1. 改变对象所在图层

选中图形，单击图层下拉框，选择目标图层，则将选中图形特性改为目标图层特性并将选中图形纳入目标图层，如下图所示。

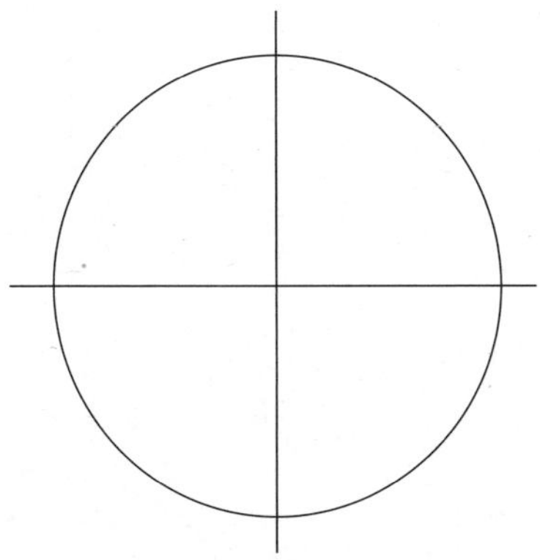

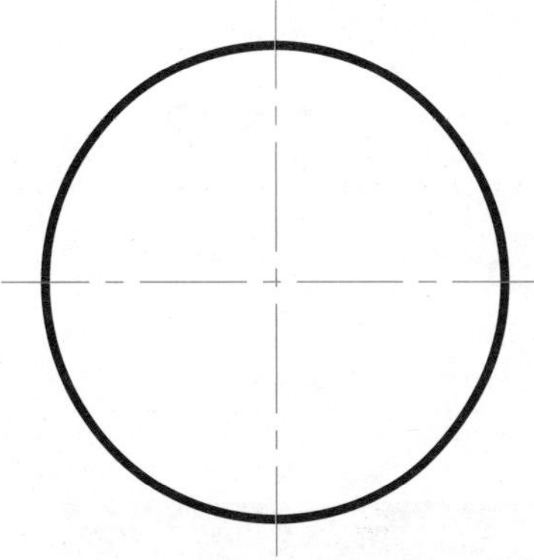

改变对象所在图层

**操作步骤：**

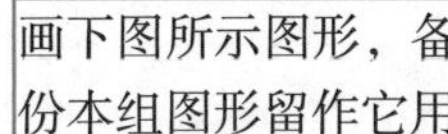

画下图所示图形，备
份本组图形留作它用


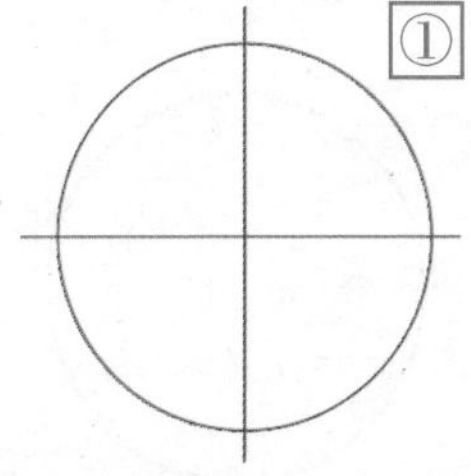


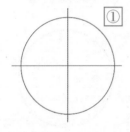

选中如下两条图线

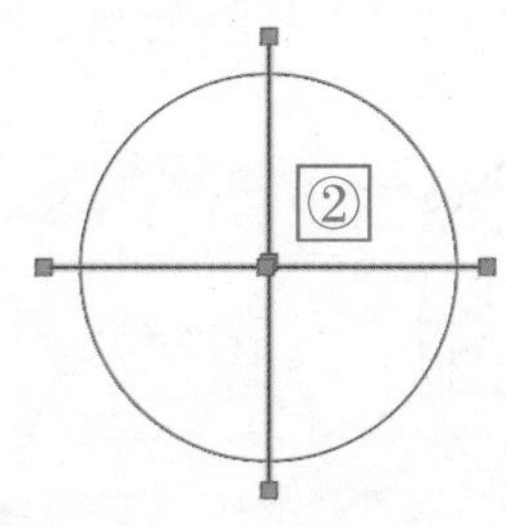


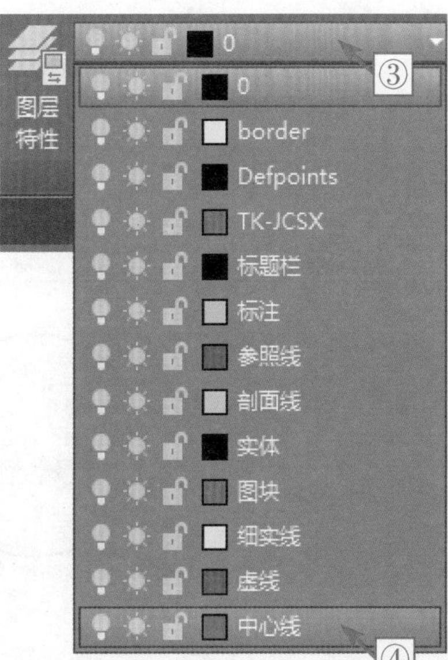


选中图线被改为中心线图层特性，效果如下图所示，按Esc键退出选择

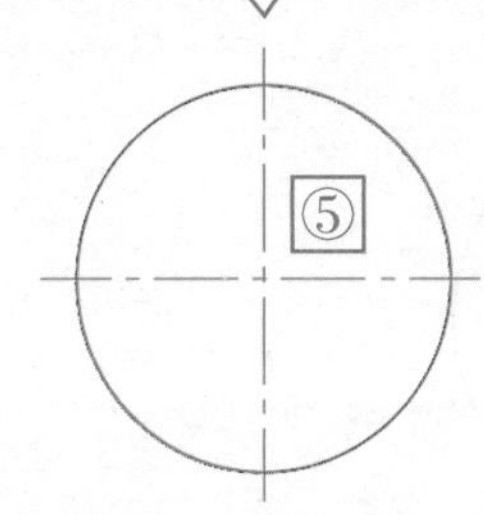


同理，选中圆形改为实体层，效果如下图所示

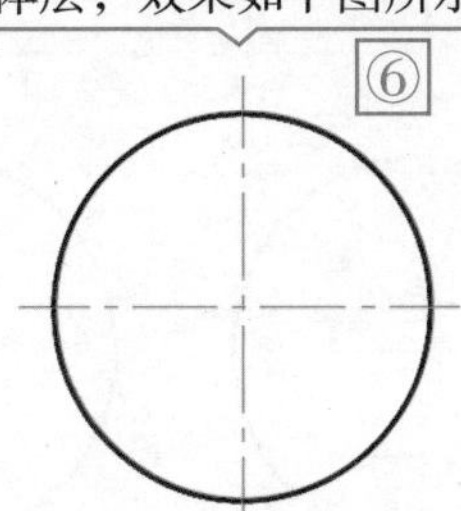

## 2. 匹配图层

将源图形图层特性匹配到目标图形图层特性，操作过程如下图（接上一例题，继续完成以下操作）。

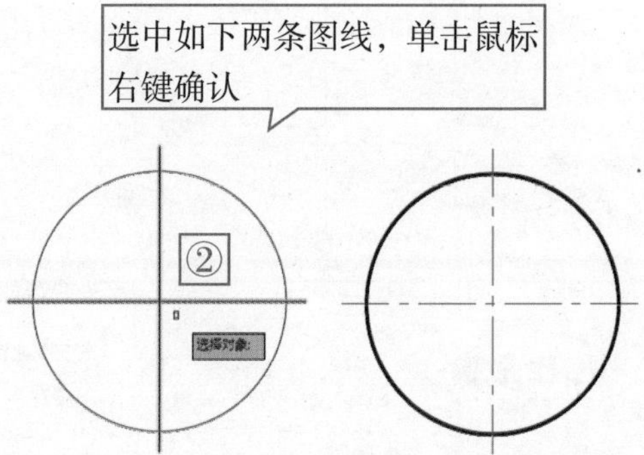


选择右侧图形中心线为目标对象

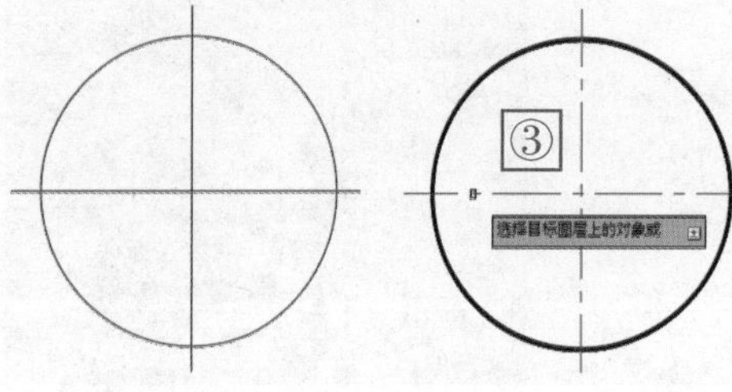


将右侧中心线图层特性匹配到源图线上。至此源图线归属中心线层，效果如下

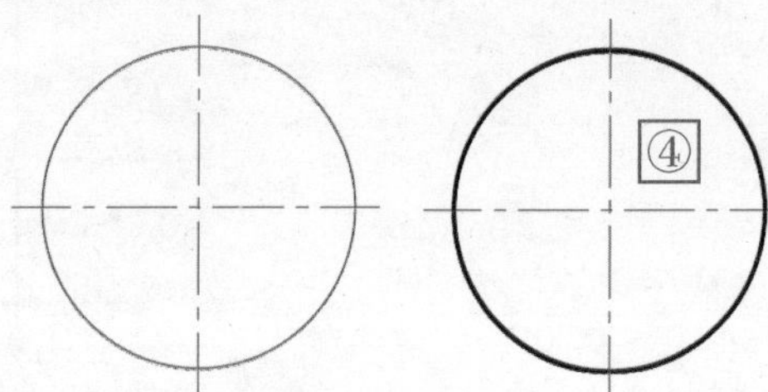


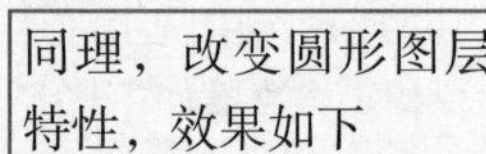


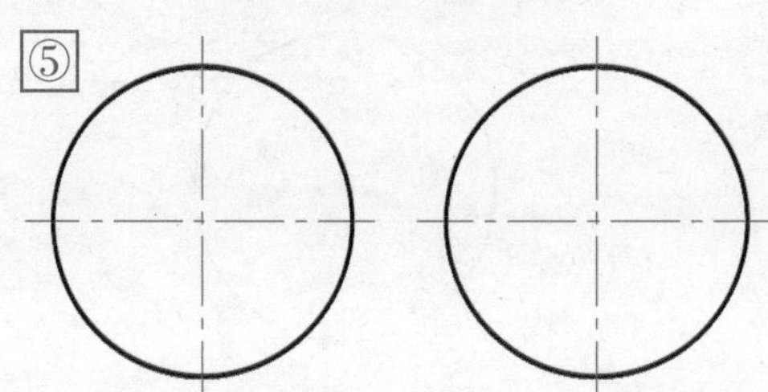

### 3. 删除图层

删除图层是将无用的图层删掉，减少系统资源占用，操作过程如下。

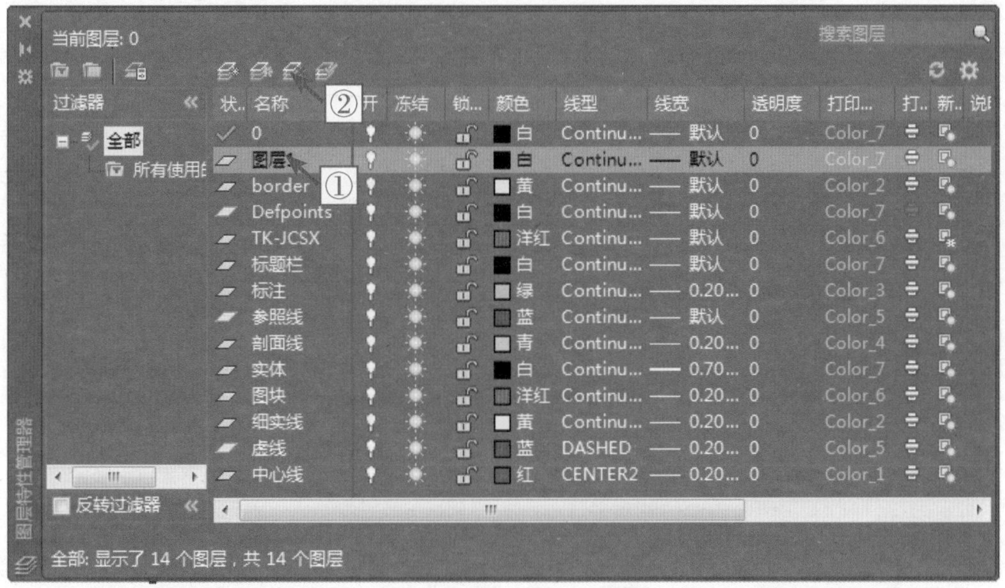


删除图层只能删除图层中无对象的图层，无法删除包含对象图层、依赖外部参照图层、当前图层和图层“0”等。

AutoCAD 习惯用图层管理图形。在绘制工程图时，应先创建图层系列，将同类型图形归纳到一个图层中，以便于同时管理这一类图形的基本特征，显示、隐藏、打印、输出等。

# 第三节　创建样式

## 一、创建文字和多重引线样式

### 1. 创建文字样式

文字样式是将字体、字体样式、字高、宽高比、倾斜角度等内容设定在一个样式模块中，方便在工程绘图中调用。一般文字样式是按国家标准有关工程制图文字样式的规定来设置。

设置数字、文本标注样式如下。

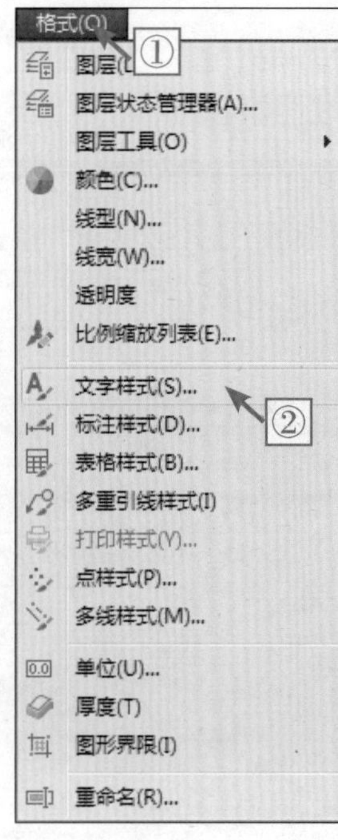

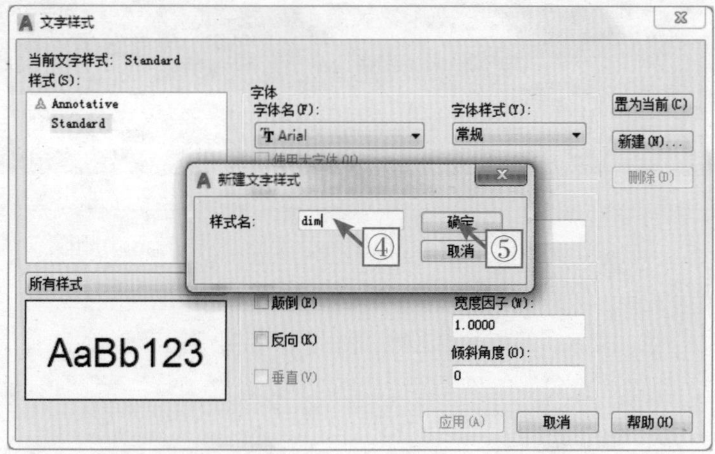

单击“应用”按钮，完成数字文字样式设置。

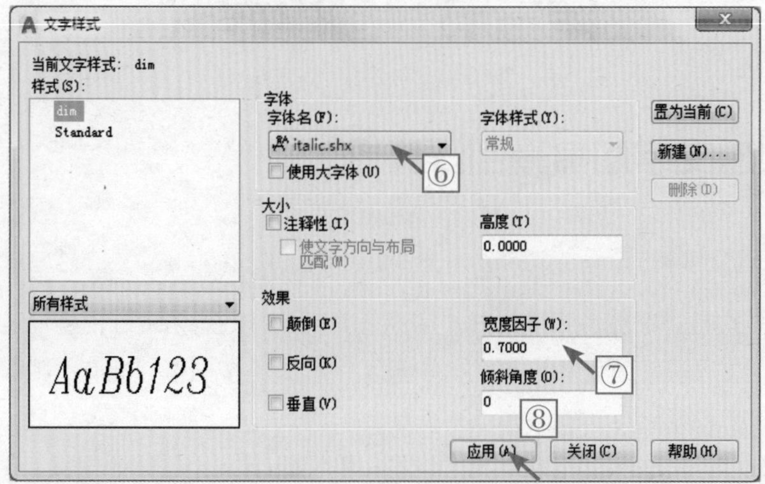

同理，设置一个名为“TEXT”的文本文字样式，设置如下。

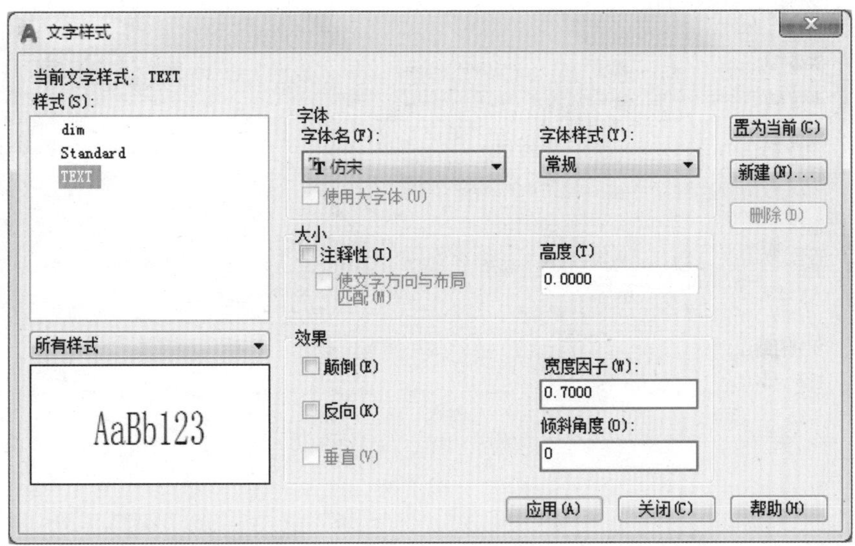


## 2. 创建多重引线样式

创建符合国标的多重引线样式，操作步骤如下。

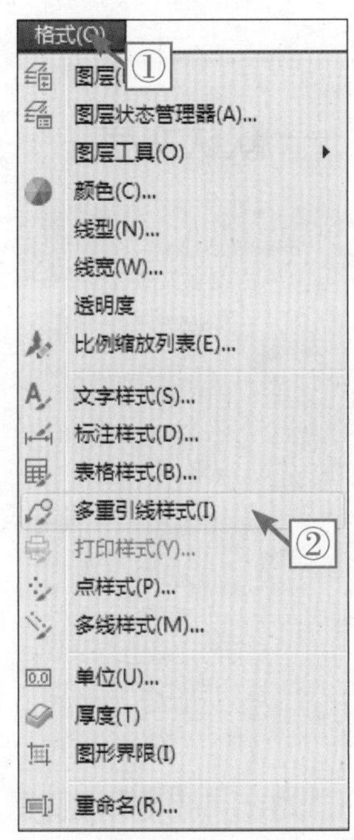


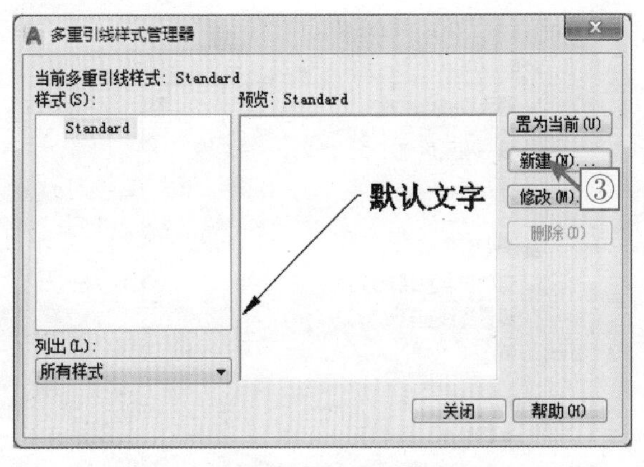


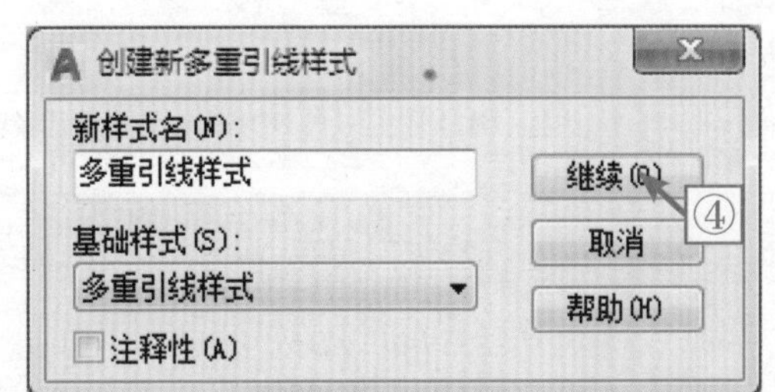

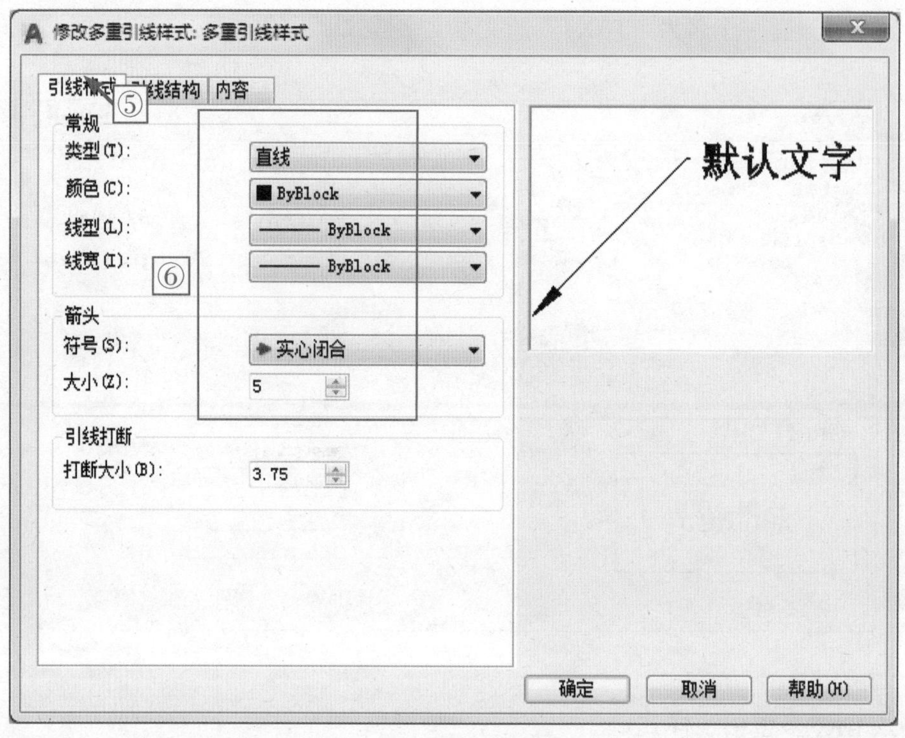
修改多重引线样式: 多重引线样式
引线格式
引线结构
内容
⑤
常规
类型(T):
直线
颜色(C):
ByBlock
线型(L):
ByBlock
线宽(I):
ByBlock
⑥
箭头
符号(S):
实心闭合
大小(Z):
5
引线打断
打断大小(B):
3.75
默认文字
确定
取消
帮助(H)

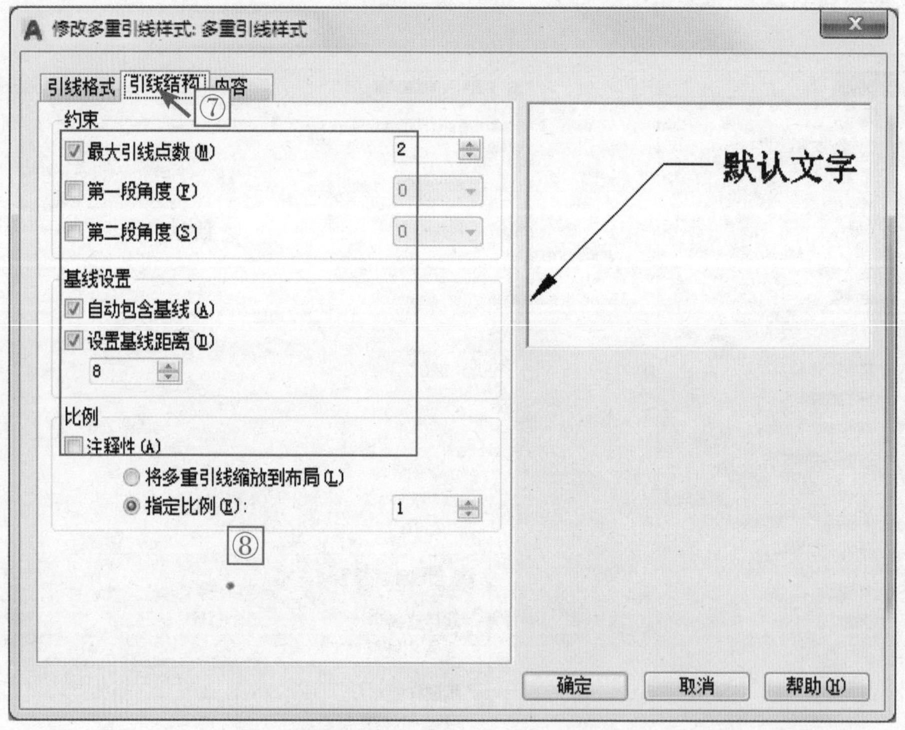
修改多重引线样式: 多重引线样式
引线格式
引线结构
内容
⑦
约束
最大引线点数(M)
2
第一段角度(F)
0
第二段角度(S)
0
基线设置
自动包含基线(A)
设置基线距离(D)
8
比例
注释性(A)
将多重引线缩放到布局(L)
指定比例(E):
1
⑧
默认文字
确定
取消
帮助(H)

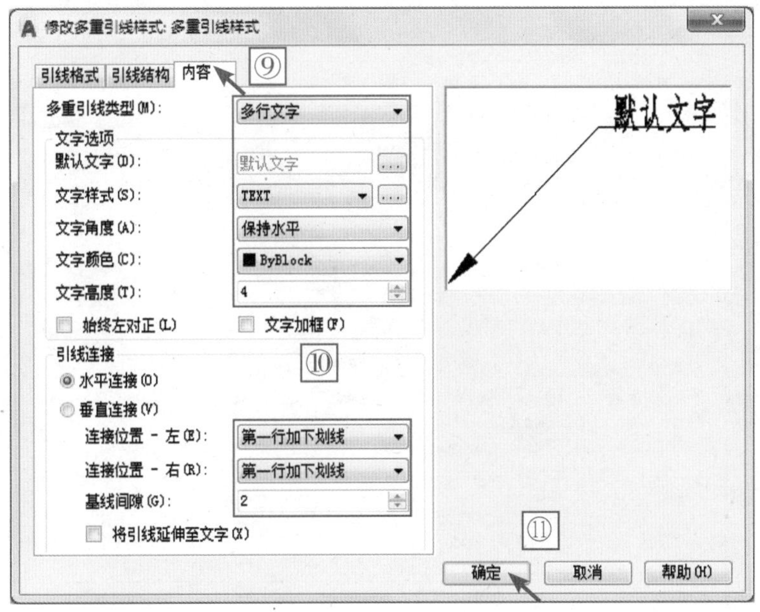


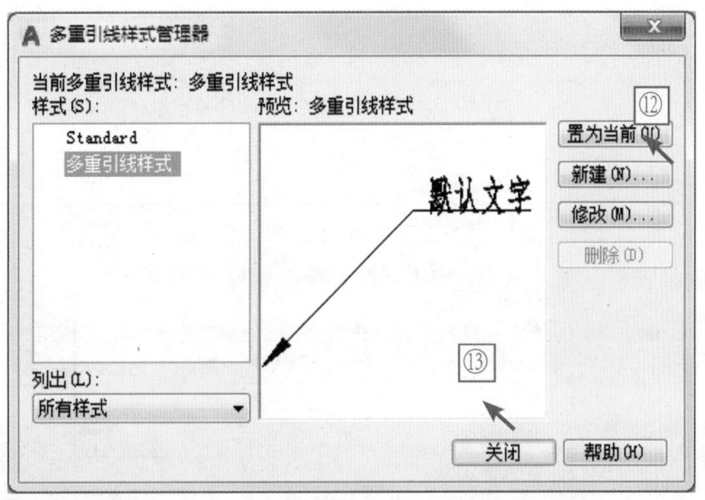


至此，完成多重引线样式设置。

## 二、创建标注样式

国家标准关于工程制图标注有很多规定，这些内容将集中体现在标注样式当中。工程制图过程中，使用符合国家标准的标注样式，将对制图标准化及提高绘图效率有很大的帮助。

创建标注样式，操作过程如下。

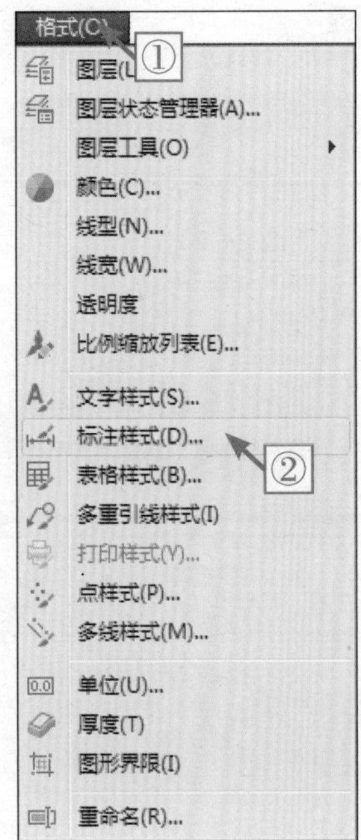
格式(C)
①
图层(L)
图层状态管理器(A)...
图层工具(O)
颜色(C)...
线型(N)...
线宽(W)...
透明度
比例缩放列表(E)...
文字样式(S)...
标注样式(D)...
②
表格样式(B)...
多重引线样式(I)
打印样式(Y)...
点样式(P)...
多线样式(M)...
单位(U)...
厚度(T)
图形界限(I)
重命名(R)...

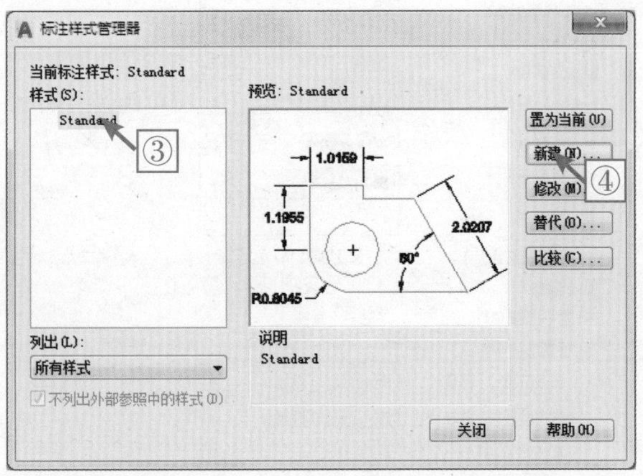
标注样式管理器
当前标注样式：Standard
样式(S)：
Standard
③
预览：Standard
1.0159
1.1955
2.0207
60°
R0.8045
置为当前(U)
新建(N)...
④
修改(M)...
替代(O)...
比较(C)...
列出(L)：
所有样式
不列出外部参照中的样式(D)
说明
Standard
关闭
帮助(H)

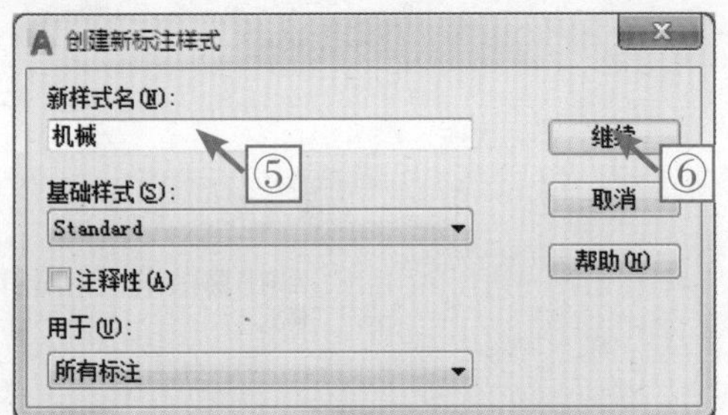
创建新标注样式
新样式名(N)：
机械
⑤
继续
⑥
取消
帮助(H)
基础样式(S)：
Standard
注释性(A)
用于(U)：
所有标注

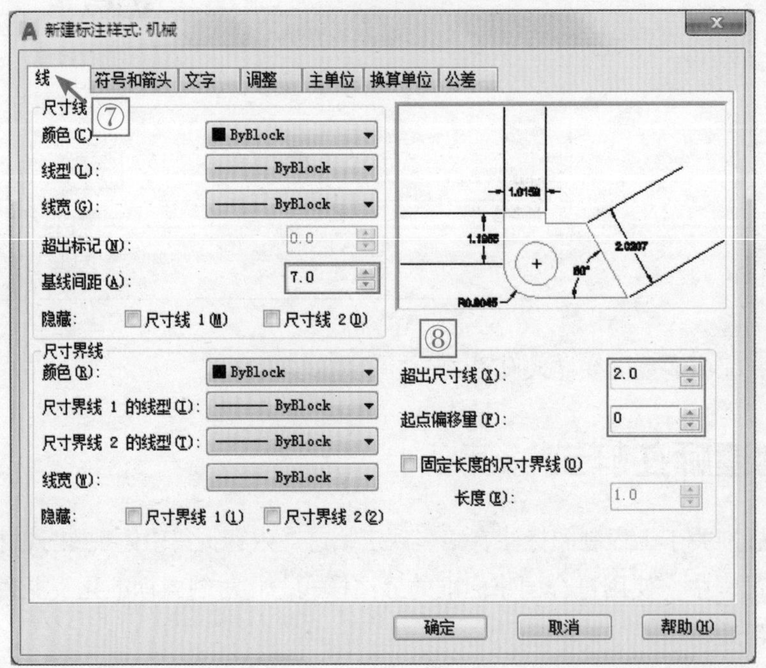
新建标注样式：机械
线
符号和箭头
文字
调整
主单位
换算单位
公差
⑦
尺寸线
颜色(C)：
ByBlock
线型(L)：
ByBlock
线宽(G)：
ByBlock
超出标记(N)：
0.0
基线间距(A)：
7.0
隐藏：
尺寸线 1(M)
尺寸线 2(D)
1.0159
1.1955
2.0207
60°
R0.8045
⑧
尺寸界线
颜色(R)：
ByBlock
尺寸界线 1 的线型(I)：
ByBlock
尺寸界线 2 的线型(T)：
ByBlock
线宽(W)：
ByBlock
隐藏：
尺寸界线 1(1)
尺寸界线 2(2)
超出尺寸线(X)：
2.0
起点偏移量(F)：
0
固定长度的尺寸界线(O)
长度(E)：
1.0
确定
取消
帮助(H)

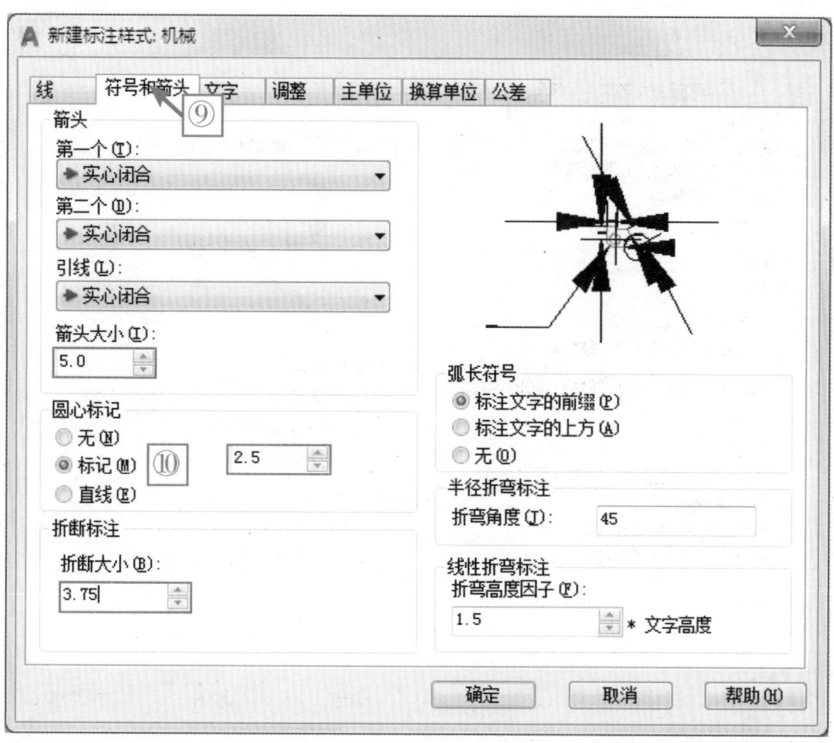
新建标注样式: 机械
线
符号和箭头
文字
调整
主单位
换算单位
公差
⑨
箭头
第一个 (T):
实心闭合
第二个 (D):
实心闭合
引线 (L):
实心闭合
箭头大小 (I):
5.0
圆心标记
无 (N)
标记 (M)
直线 (E)
⑩
2.5
折断标注
折断大小 (B):
3.75
弧长符号
标注文字的前缀 (P)
标注文字的上方 (A)
无 (O)
半径折弯标注
折弯角度 (J):
45
线性折弯标注
折弯高度因子 (F):
1.5
* 文字高度
确定
取消
帮助 (H)

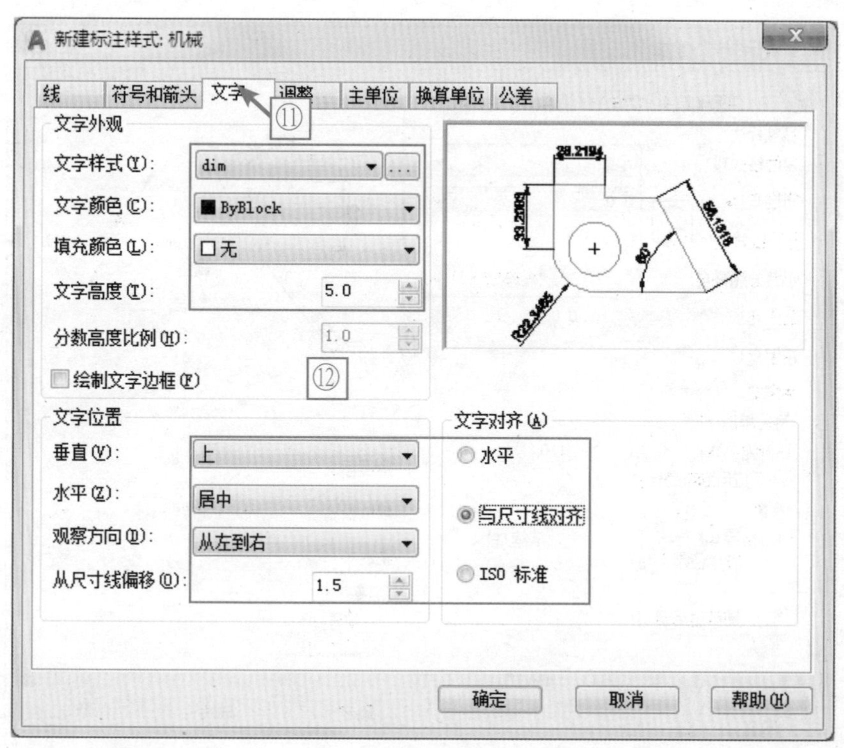
新建标注样式: 机械
线
符号和箭头
文字
调整
主单位
换算单位
公差
⑪
文字外观
文字样式 (Y):
dim
文字颜色 (C):
ByBlock
填充颜色 (L):
无
文字高度 (T):
5.0
分数高度比例 (H):
1.0
绘制文字边框 (F)
⑫
文字位置
垂直 (V):
上
水平 (Z):
居中
观察方向 (D):
从左到右
从尺寸线偏移 (O):
1.5
文字对齐 (A)
水平
与尺寸线对齐
ISO 标准
确定
取消
帮助 (H)

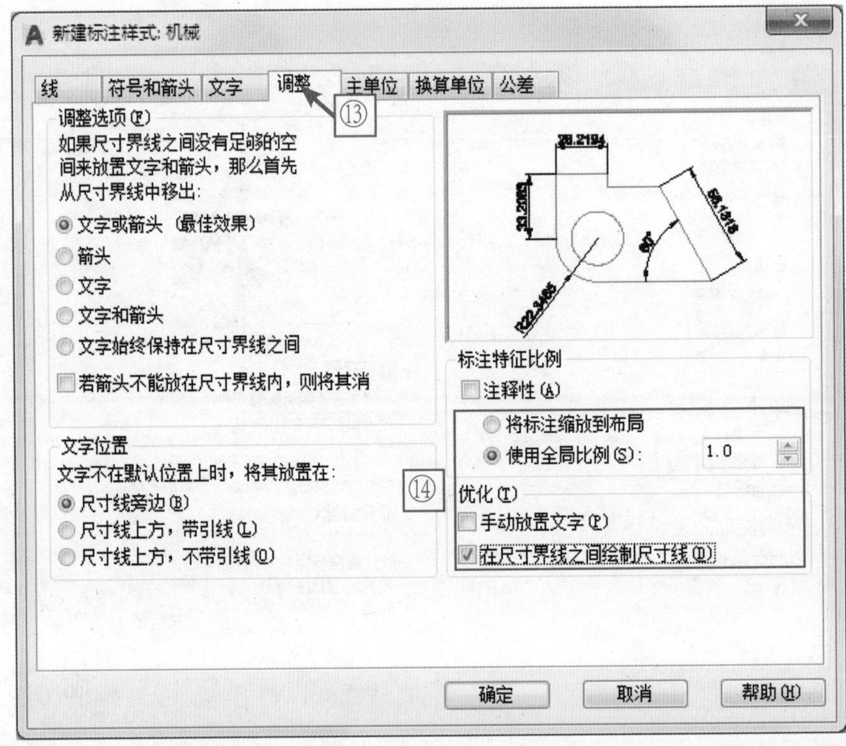
新建标注样式: 机械
线
符号和箭头
文字
调整
主单位
换算单位
公差
⑬
调整选项(F)
如果尺寸界线之间没有足够的空间来放置文字和箭头，那么首先从尺寸界线中移出:
文字或箭头（最佳效果）
箭头
文字
文字和箭头
文字始终保持在尺寸界线之间
若箭头不能放在尺寸界线内，则将其消
文字位置
文字不在默认位置上时，将其放置在:
尺寸线旁边(B)
尺寸线上方，带引线(L)
尺寸线上方，不带引线(O)
⑭
标注特征比例
注释性(A)
将标注缩放到布局
使用全局比例(S):
1.0
优化(T)
手动放置文字(P)
在尺寸界线之间绘制尺寸线(D)
确定
取消
帮助(H)

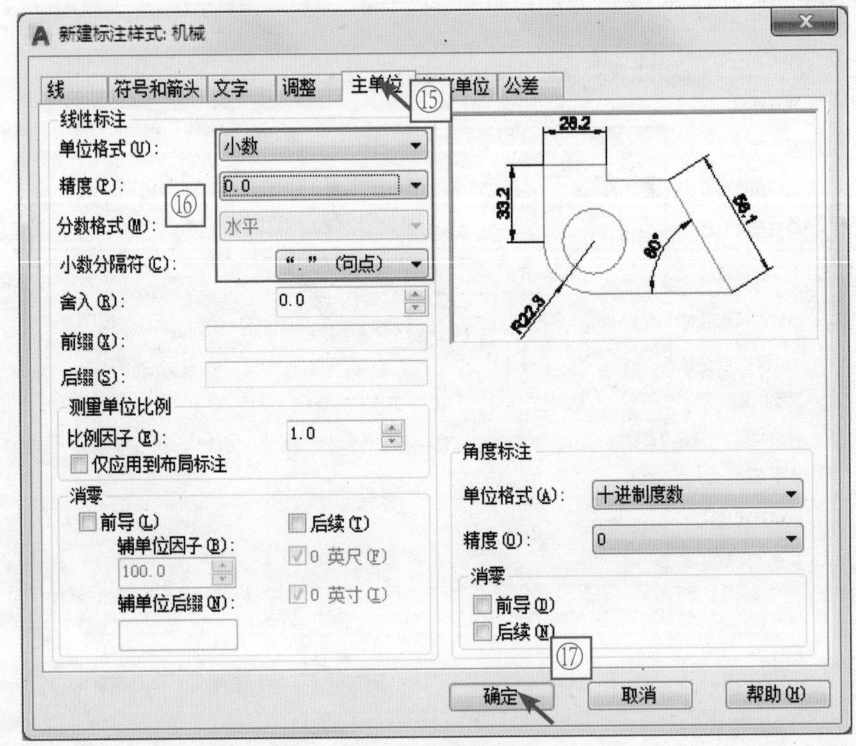
新建标注样式: 机械
线
符号和箭头
文字
调整
主单位
公差
⑮
线性标注
单位格式(U):
小数
精度(P):
0.0
⑯
分数格式(M):
水平
小数分隔符(C):
“.”（句点）
舍入(R):
0.0
前缀(X):
后缀(S):
测量单位比例
比例因子(E):
1.0
仅应用到布局标注
消零
前导(L)
后续(T)
辅单位因子(B):
100.0
0 英尺(F)
0 英寸(I)
辅单位后缀(N):
28.2
33.2
60°
R22.3
角度标注
单位格式(A):
十进制度数
精度(O):
0
消零
前导(D)
后续(N)
⑰
确定
取消
帮助(H)

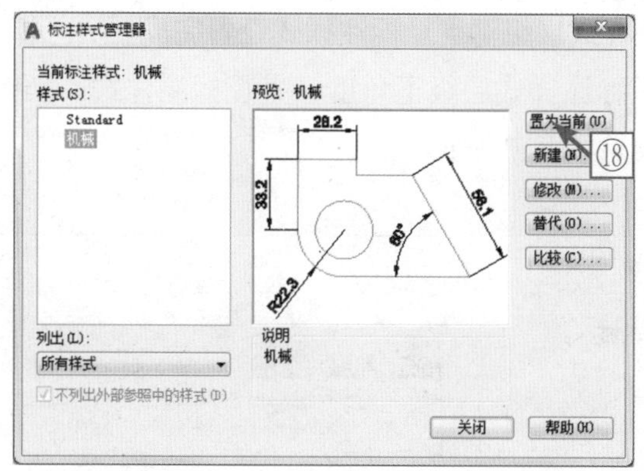


至此，完成机械标注样式设置。

基于机械样式层级下，还应创建半径、直径、角度标注样式。

创建半径标注样式，操作过程如下。

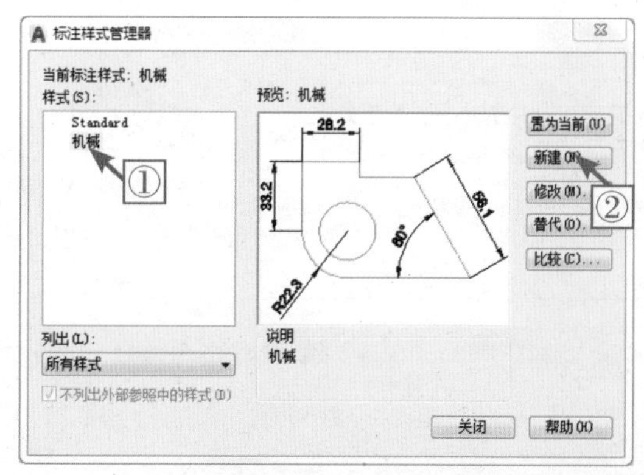


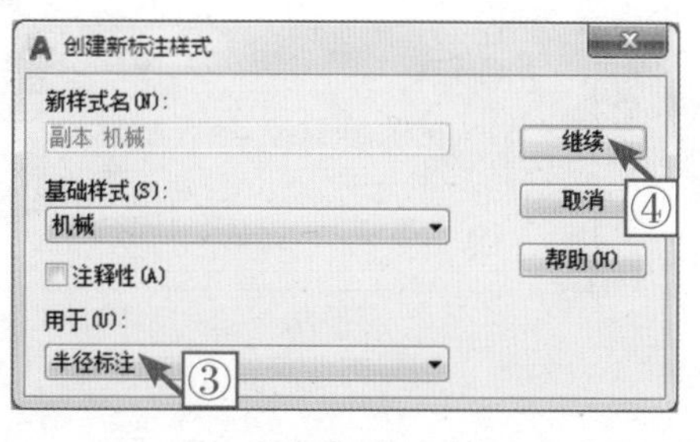


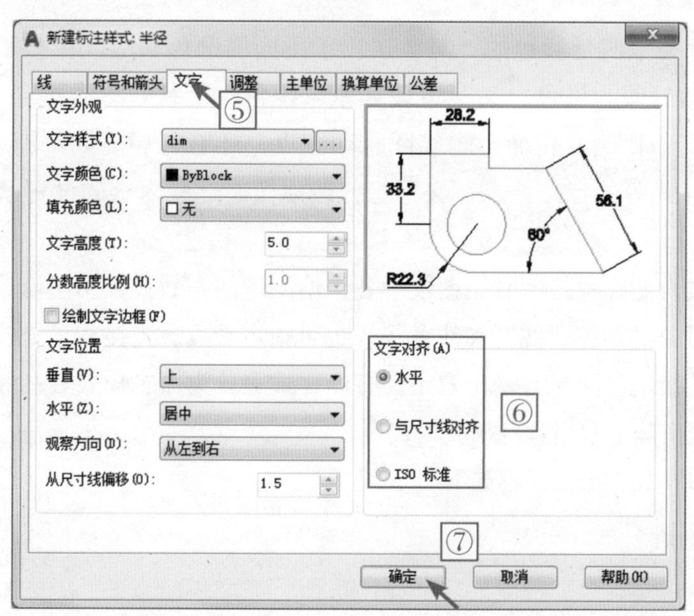

至此，机械标注样式层级下半径标注样式设置完成。

同理，创建机械标注样式层级下角度、直径标注样式，操作过程与半径标注样式完全相同，最终效果如下图所示。

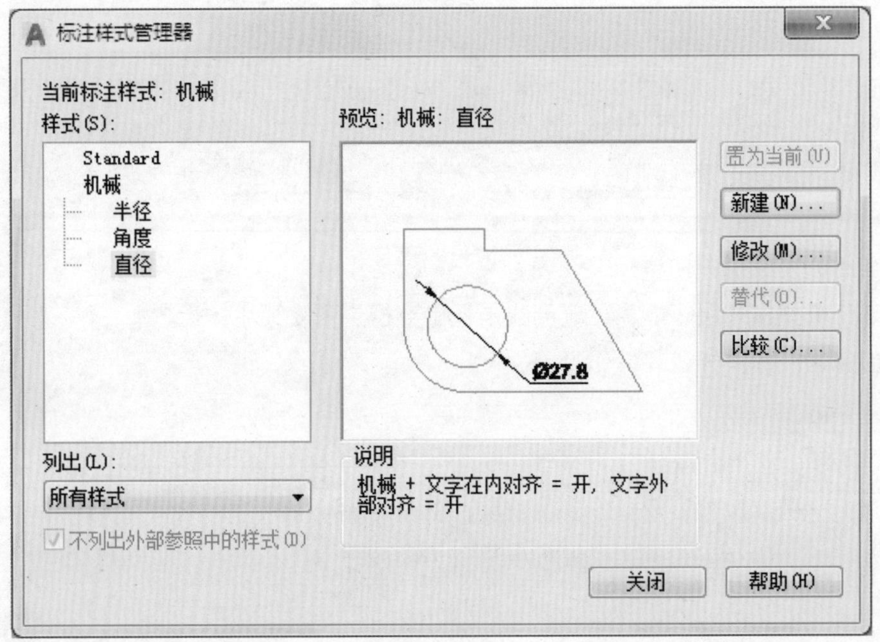


## 三、创建打印样式

图形绘制完成时是彩色的，对象选用了不同的颜色和层，在打印输出时，需要将所有图形打印为黑色，又不想破坏原来颜色；绘制的图形指定了线条宽度，打印时会因打印比例变化而影响实际打印宽度；还有打印时如果有线型、端点、连接和填充样式等的特殊要求，又不想修改原图。这些内容的设置就需要使用打印样式表。

打印样式表是配置打印时绘图仪中各个绘图笔的参数表，用于修改打印图形的外观，包括对象的颜色、线型和线宽等，也可指定端点、连接和填充样式，以及抖动、灰度、笔指定和淡显等输出效果。打印样式表分为命名样式表和颜色相关样式表两类，工程实际中常用颜色相关样式表。

创建打印样式，操作过程如下。

打开素材图①

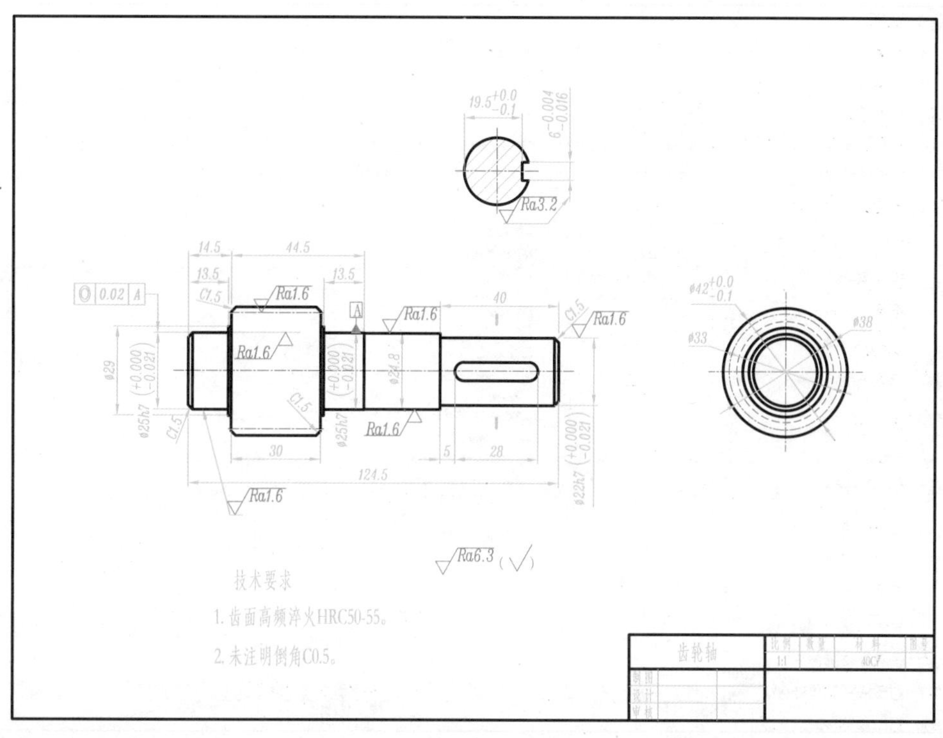


素材图

在打开的图层特性窗口中观察各图层的特性。

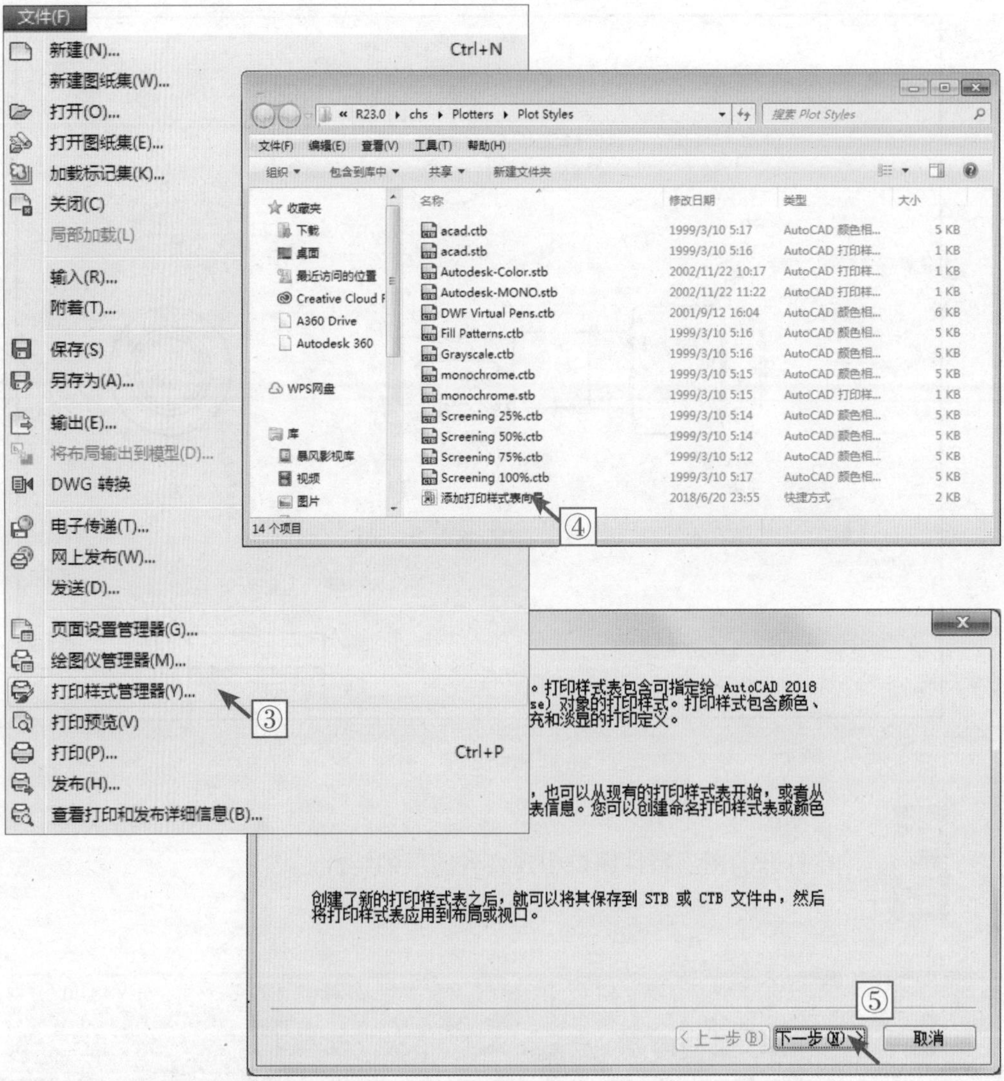

文件(F)
新建(N)... Ctrl+N
新建图纸集(W)...
打开(O)...
打开图纸集(E)...
加载标记集(K)...
关闭(C)
局部加载(L)
输入(R)...
附着(T)...
保存(S)
另存为(A)...
输出(E)...
将布局输出到模型(D)...
DWG 转换
电子传递(T)...
网上发布(W)...
发送(D)...
页面设置管理器(G)...
绘图仪管理器(M)...
打印样式管理器(Y)... ③
打印预览(V)
打印(P)... Ctrl+P
发布(H)...
查看打印和发布详细信息(B)...

« R23.0 ▸ chs ▸ Plotters ▸ Plot Styles　搜索 Plot Styles
文件(F) 编辑(E) 查看(V) 工具(T) 帮助(H)
组织 ▾ 包含到库中 ▾ 共享 ▾ 新建文件夹

收藏夹　下载　桌面　最近访问的位置　Creative Cloud F　A360 Drive　Autodesk 360　WPS网盘　库　暴风影视库　视频　图片

| 名称 | 修改日期 | 类型 | 大小 |
|---|---|---|---|
| acad.ctb | 1999/3/10 5:17 | AutoCAD 颜色相... | 5 KB |
| acad.stb | 1999/3/10 5:16 | AutoCAD 打印样... | 1 KB |
| Autodesk-Color.stb | 2002/11/22 10:17 | AutoCAD 打印样... | 1 KB |
| Autodesk-MONO.stb | 2002/11/22 11:22 | AutoCAD 打印样... | 1 KB |
| DWF Virtual Pens.ctb | 2001/9/12 16:04 | AutoCAD 颜色相... | 6 KB |
| Fill Patterns.ctb | 1999/3/10 5:16 | AutoCAD 颜色相... | 5 KB |
| Grayscale.ctb | 1999/3/10 5:16 | AutoCAD 颜色相... | 5 KB |
| monochrome.ctb | 1999/3/10 5:15 | AutoCAD 颜色相... | 5 KB |
| monochrome.stb | 1999/3/10 5:15 | AutoCAD 打印样... | 1 KB |
| Screening 25%.ctb | 1999/3/10 5:14 | AutoCAD 颜色相... | 5 KB |
| Screening 50%.ctb | 1999/3/10 5:14 | AutoCAD 颜色相... | 5 KB |
| Screening 75%.ctb | 1999/3/10 5:12 | AutoCAD 颜色相... | 5 KB |
| Screening 100%.ctb | 1999/3/10 5:17 | AutoCAD 颜色相... | 5 KB |
| 添加打印样式表向导 | 2018/6/20 23:55 | 快捷方式 | 2 KB |

④

14 个项目

。打印样式表包含可指定给 AutoCAD 2018
se) 对象的打印样式。打印样式包含颜色、
充和淡显的打印定义。

，也可以从现有的打印样式表开始，或者从
表信息。您可以创建命名打印样式表或颜色

创建了新的打印样式表之后，就可以将其保存到 STB 或 CTB 文件中，然后
将打印样式表应用到布局或视口。

⑤
< 上一步(B)　下一步(N) >　取消

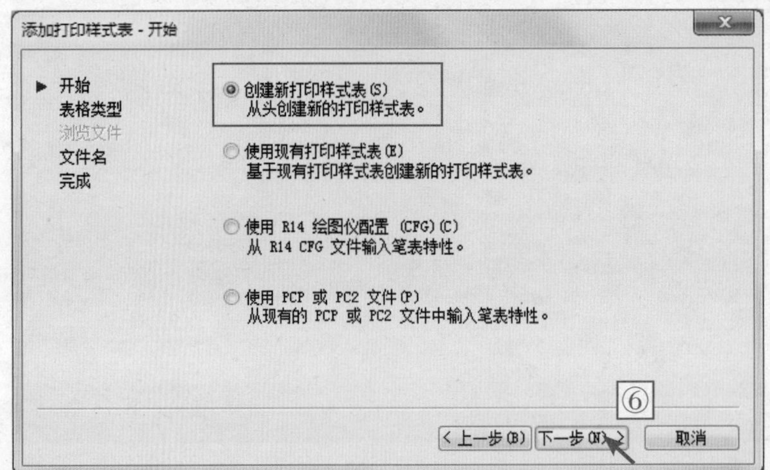

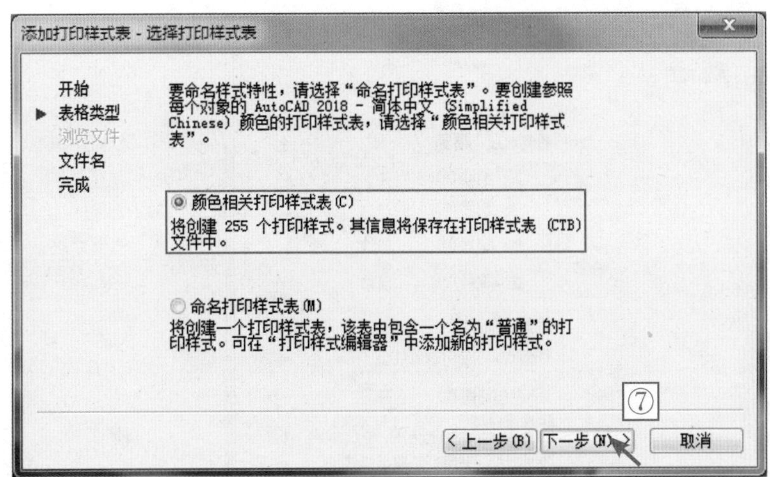
添加打印样式表 - 选择打印样式表
开始
表格类型
浏览文件
文件名
完成
要命名样式特性，请选择“命名打印样式表”。要创建参照每个对象的 AutoCAD 2018 - 简体中文 (Simplified Chinese) 颜色的打印样式表，请选择“颜色相关打印样式表”。
颜色相关打印样式表(C)
将创建 255 个打印样式。其信息将保存在打印样式表 (CTB) 文件中。
命名打印样式表(M)
将创建一个打印样式表，该表中包含一个名为“普通”的打印样式。可在“打印样式编辑器”中添加新的打印样式。
⑦
<上一步(B)
下一步(N)>
取消

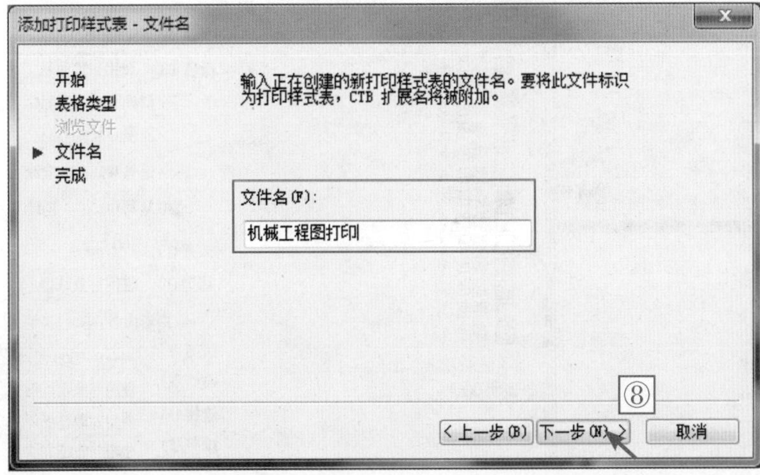
添加打印样式表 - 文件名
开始
表格类型
浏览文件
文件名
完成
输入正在创建的新打印样式表的文件名。要将此文件标识为打印样式表，CTB 扩展名将被附加。
文件名(F):
机械工程图打印
⑧
<上一步(B)
下一步(N)>
取消

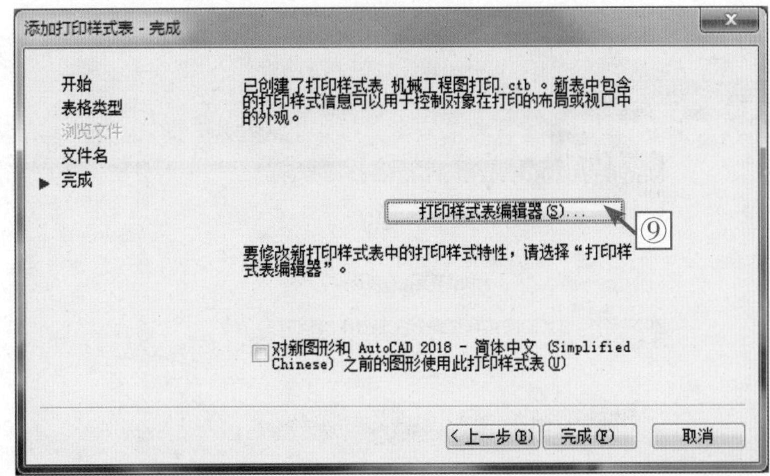
添加打印样式表 - 完成
开始
表格类型
浏览文件
文件名
完成
已创建了打印样式表 机械工程图打印.ctb 。新表中包含的打印样式信息可以用于控制对象在打印的布局或视口中的外观。
打印样式表编辑器(S)...
⑨
要修改新打印样式表中的打印样式特性，请选择“打印样式表编辑器”。
对新图形和 AutoCAD 2018 - 简体中文 (Simplified Chinese) 之前的图形使用此打印样式表(U)
<上一步(B)
完成(F)
取消

打印样式表编辑器 - 机械工程图打印.ctb

常规 表视图 表格视图

打印样式(P)：

颜色 1
颜色 2
颜色 3
颜色 4
颜色 5
颜色 6
颜色 7
颜色 8
颜色 9
颜色 10
颜色 11
颜色 12
颜色 13

说明(R)：

添加样式(A) 删除样式(Y)

保存并

特性

颜色(C)：黑

抖动(D)：开

灰度(G)：关

⑩ 笔号(#)：自动

虚拟笔号(U)：自动

淡显(I)：100

线型(T)：使用对象线型

自适应(V)：开

线宽(W)：0.2500 毫米

端点(E)：使用对象端点样式

打印样式表编辑器 - 机械工程图打印.ctb

常规 表视图 表格视图

打印样式(P)：

颜色 1
颜色 2
颜色 3
颜色 4
颜色 5
颜色 6
颜色 7
颜色 8
颜色 9
颜色 10
颜色 11
颜色 12
颜色 13

说明(R)：

添加样式(A) 删除样式(Y)

特性

颜色(C)：使用对象颜色

抖动(D)：开

灰度(G)：关

笔号(#)：自动

虚拟笔号(U)：自动

淡显(I)：100

线型(T)：使用对象线型

自适应(V)：开

线宽(W)：0.5000 毫米

端点(E)：使用对象端点样式

连接(J)：使用对象连接样式

填充(F)：使用对象填充样式

编辑线宽(L)... 另存为(S)...

⑪

保存并关闭 取消 帮助(H)

添加打印样式表 - 完成

开始
表格类型
浏览文件
文件名
▶ 完成

已创建了打印样……的打印样式信息可以用于控制对象在打印的布局或视口中的外观。

打印样式表编辑器(S)...

要修改新打印样式表中的打印样式特性，请选择“打印样式表编辑器”。

对新图形和 AutoCAD 2018 - 简体中文 (Simplified Chinese) 之前的图形使用此打印样式表(U)

⑫

<上一步(B) 完成(F) 取消

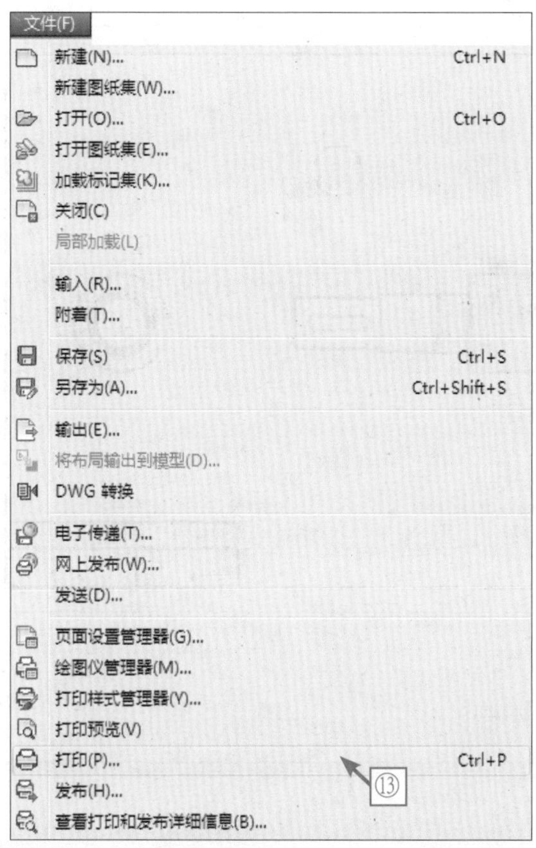
文件(F)
新建(N)... Ctrl+N
新建图纸集(W)...
打开(O)... Ctrl+O
打开图纸集(E)...
加载标记集(K)...
关闭(C)
局部加载(L)
输入(R)...
附着(T)...
保存(S) Ctrl+S
另存为(A)... Ctrl+Shift+S
输出(E)...
将布局输出到模型(D)...
DWG 转换
电子传递(T)...
网上发布(W)...
发送(D)...
页面设置管理器(G)...
绘图仪管理器(M)...
打印样式管理器(Y)...
打印预览(V)
打印(P)... Ctrl+P
发布(H)...
查看打印和发布详细信息(B)...
⑬

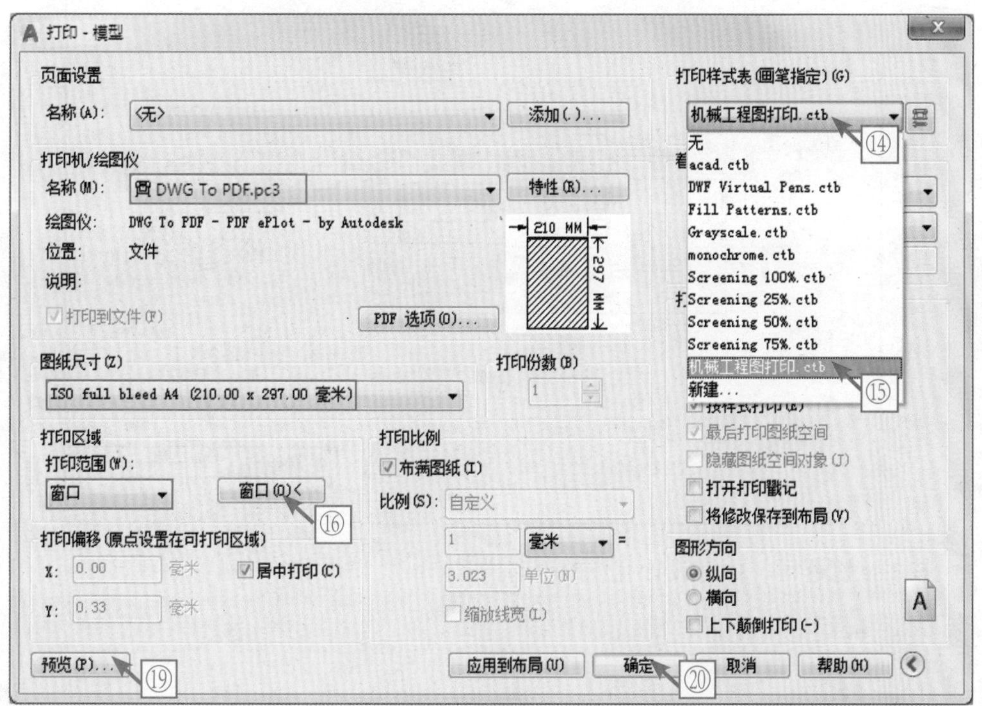
打印 - 模型
页面设置
名称(A): <无>
添加(.)...
打印机/绘图仪
名称(M): DWG To PDF.pc3
特性(R)...
绘图仪: DWG To PDF - PDF ePlot - by Autodesk
位置: 文件
说明:
打印到文件(F)
PDF 选项(O)...
210 MM
297 MM
图纸尺寸(Z)
ISO full bleed A4 (210.00 x 297.00 毫米)
打印份数(B)
打印区域
打印范围(W):
窗口
窗口(O)<
打印比例
布满图纸(I)
比例(S): 自定义
1 毫米
3.023 单位(N)
缩放线宽(L)
打印偏移(原点设置在可打印区域)
X: 0.00 毫米
Y: 0.33 毫米
居中打印(C)
打印样式表(画笔指定)(G)
机械工程图打印.ctb
无
acad.ctb
DWF Virtual Pens.ctb
Fill Patterns.ctb
Grayscale.ctb
monochrome.ctb
Screening 100%.ctb
Screening 25%.ctb
Screening 50%.ctb
Screening 75%.ctb
机械工程图打印.ctb
新建...
最后打印图纸空间
隐藏图纸空间对象(J)
打开打印戳记
将修改保存到布局(V)
图形方向
纵向
横向
上下颠倒打印(-)
预览(P)...
应用到布局(U)
确定
取消
帮助(H)
⑭
⑮
⑯
⑲
⑳

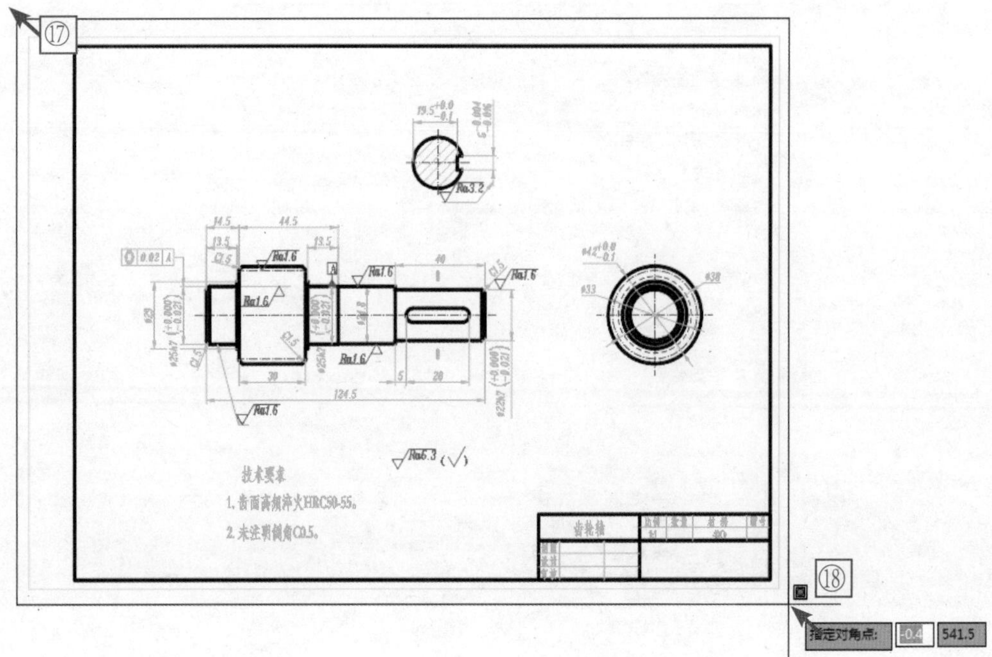


预览结果如下图所示。

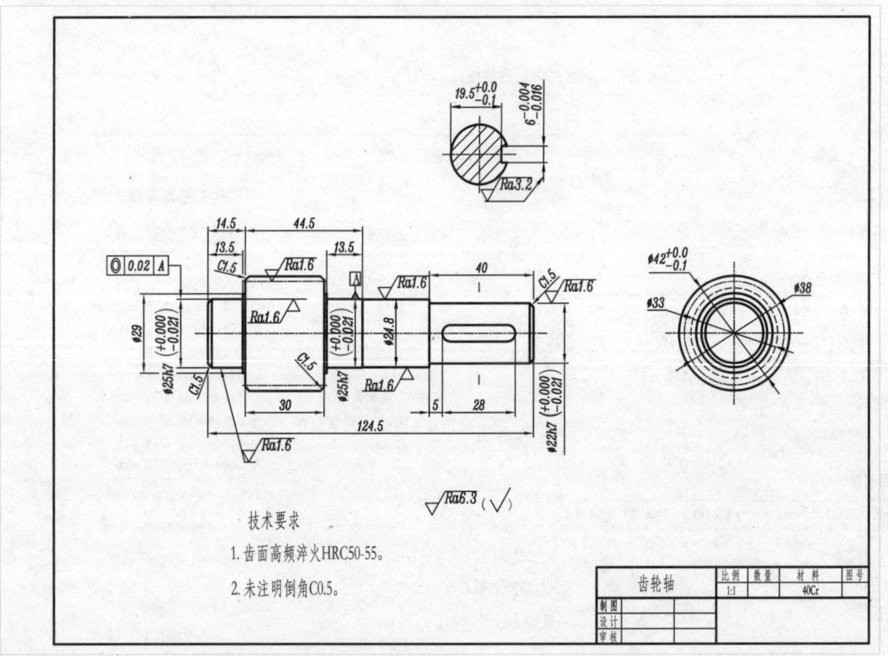


按 Esc 键返回，保存设置完成的打印样式。

7

# 第7章 趣味绘图大闯关

看视频教程前必看

# 第一关　太极绣球

绘制太极绣球图形，如下图所示。　　　　　　　　　　　　　　难度系数：★★★

太极绣球

## 一、知识要点

（1）圆弧的画法。

（2）定数等分的应用。

（3）旋转复制的应用。

## 二、绘图提示

（1）画外侧大圆弧。通过（圆心、起点、端点）输入 45，绘制出上半圆弧。

（2）定数等分。连接上半圆弧的象限点，画一条辅助线。选择定数等分，将辅助线分成 6 段。修改点样式，选择一个较为明显的样式图案。

（3）再次画圆弧，把半圆弧内侧的小圆弧全部绘出。

（4）旋转复制。通过旋转复制得到下半圆弧并删除多余的点和线。

（5）标注图形尺寸。

操作视频 

# 第二关　立体跑道

绘制立体跑道图形，如下图所示。　　　　　　　　　　　　难度系数：★★

立体跑道

## 一、知识要点

（1）多段线的画法。

（2）偏移、阵列的应用。

## 二、绘图提示

（1）画多段线。先画直线 35，再选择圆弧输入“70”，完成上方外侧图形绘制。

（2）偏移。通过偏移画出上方内侧三个图形和一条直线。

（3）阵列。通过环形阵列完成所有图形的绘制。

（4）标注图形尺寸。

操作视频 

# 第三关　多级相切

绘制多级相切图形，如下图所示。　　　　　　　　　　难度系数：★★★

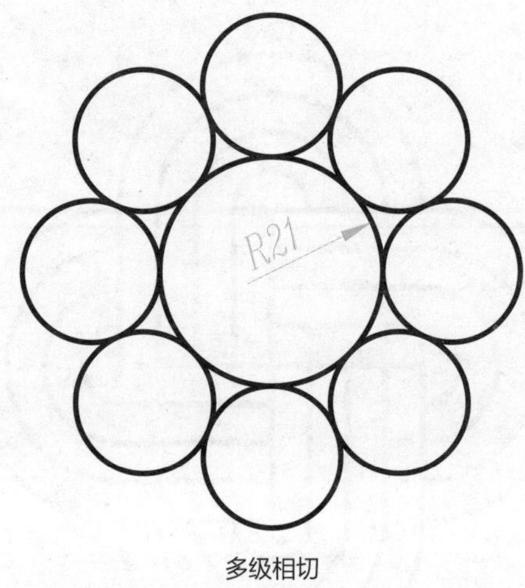


多级相切

## 一、知识要点

（1）多边形、圆的画法。

（2）阵列、缩放命令的应用。

## 二、绘图提示

（1）画多边形。画一个辅助正八边形。

（2）画圆。

①画外侧圆。通过[圆心（正八边形的端点）、半径（正八边形边长的一半）]的方式画圆。选择阵列，通过环形阵列作出外侧其他圆形。

②画内侧圆。通过（相切、相切、相切）方式作出侧圆。

（3）缩放。选中全部图形进行缩放，选择参照，参照长度为内侧圆的半径，新长度为“21”。

（4）标注图形尺寸。

操作视频 

# 第四关　夹竹桃

绘制夹竹桃图形，如下图所示。　　　　　　　　　　　　难度系数：★

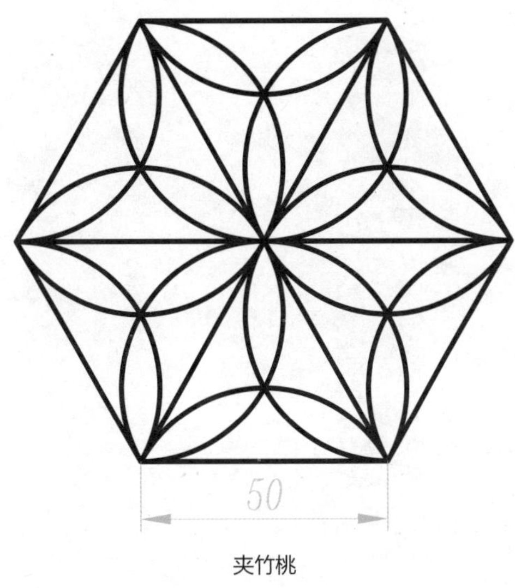


夹竹桃

## 一、知识要点

（1）多边形、圆弧的画法。

（2）阵列的应用。

## 二、绘图提示

（1）画多边形。画一个边长为“50”的正六边形。

（2）连接线。连接正六边形的 6 个端点。

（3）画弧。

①画大圆弧。通过三点（正六边形的两个端点和中心交叉点）画圆弧的方式，画出底部大圆弧。选择阵列，通过环形阵列得到其他大圆弧。

②画小圆弧。同理完成小圆弧的绘制，方法同上。

（4）标注图形尺寸。

操作视频 

# 第五关　男女有别

绘制男女有别图形，如下图所示。　　　　难度系数：★★★

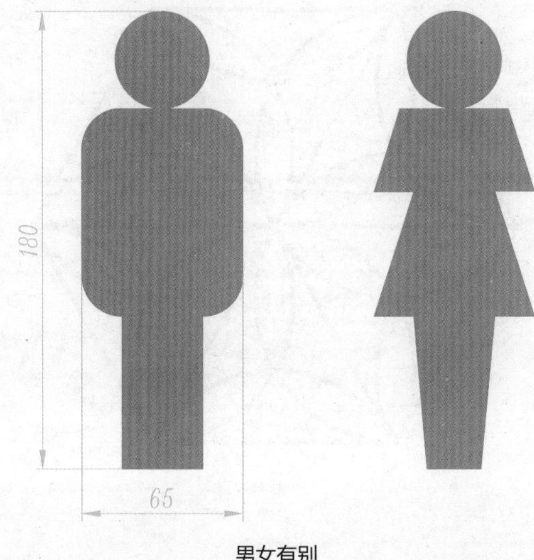


男女有别

## 一、知识要点

（1）圆角矩形的画法。

（2）夹点编辑的应用。

（3）颜色填充的应用。

## 二、绘图提示

（1）画矩形，输入“@65，180”作一个辅助矩形。

（2）画男生标志。

①先画头。制作一个 Ø38 大小的圆。

②再画身体。画圆角矩形，圆角为“16”，尺寸通过捕捉、估算得到。

③最后画下半部分。画矩形，通过估算宽度、捕捉交点完成绘制。

（3）画女生标志。复制男生标志，在男生标志的基础上通过夹点编辑修改，得到女生标志。

（4）填充颜色。选择喜欢的色彩，通过拾取区域进行填充。

（5）标注图形尺寸。

操作视频 

# 第六关　扑克花色

绘制扑克花色图形，如下图所示。　　难度系数：

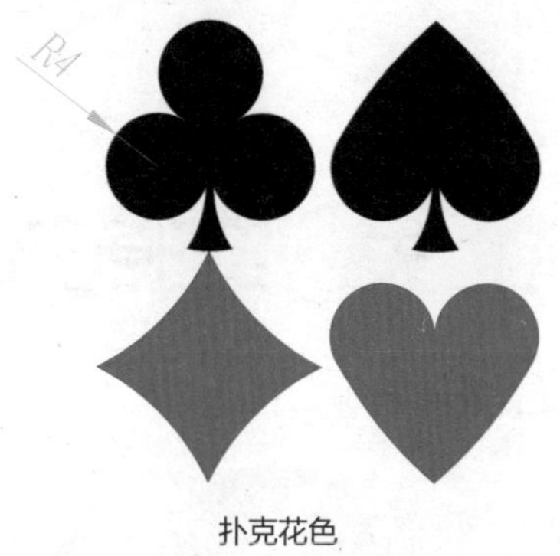


扑克花色

## 一、知识要点

（1）圆、圆弧的画法。

（2）镜像、修剪的应用。

（3）夹点编辑、颜色填充的应用。

## 二、绘图提示

（1）画梅花图形。

①画上方图形。画一个 $R4$ 的圆，复制 $R4$ 圆，通过（相切、相切、半径）画 $R4$ 上方圆。

②画点。通过（相切、相切、相切）画外侧辅助圆，在辅助圆的圆心处创建点。

③画下方图形。三点画圆弧并调整至合适位置，通过镜像得到右侧圆弧并修剪图形。

（2）画黑桃图形。复制梅花图形，画圆弧，通过三点（上方圆的上象限点、左象限点和左侧圆的切点）的方式画出左侧圆弧。通过镜像得到右侧圆弧并修剪图形，完成黑桃图形的绘制。

（3）画红桃图形。镜像黑桃，删除下方图形，延伸圆形使之相连，完成红桃图形的制作。

（4）画方块图形。

①画四边形。复制梅花图形，画正四边形，再删除梅花图形。

②夹点编辑。选中正四边形，夹点编辑边长的中点转换为圆弧，向内收缩“1”。其余三条边均执行此操作，完成方块图形的制作。

（5）填充颜色。分别为 4 个图形填充对应的单一颜色。

（6）标注图形尺寸。

操作视频 

# 第七关　资源回收

绘制资源回收图形，如下图所示。　　　　难度系数：★★★

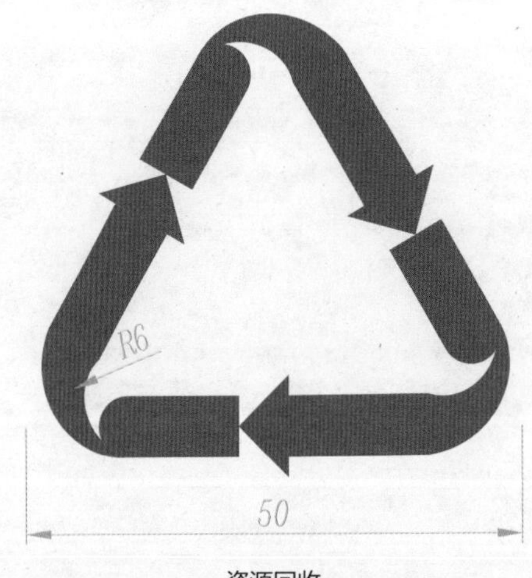


资源回收

## 一、知识要点

（1）多段线线宽的设置。

（2）圆环的画法。

## 二、绘图提示

（1）画辅助图形。

①画三角形。首先绘制边长为“50”的辅助正三角形；然后偏移，向内、外分

别偏移“3”；最后圆角，半径为“6”。

②画圆。三点画辅助外圆。

（2）画多段线。

①制作箭头。画多段线，先选择圆弧选项，设置起始宽度为“0”，端点宽度为“6”，画任意长度；再选择直线选项，设置起始宽度为“6”，端点宽度为“6”画线段；再设置起始宽度为“10”，端点宽度为“0”，画出箭头；重复设置起始宽度为“6”，端点宽度为“6”画箭头上方线段。双击多段线，选择拟合。

②画圆环。创建内径为“0”，外径为“6”的圆环，放至多段线顶端，实现圆润效果。

（3）阵列。选择阵列，通过环形阵列完成所有图形的绘制。

（4）标注图形尺寸。

操作视频 

# 第八关 简易台灯

绘制简易台灯图形，如下图所示。 难度系数：★★★

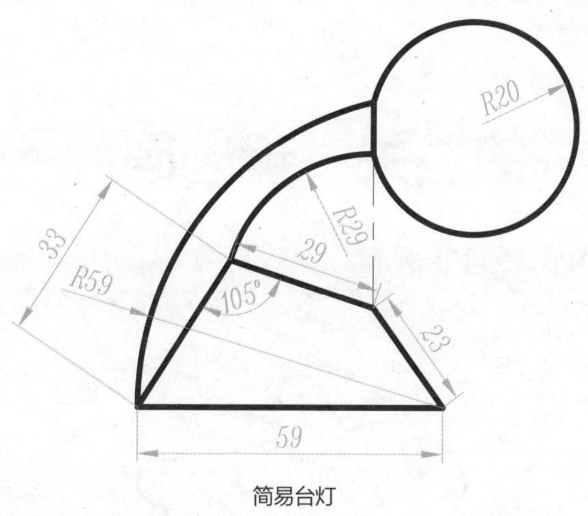


简易台灯

## 一、知识要点

（1）旋转参照的应用。

（2）灵活运用辅助图形。

## 二、绘图提示

（1）画下方不规则四边形。

①画线。先画横线“59”，再画竖线“33”和“29”，旋转竖线“29”为“−75° ”。

②画辅助圆。以直线“59”左端点为圆心，捕捉旋转后的线“29”右端点为半径画辅助大圆；以直线“59”右端点为圆心，画“*R*23”辅助小圆。

③旋转参照。旋转“33”“29”两直线，以辅助大圆圆心为基点，选择参照，捕捉圆心和旋转后的线“29”右端点为参照角，旋转至“*R*23”辅助圆与辅助大圆的交点处完成绘制。

④补齐图形元素。删除辅助圆，画直线“23”，不规则四边形绘制完成。

（2）画圆弧。通过（圆心、起点、端点）方式画“*R*59”“*R*29”两圆弧。

（3）画“*R*20”圆。

①画线。捕捉“*R*29”的圆心，追踪至“*R*59”和“*R*29”两圆弧的交点处画连接线。

②画圆。分别以线的两端点为圆心，画“*R*20”辅助圆。再以两辅助圆的交点为圆心，画“*R*20”圆，删除辅助圆并修剪图形。

（4）标注图形尺寸。

操作视频 

# 第九关　锯齿碟片

绘制锯齿碟片图形，如下图所示。　　难度系数：★★★

锯齿碟片

## 一、知识要点

（1）相对极坐标的应用。

（2）创建面域的方法。

（3）布尔运算并集、差集和交集的应用。

## 二、绘图提示

（1）画中心线。画水平、垂直中心线。

（2）画圆。先画“*R*40”的圆，再画“*R*5”的圆。

（3）完善外侧图形。

①精确捕捉“*R*5”圆的切点画线，输入相对极坐标数值（@20<240），作出直线。

②旋转复制“*R*5”圆和直线，角度为“−30°”。通过圆角、修剪、删除图形，保留阵列前的图形元素。

③选择阵列，通过环形阵列，得到外侧 12 个图形。

（4）画内侧图形。

①画圆。画“*R*25”“*R*20”两圆。

②旋转。旋转复制垂直中心线，角度为“7.5°”；再次旋转复制，角度为“−7.5°”。

③修剪。修剪“*R*25”圆和旋转角度线，得到上方小图形。

④创建面域。输入“BO”快捷命令，对象类型选择面域，拾取上方小图形和“*R*20”圆，创建两个面域并删除多余线条。

⑤阵列。阵列上方小图形面域，完成图形绘制。

⑥并集。调用实体编辑工具栏，选择并集，全部选中内侧图形元素，完成图形的合并。

（5）标注图形尺寸。

操作视频 

# 第十关　五瓣蝴蝶结

绘制五瓣蝴蝶结图形，如下图所示。　　难度系数：★★★★

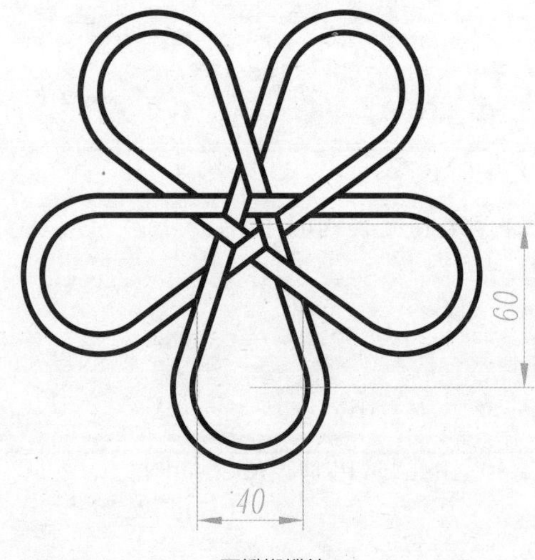


五瓣蝴蝶结

## 一、知识要点

（1）多边形、圆的画法。

（2）阵列、延伸、修剪命令的应用。

（3）强制捕捉的应用。

## 二、绘图提示

（1）画辅助五边形。画一个边长为“40”的正五边形。

（2）画五角星。

①连接五边形的五个端点画出大五角星。

②再次连接内侧小五边形的中点画出小五角星。

（3）画外侧圆。

①画辅助圆。通过三点画圆，绘出边长为“40”的正五边形外侧辅助圆。

②画底部圆。捕捉圆心向下追踪输入“60”，强制捕捉大五角星垂直，完成底部大圆绘制。同理，强制捕捉小五角星垂直，画出底部小圆。

③阵列。通过环形阵列，得到所有大小圆。

（4）延伸。删除辅助五边形和辅助圆，将大五角星和小五角星的五边分别延伸到大圆和小圆上。

（5）修剪。修剪图形，完成图形元素的修改。

（6）标注图形尺寸。

# 第十一关　槽孔轴测图

绘制槽孔轴测图，如下图所示。　　　　　　　　　　　　　难度系数：★★★★

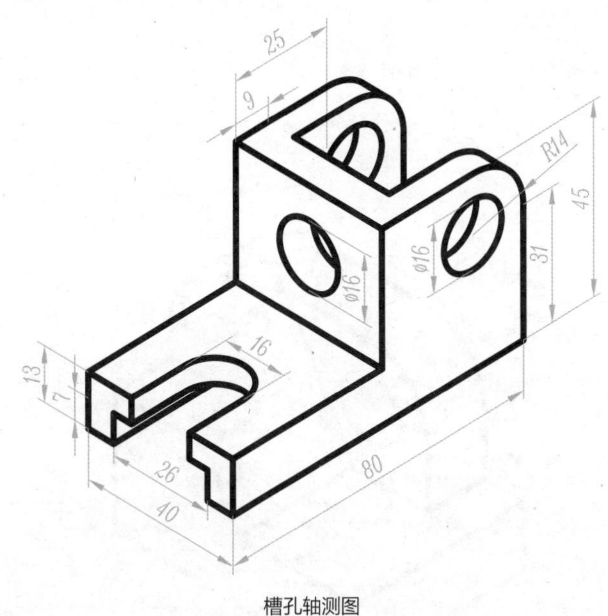


槽孔轴测图

## 一、知识要点

（1）轴测图的画法。

（2）轴测圆的画法。

（3）轴测图的标注方法。

## 二、绘图提示

（1）画等轴测线。启动等轴测捕捉和正交模式，按“F5”快捷键切换方向，根据给定尺寸绘制图形中的直线。

（2）画等轴测圆。画椭圆，选择等轴测圆，输入半径“8”，绘出 4 个尺寸相等的椭圆。同理画出“*R*14”的两个椭圆。

（3）编辑标注。全部标注完等轴测图形尺寸后，选择编辑标注，进入倾斜模式，根据需要输入倾斜角度，完成尺寸标注的编辑修改。

操作视频 

# 第十二关　切割体轴测图

绘制切割体轴测图，如下图所示。　　难度系数：

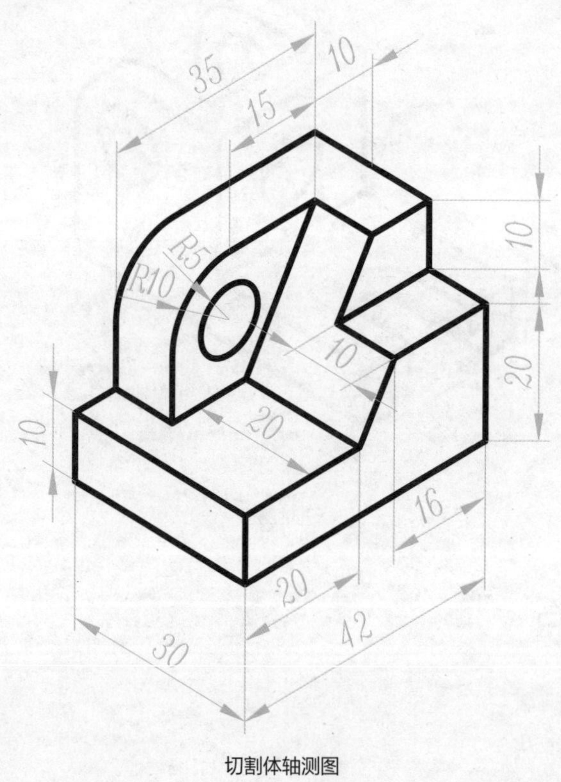


切割体轴测图

## 一、知识要点

等轴测图的绘图技巧。

## 二、绘图提示

（1）首先，根据给定尺寸快速绘出等轴测图形外轮廓；然后再绘制等轴测圆；

最后绘制图形倾斜轮廓线。

（2）标注等轴测图图形尺寸并编辑标注。

操作视频

# 第十三关　超难相切

绘制超难相切图形，如下图所示。　　难度系数：

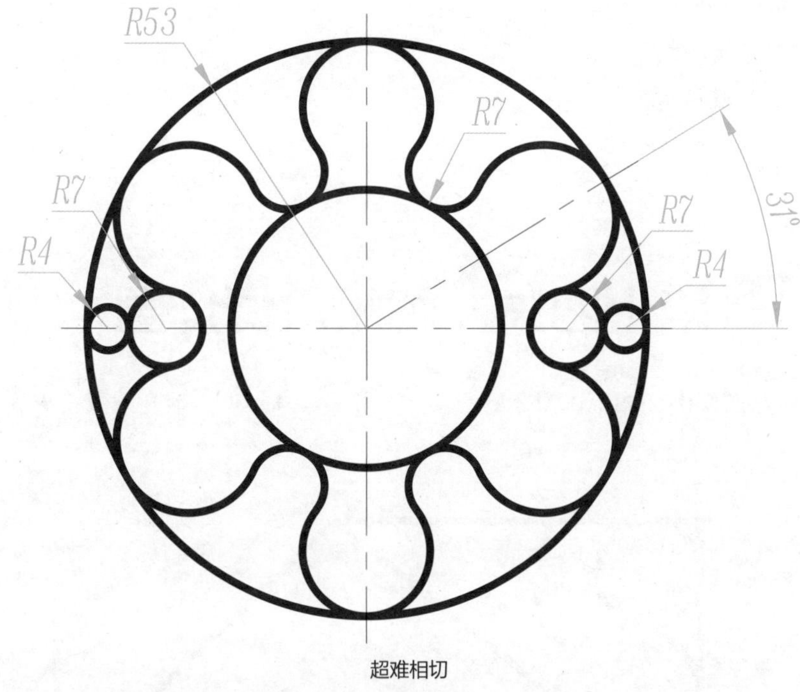


超难相切

## 一、知识要点

（1）圆的画法。

（2）垂直平分线的应用。

（3）镜像的应用。

## 二、绘图提示

（1）画中心线。粗画水平、垂直中心线。

（2）画圆。画出“*R*53”大圆和水平中心线上的“*R*7”“*R*4”两个小圆。

（3）再次画圆。

①先画旋转“31° ”的中心线，通过夹点编辑，使之超出外轮廓圆的长度为“7”。

②通过捕捉“*R*7”圆心连接中心线，作一条垂直于此线的垂直平分线并移动至此线的中点，与中心线的交点就是该圆的圆心，从而画出与“*R*7”圆相切的圆形，继而画出内侧圆和“*R*7”圆。

③镜像。镜像图形完成后，通过（相切、相切、相切）方式，绘出上方的圆形。再次重复镜像操作，完成图形绘制。

（4）标注图形尺寸。

操作视频 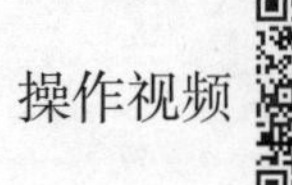

# 第十四关　解析几何作图

绘解析几何作图，如下图所示。　　　　难度系数：★★★★★

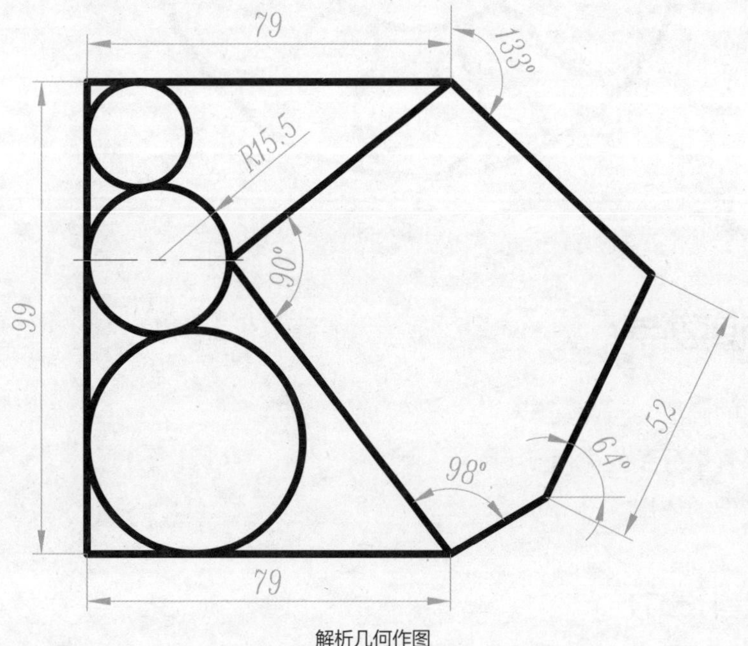


解析几何作图

## 一、知识要点

（1）圆的画法。

（2）平行四边形的应用。

## 二、绘图提示

（1）画线。先画“79”“79”“99”三条直线。偏移直线“99”，距离为“31”。

（2）画圆。

①画辅助圆。通过两点（以线“79”的两个右端点）画圆方式，画出辅助圆。

②画连接线。辅助圆与偏移后的直线“99”相交，通过捕捉端点和交叉点连接直线。

③画左侧圆。通过两点画圆方式，先画中间圆。再通过（相切、相切、相切）方式，画出其他两圆。

（3）画右侧不规则图形。

①画线。先绘制上方一条任意长度并旋转“133°”的直线。再通过旋转复制画出“98°”的直线。最后画“52”长度的水平线并旋转“64°”。

②调整位置。根据平行四边形对边相等，先复制旋转“98°”后的直线放至直线“52”的上端点处，再复制直线“52”放到交点（旋转“-133°”后的直线与旋转“98°”后的直线）处。

③完善图形。删除多余线段并修剪图形，完成图形绘制。

（4）标注图形尺寸。

操作视频 

# 第十五关　动感花车

绘制动感花车图形，如下图所示。　　难度系数：★★★★★

动感花车

## 一、知识要点

（1）圆的画法。

（2）阵列的应用。

（3）渐变色填充的应用。

## 二、绘图提示

（1）画圆。

①先画“*R*62”的大圆。

②再通过两点画圆方式，画出“*R*18”“*R*54”两圆。

③通过捕捉完成外侧圆形绘制。

（2）完善图形。

①修剪、阵列图形，完成所有图形绘制。

②填充渐变色，根据喜好选择颜色，拾取内部 5 个花瓣进行填充。

③设置线框的线宽为“1.4”。

（3）标注图形尺寸。

操作视频 

# 第十六关　大小铃铛

绘制大小铃铛图形，如下图所示。　　难度系数：★★★

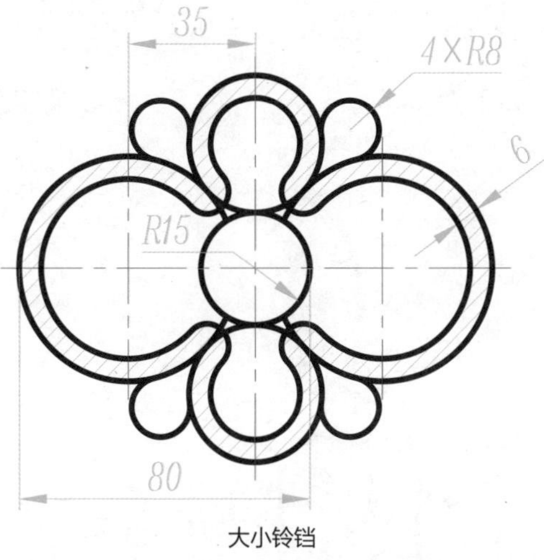


大小铃铛

## 一、知识要点

（1）圆的画法。

（2）偏移、修剪的应用。

（3）图案填充的应用。

## 二、绘图提示

（1）画线。精确绘制水平、垂直中心线。

（2）画圆。

①画出“*R*15”圆和左侧外圆。

②通过偏移外圆“6”，得到内侧圆。

③选择镜像，得到右侧圆。

④通过（相切、相切、相切）画出蝴蝶头部圆。通过（相切、相切、半径）绘出“*R*8”圆。

⑤选择镜像，通过镜像完成所有图形绘制。

（3）选择图案填充，为蝴蝶填充漂亮的图案并标注尺寸。

操作视频 

# 第十七关　扳档杆

绘制扳档杆图形，如下图所示。　　难度系数：

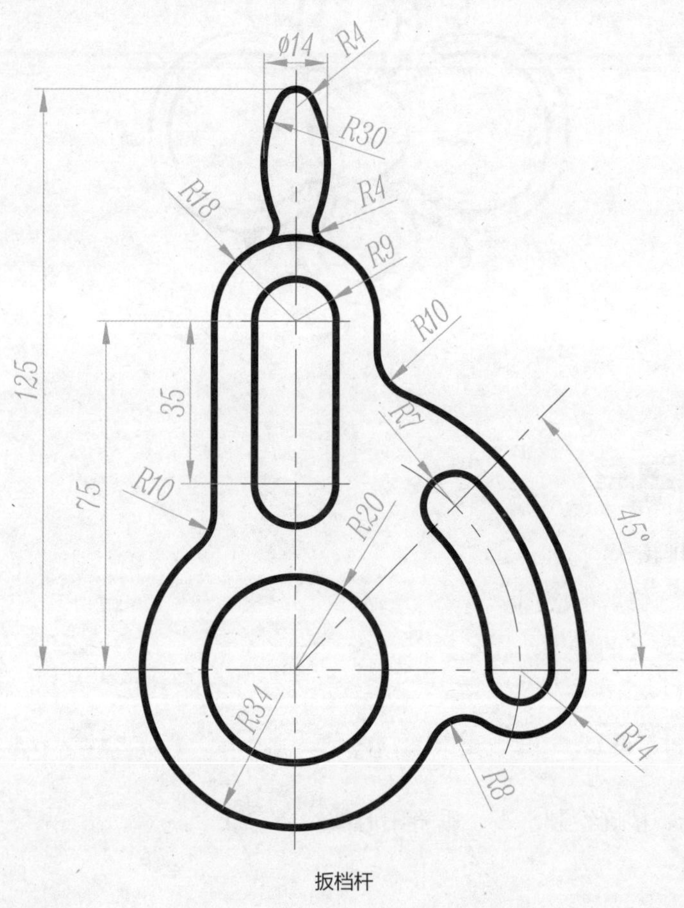


扳档杆

## 一、知识要点

快速绘图技巧。

## 二、绘图提示

（1）画线。粗画水平、垂直中心线和旋转“45° ”的中心线。

（2）先画底部“*R*34”“*R*20”两圆，再画“*R*50”圆弧，圆弧与中心线的交点画“*R*7”“*R*14”两小圆，通过偏移“*R*50”圆弧“7”“14”得到另外的圆弧并改变线型。

（3）先画“*R*18”两圆，再用多段线绘出内侧图形。

（4）最后画出上方“*R*4”“Ø14”两圆，通过（相切、相切、半径）画出“*R*30”圆。

（5）标注图形尺寸。

操作视频

# 第十八关　中国结

绘制中国结图形，如下图所示。　　　　难度系数：

中国结

## 一、知识要点

（1）直线转换成多段线的方法。

（2）打段于点的应用。

## 二、绘图提示

（1）画多边形。通过极轴捕捉“45°”，画边长为“50”的正四边形。

（2）画外轮廓。将四边形的中点对角连接成线，通过（相切、相切、相切）画圆。通过移动复制圆和延伸直线，画出中国结的外部轮廓并修剪。

（3）调整间隙。选择打断于点，将线分为两段，分别打断四边形的 4 条边。选中线段，通过夹点编辑直线距离为“8”。

（4）直线转多段线。输入“PE”命令，任选一条直线后回车，进入合并模式，选择全部图形，完成其中一条多段线的转换。重复此命令，直至全部转换成多段线。

（5）设置多段线的宽度为“9”，完成中国结的绘制。

（6）标志图形尺寸。

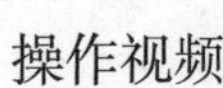

# 第十九关　纽扣

绘制钮扣图形，如下图所示。　　　　难度系数：★★★★

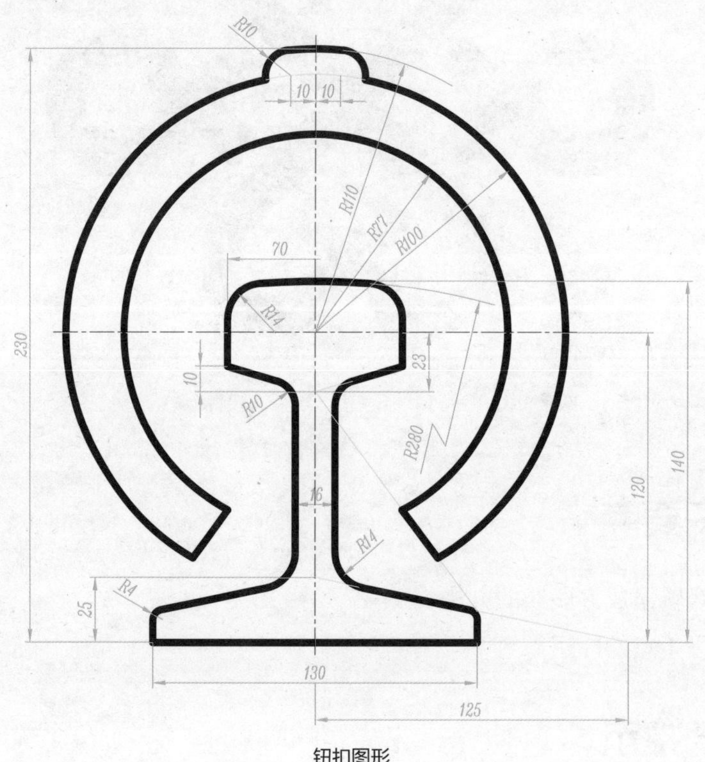


钮扣图形

## 一、知识要点

快速绘图技巧。

## 二、绘图提示

（1）先画出中心线，再分别画“*R*110”“*R*100”“*R*77”的半圆弧和顶部“*R*10”的圆弧。

（2）然后画底部“65”，通过“125”“25”画出斜线。画“*R*280”的圆弧，再画距离中心线“35”“33”“8”的线段。

（3）最后连接 23 与底部交点，修剪图形并圆角。

（4）完成所有图形绘制并标注尺寸。

操作视频 

# 第二十关　鸭蛋五环

绘制鸭蛋五环图形，如下图所示。　　　　　　　　　难度系数：★★★★★

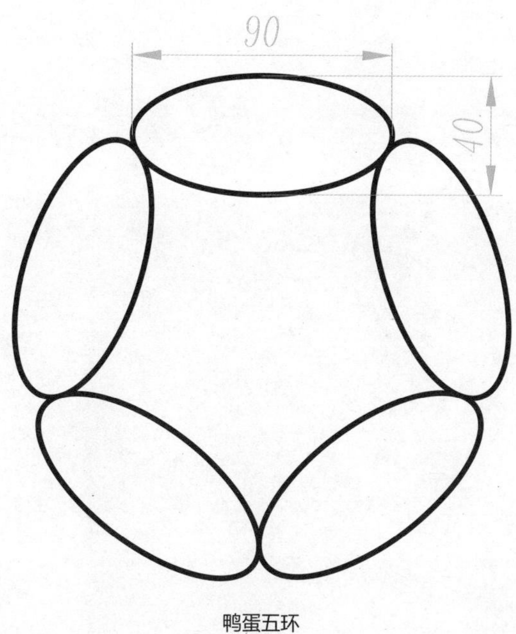


鸭蛋五环

## 一、知识要点

（1）椭圆的画法。

（2）约束的应用。

## 二、绘图提示

（1）画椭圆。通过（中心点，输入“45”，再次输入“20”）方式，完成其中一个椭圆的绘制。

（2）通过阵列作出 5 个椭圆。

（3）调出约束工具栏，选择切点约束，使 5 个椭圆互相相切。

（4）标注图形尺寸。

操作视频 

# 第8章 高手绘图拓展

# 第一节 绘制复杂图形

## 一、复杂机械图样

绘制下图所示复杂图形。 难度系数：★★★★

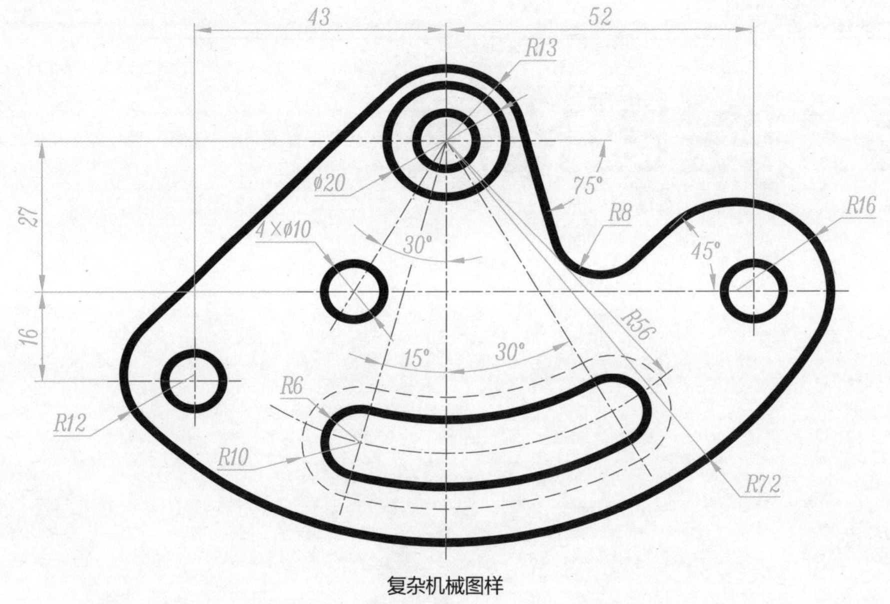


复杂机械图样

### 1. 知识要点

（1）确定各图形元素之间的位置关系，粗略绘制中心线。

（2）相对极坐标的应用

（3）快速绘图技巧。

### 2. 绘图提示

（1）画上方 3 个圆形，分别是“*R*13”“Ø20”“Ø10”。

（2）通过相对尺寸定位得到分布在其他位置的 3 个“Ø10”圆形。复制“Ø10”圆形，分别输入（@−43，−43、@0，−27、@52，−27）完成“Ø10”圆形绘制。

（3）画图形中心线。编辑中心线，根据要求旋转对应角度并移动中间“Ø10”圆形到对应位置。

（4）画“*R*56”辅助圆弧，按照（圆心、起点、端点）方式绘制。通过偏移此圆

弧，得到蓝色虚线图形并转换成多段线。再次偏移得到虚线内侧图形。

（5）画“R72”圆弧，绘制方法同上。通过偏移该圆弧确定“R12”“R16”的圆心，从而完成“R12”“R16”两个圆形的绘制。

（6）通过相对极坐标画线。先临时捕捉“R13”递延切点，输入（@20<−75）画出相切于“R13”圆并与水平线的夹角为“75° ”的线段。同理，画出相切“R16”圆并与水平线夹角为“45° ”的线段。

（7）完善、修剪图形。

（8）标注图形尺寸。

操作视频 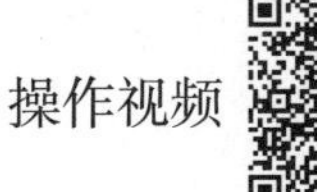

## 二、户型图

绘制下图所示复杂图形。　　　　　　　　　　　　难度系数：★★★★

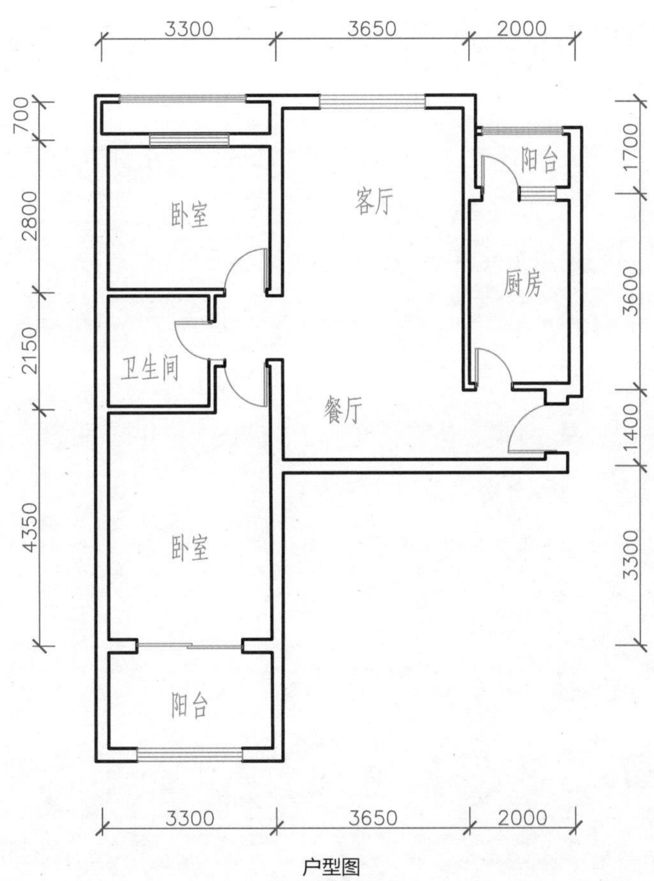


户型图

### 1. 知识要点

（1）图形界限的设置。

（2）多线的设置和应用。

（3）门、窗的绘制方法。

### 2. 绘图提示

（1）画墙围。

①设置图形界限为（21000，29700）。

②新建一个多线样式，名称任意，添加一条直线（红色、中心线线型）。

③画多线，设置对正（J）“无（Z）”，比例（S）“240”，根据尺寸绘出墙围轮廓。

（2）画隔墙和阳台。画多线，比例改为“120”，调整对正位置，完成隔墙与阳台的绘制。

（3）编辑多线。双击多线，选择合适的编辑工具，使墙围、隔墙和阳台成为一体。

（4）画窗。窗的宽度有“120”和“240”两种，估算窗的长度，画线通过偏移完成窗户的绘制。

（5）画门。该户型中有两种类型的门，画法如下。

①普通门。门板厚“45”，入户门门洞宽“900”，卧室门门洞宽“800”，厨房、阳台和卫生间门门洞宽“700”。根据给定尺寸画出各门。

②推拉门。门板厚“45”，估算长度尺寸，完成对推拉门的绘制。

（6）文字说明。为各个房间添加文字说明。

（7）标注户型尺寸（使用建筑标记）。

操作视频 

## 三、导向图

绘制下图所示的复杂图形。　　　　难度系数：★★★

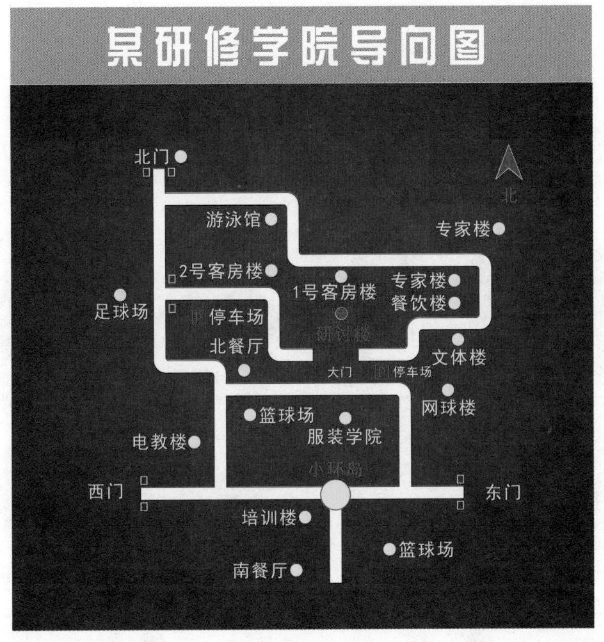


导向图

## 1. 知识要点

（1）抄画导向图的方法。

（2）多线画导向图。

（3）参照的应用。

## 2. 绘图提示

（1）抄画图形轮廓。插入图像参照（插入地形图），使用多线抄画导向图轮廓。

（2）进一步调整。编辑多线，使多个多线相接触，然后打散多线作圆角并填充颜色。

（3）完善图形。通过画矩形、圆形、箭头和添加文字说明完成所有图形绘制。

（4）设置背景图片。

①插入背景图片，调出参照工具栏。

②选择参照工具中的剪裁图像，调至最佳效果，设置图像质量为“高”，边框为“0”。

（5）文字背景。添加文字，输入标题。画矩形，通过颜色填充用作文字背景底色。

操作视频  

# 第二节 综合案例——扑克牌设计

扑克牌设计示例效果如下图所示。

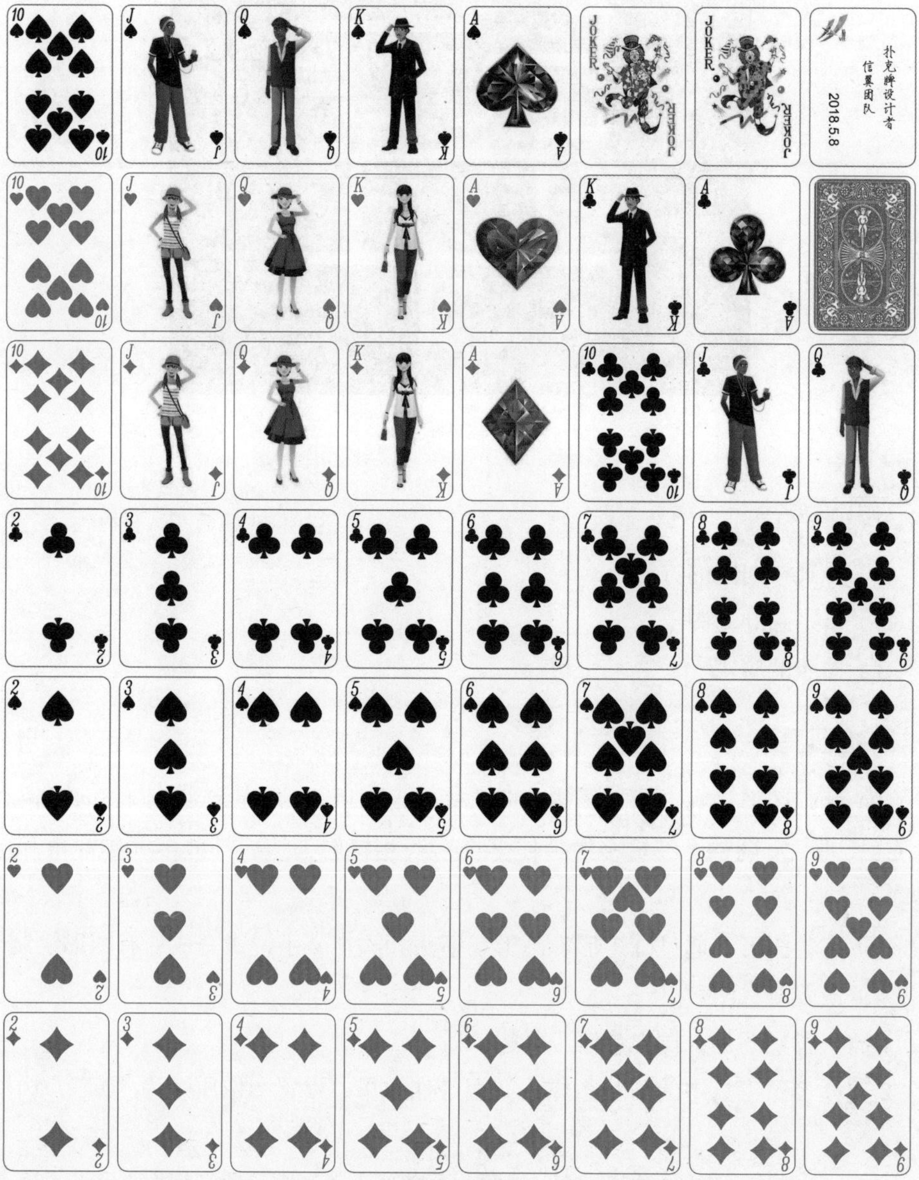

扑克牌设计

## 1. 知识要点

（1）基本图形的排列布局。

（2）图块的编辑和高级应用。

（3）外部参照的编辑。

（4）布局空间和视口的应用。

（5）打印输出设置。

### 2. 绘图提示

（1）调用花色图案。打开第 7 章设计的扑克花色文件，另存为一个文件，在此文件上设计制作扑克牌。

（2）制作单张梅花扑克牌。

①画扑克框。通过圆角矩形绘制，圆角为“5”，长“55”，宽“80”。

②添加文字。输入数字“2”，字体大小为“7”。

③创建块。将梅花图案创建为一个块，名称为“HS”，插入基点为图案中心位置的节点。

④插入块。插入“HS”块，比例为“0.4”，放到合适位置。

⑤镜像。通过镜像得到底部文字和图案。

（3）制作梅花扑克牌。

①通过矩形阵列得到 13 张梅花扑克牌。

②输入“ED”快捷命令，对数字进行编辑修改。

③插入“HS”块，根据数字对块进行组合排列。

（4）制作其他三色扑克牌。

①通过矩形阵列 13 张梅花图案后，打散第一行的梅花图案。

②创建块。将黑桃图案创建为一个块，名称为“HS”，插入基点为图案中心位置的节点。在弹出的菜单中，选择重新定义块，黑桃图案制作完成。

③再次打散，打散第二行的黑桃图案。

④重复创建块。将红桃图案创建为一个块，名称为“HS”，插入基点为图案中心位置的节点。在弹出的菜单中，选择重新定义块，红桃图案制作完成。

⑤同理，制作出方块图案。

（5）创建布局。

①布局名称为“PK”，打印机为“DWG TO PDF.pc3”，图纸尺寸为“A4”，方向为“纵向”，单击“完成”按钮。

②根据图纸尺寸，调整扑克牌的排列。

③复制 4 张扑克牌，分别制作两张王牌、背牌和扑克牌制作人员说明。

（6）设计 4 种花色 A 牌。

①在模型选项卡空间中，插入素材图片。

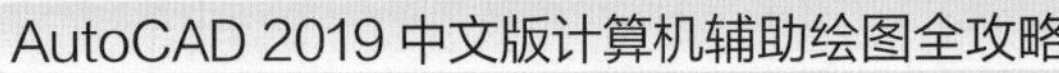


②在模型选项卡空间中，复制 4 种花色，删除填充色，只保留线框并转换成多段线，复制到 PK 选项卡空间中。

③调出视口工具栏，选择将对象转换成视口按钮，剪切视口的对象为梅花框。调整视口图像到合适大小后锁定，将其移动到梅花 A 扑克牌内。

④同理，制作出黑桃 A、红桃 A、方块 A 三张扑克牌。

（7）设计制作剩余扑克牌。

①以制作 J 牌为例。在模型选项卡空间中，调出参照工具栏。插入素材图片，裁剪图像至合适大小，图像质量为“高”，打开图像“透明度”，设置图像边框为“0”。调整完成后，移动至 J 牌中心位置，作为 J 牌的背景图案。

②同理，制作出 Q 牌、K 牌、大王牌、小王牌和背面牌。

③个性标签。为最后一张牌添加个人专属 LOGO、姓名、制作日期等。

（8）最后输出图片，至此扑克牌制作案例全部完成。

操作视频   

# 第三节　绘制平面构成图形

绘图过程详见本章视频教程。

## 一、罗茨波谱

绘制下图所示的平面构成图形。　　难度系数：★★★★

100

R18

R16.3

罗茨波谱

操作视频 

## 二、时空隧道

绘制下图所示平面构成图形。　　　　难度系数：★★★★★

时空隧道

操作视频

## 三、拨云见日

绘制下图所示平面构成图形。　　　　难度系数：★★★

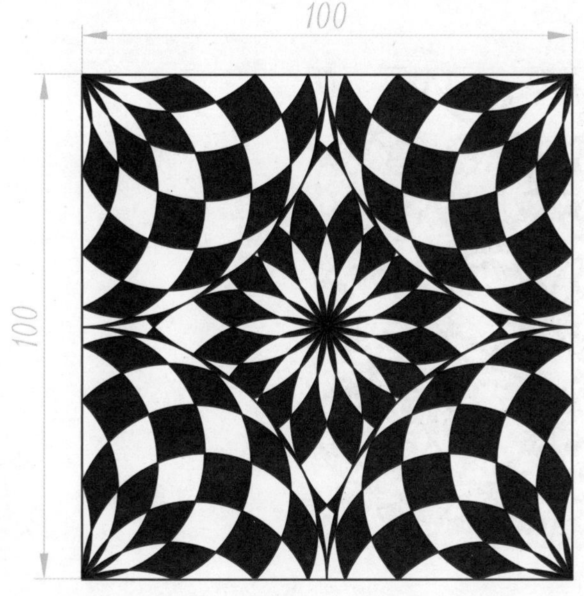


拨云见日

操作视频

## 四、葵花朵朵

绘制下图所示平面构成图形。　　　　难度系数：★★★

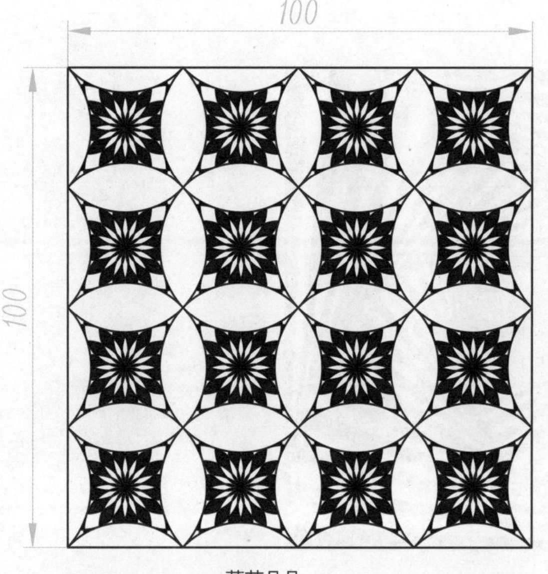


操作视频 

葵花朵朵

## 五、蟹爪相连

绘制下图所示平面构成图形。　　　　难度系数：★★★★

操作视频 

蟹爪相连

## 六、马赛克

绘制下图所示平面构成图形。

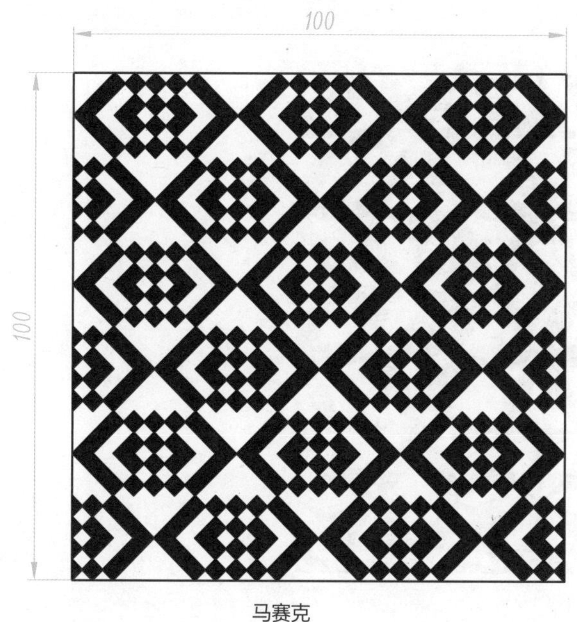



马赛克

操作视频

## 七、算珠菱

绘制下图所示平面构成图形。

难度系数：★★★

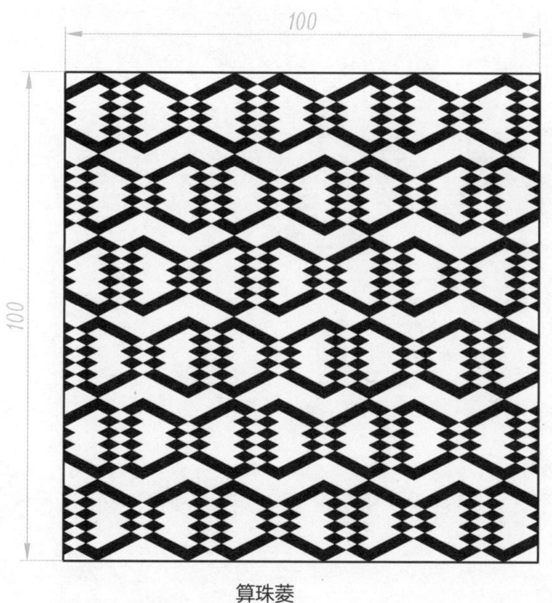



算珠菱

操作视频

## 八、贴面砖

绘制下图所示平面构成图形。　　难度系数：★★★

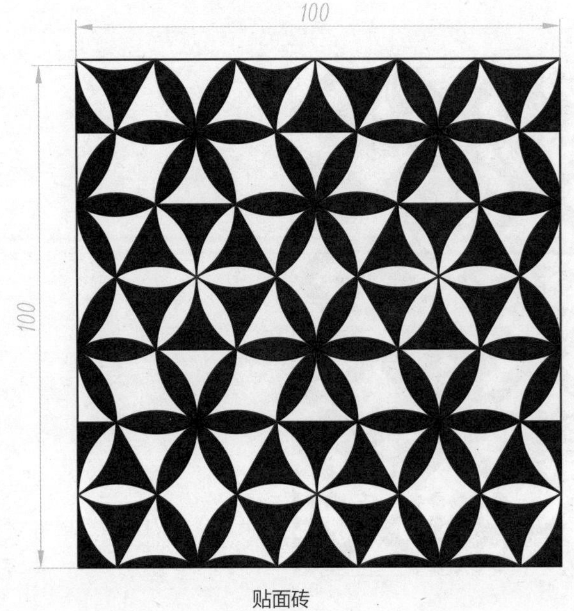


贴面砖

操作视频 

## 九、步步高

绘制下图所示平面构成图形。　　难度系数：★★★★

步步高

操作视频 

## 十、鳞次栉比

绘制下图所示平面构成图形。

难度系数：★★★★★

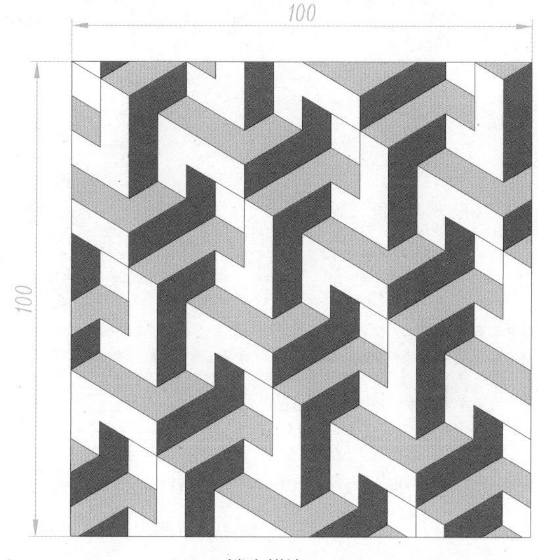

鳞次栉比

9

# 第9章 图形的打印输出

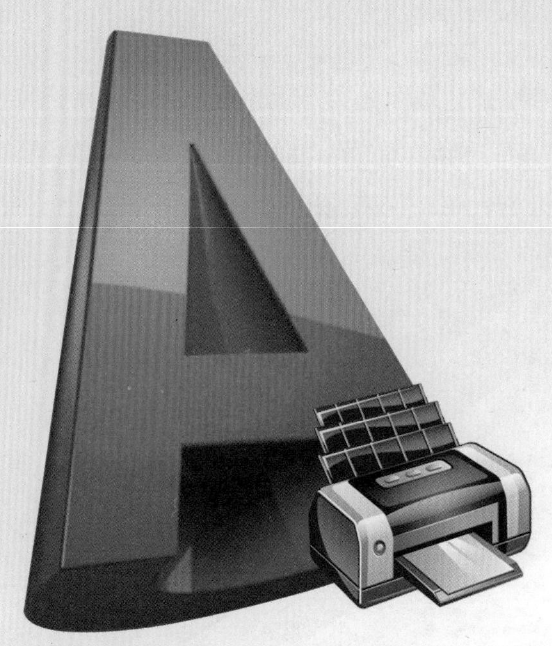

AutoCAD 在工程实践中往往被用来绘制工程图纸，绝大多数图纸要以打印输出为目的。在 AutoCAD 2019 中，提供了布局、视口、打印样式表等与打印输出有关的功能，恰当地应用这些功能，有助于精确控制最终的打印效果。

# 第一节　模型空间和图纸空间

## 一、模型空间和图纸空间的概念

在 AutoCAD 2019 中，定义了两种绘图区域——模型空间和图纸空间。模型空间是通常的绘图区域，图纸空间则是用于打印的专用区域。每个图形文件只有一个模型空间，但可以定义不同的多个图纸空间，以便用于不同的打印需要。

### 1. 模型空间

模型空间是设计和绘图时使用的工作空间，在模型空间中建立的二维或三维图形对象都可以统一视为“模型”，在前面几章中图形的绘制和操作大都是在模型空间中完成的。模型空间视图如下图所示。

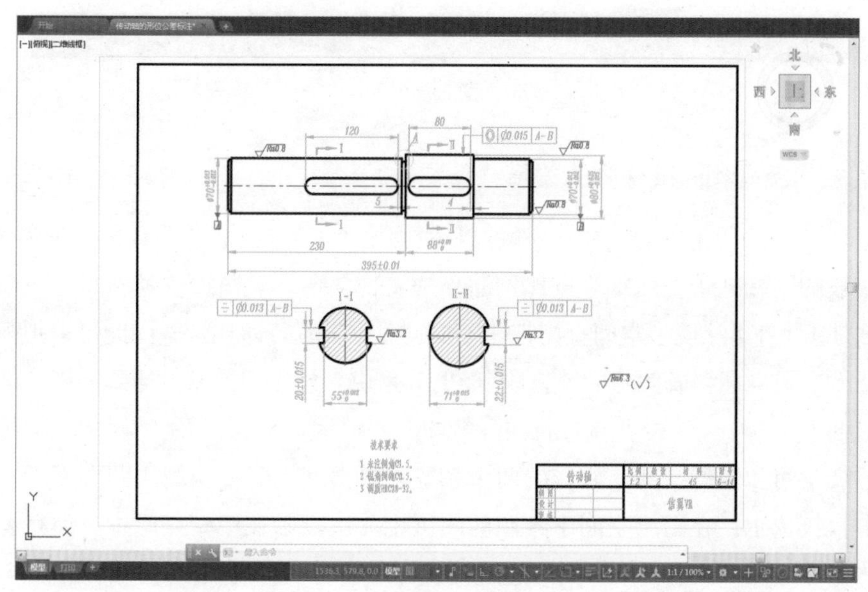

模型空间

### 2. 图纸空间

图纸空间则是用来创建打印布局的工作空间，图纸空间中可创建一个或多个视口，用于实现不同比例的图纸，以及排列显示图形。在图纸空间中不能直接对模型空间中的图形进行操作，图纸空间显示的图形效果是“所见即所得”的打印效果。图纸空间——布局 1 视图如下图所示。

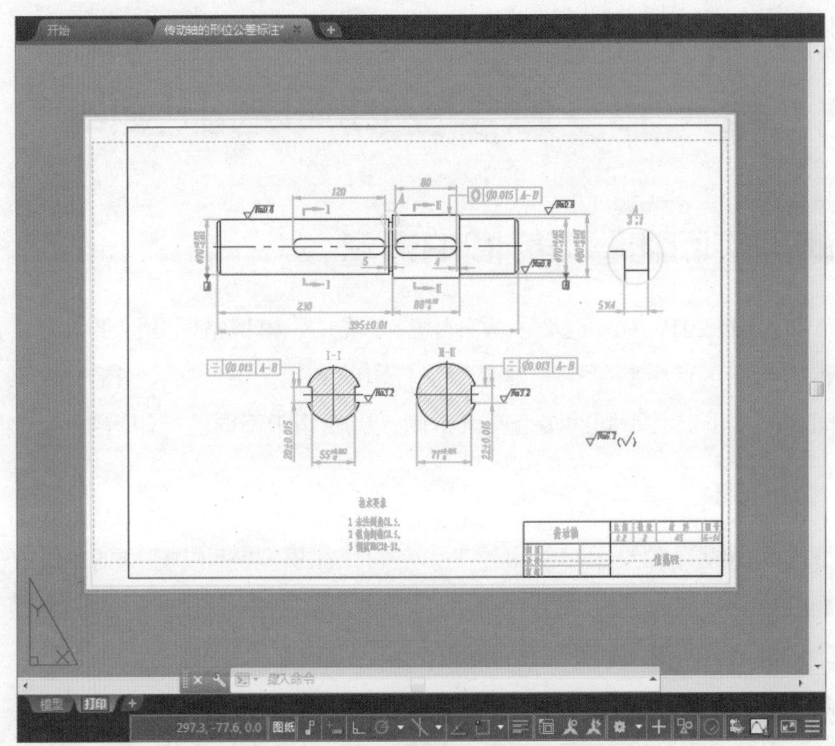

图纸空间

### 3. 模型空间和图纸空间的关系

“模型空间”用来绘制实物，一般以与实物大小 1 ∶ 1 比例进行绘图。“图纸空间”就是一般的图纸样子，图纸是按比例缩小的实物图形。从图纸空间到真正的图纸打印比例是 1 ∶ 1。从模型空间直接打印图纸，需要设置打印比例，因此可以把模型空间到图纸空间也理解成假想的“打印”。也就是说，预先把模型打印到图纸空间，然后从图纸空间以 1 ∶ 1 的比例进行实际打印。

图纸空间和模型空间是并行的两个系统，在模型空间中绘制的图形不能在图纸空间中直接选中；在图纸空间中绘制的图形也无法显示在模型空间中。但是有一种例外情况——视口，在图纸空间中通过视口可以临时编辑模型空间中的图形。

### 4. 模型空间和图纸空间的切换

在 AutoCAD 2019 中，模型空间和图纸空间切换方法有多种，最常用的是单击绘制区域下方的“模型”标签或“布局”标签。

模型　布局1　布局2　布局3　+

## 二、图纸布局

在模型空间绘制完图形以后，需要创建一个图形布局，用来保存与打印相关的一些设置参数。每一个布局都提供了图纸空间的图形环境，可以通过创建视口指定每个图形的打印比例。在布局中进行打印设置，每个图形文件可以创建多个布局，也就是可以保存多种不同的打印设置。

通常在一个文件中第一次切换到“布局”标签下时，会自动生成一个默认的布局，只须根据需要修改设置即可创建第一个布局。如果需要创建多个布局，则有以下 4 种方法。

- ◆ 使用向导创建布局，选择“插入——>布局——>创建布局向导”命令。
- ◆ 使用样板创建布局，选择“插入——>布局——>来自样板的布局”命令。
- ◆ 单击绘图区下方布局选项卡右边的“+”按钮，直接创建布局。
- ◆ 右键单击“布局”选项卡后选择“新建”命令直接创建布局。

### 1. 布局向导创建图纸布局

打开传动轴素材文件，如下图所示 ①

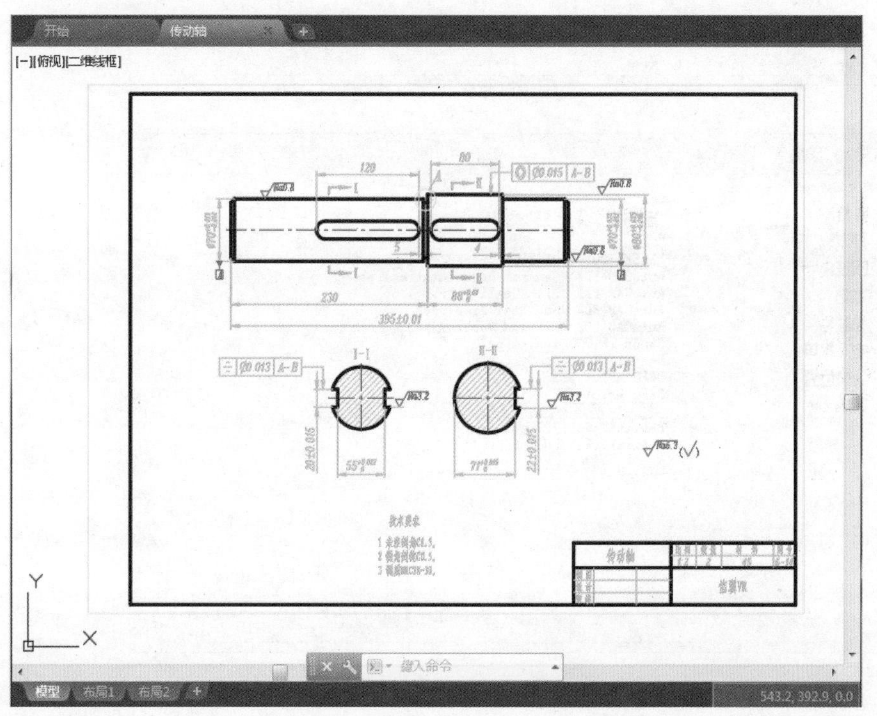

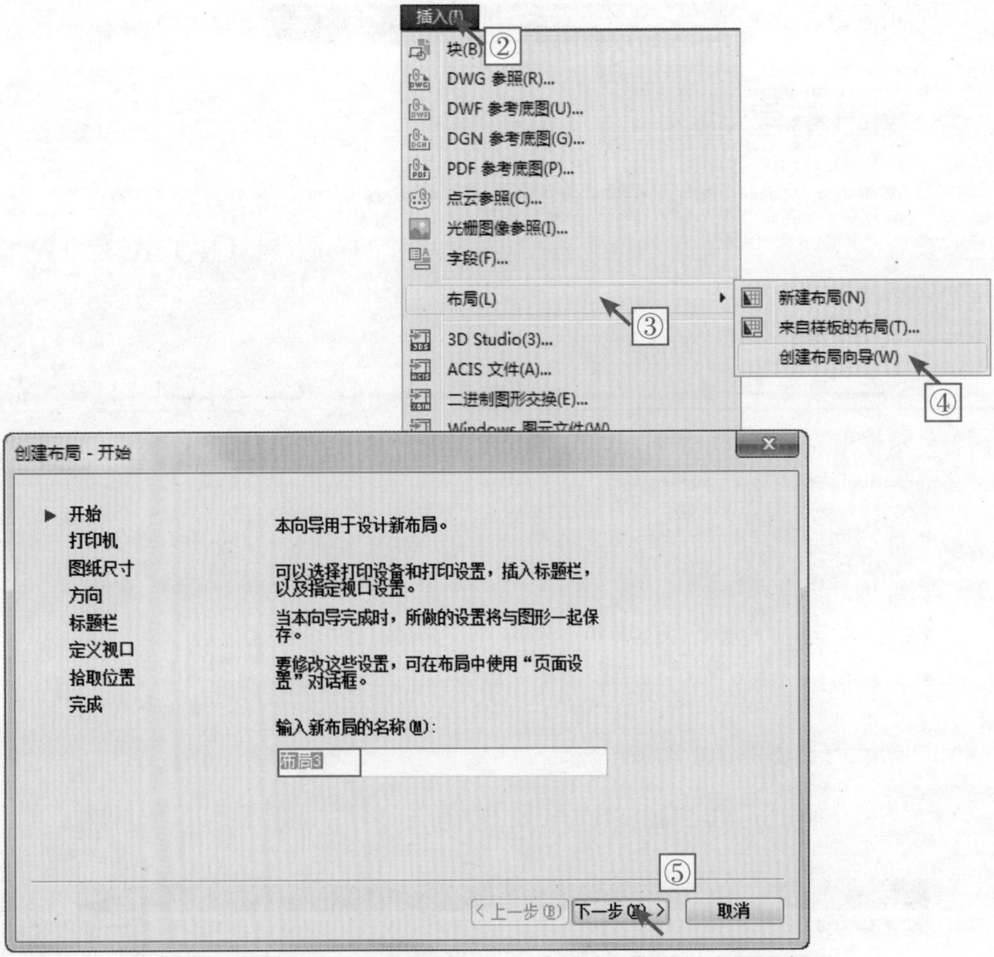

插入(I) ②
块(B)
DWG 参照(R)...
DWF 参考底图(U)...
DGN 参考底图(G)...
PDF 参考底图(P)...
点云参照(C)...
光栅图像参照(I)...
字段(F)...
布局(L) ③
新建布局(N)
来自样板的布局(T)...
创建布局向导(W) ④
3D Studio(3)...
ACIS 文件(A)...
二进制图形交换(E)...
Windows 图元文件(W)

创建布局 - 开始

▶ 开始
打印机
图纸尺寸
方向
标题栏
定义视口
拾取位置
完成

本向导用于设计新布局。

可以选择打印设备和打印设置，插入标题栏，以及指定视口设置。

当本向导完成时，所做的设置将与图形一起保存。

要修改这些设置，可在布局中使用“页面设置”对话框。

输入新布局的名称(M)：

布局3

⑤

＜上一步(B)　下一步(N)＞　取消

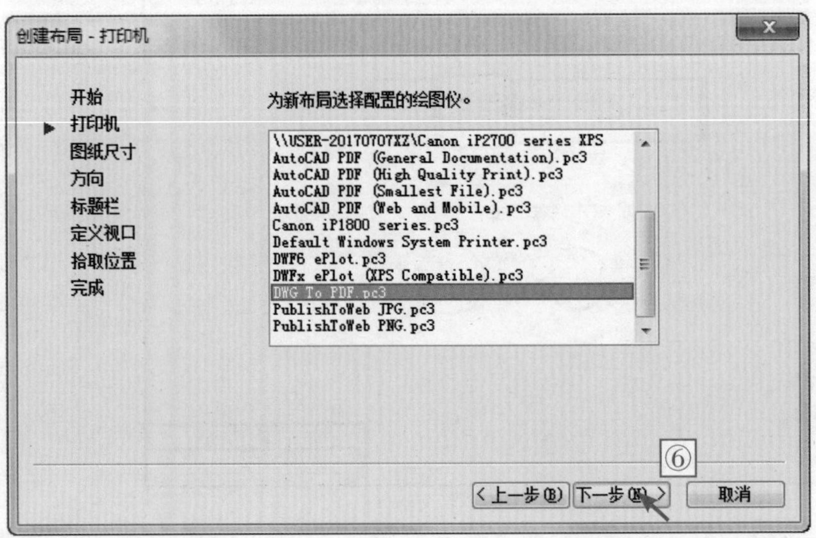

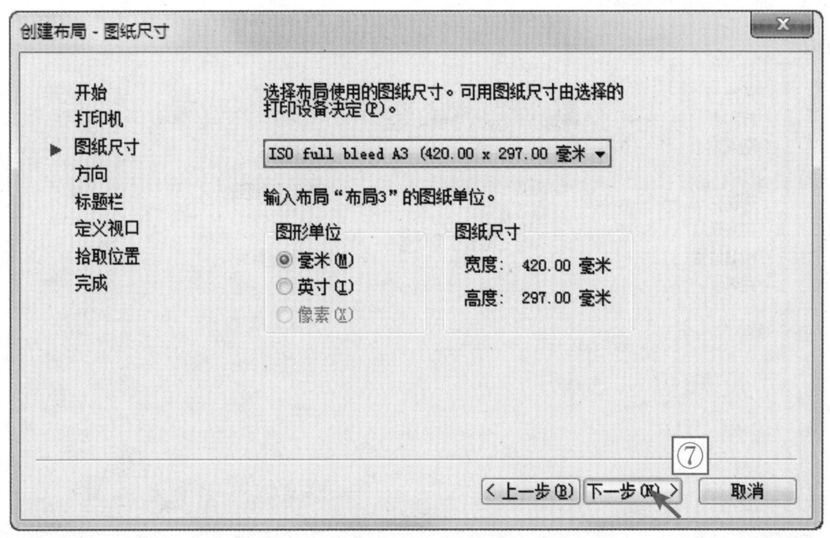
创建布局 - 图纸尺寸
开始
打印机
图纸尺寸
方向
标题栏
定义视口
拾取位置
完成
选择布局使用的图纸尺寸。可用图纸尺寸由选择的打印设备决定(P)。
ISO full bleed A3 (420.00 x 297.00 毫米
输入布局“布局3”的图纸单位。
图形单位
毫米(M)
英寸(I)
像素(X)
图纸尺寸
宽度: 420.00 毫米
高度: 297.00 毫米
⑦
<上一步(B)
下一步(N)>
取消

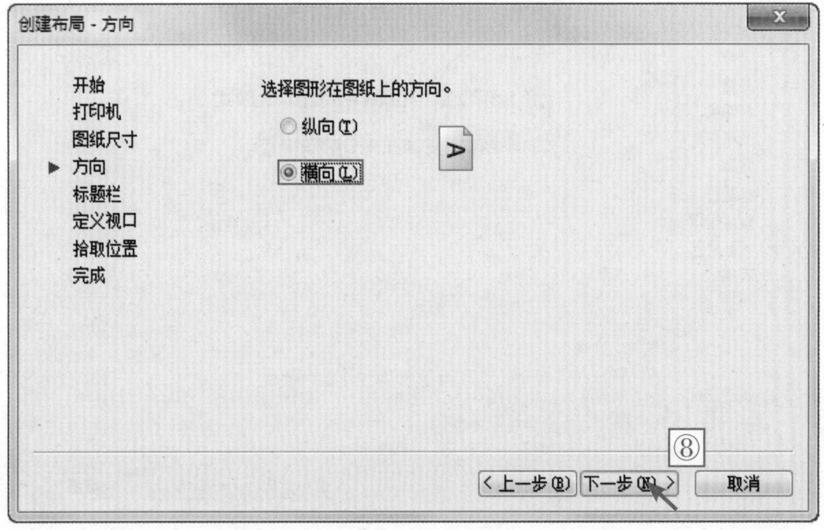
创建布局 - 方向
开始
打印机
图纸尺寸
方向
标题栏
定义视口
拾取位置
完成
选择图形在图纸上的方向。
纵向(T)
横向(L)
A
⑧
<上一步(B)
下一步(N)>
取消

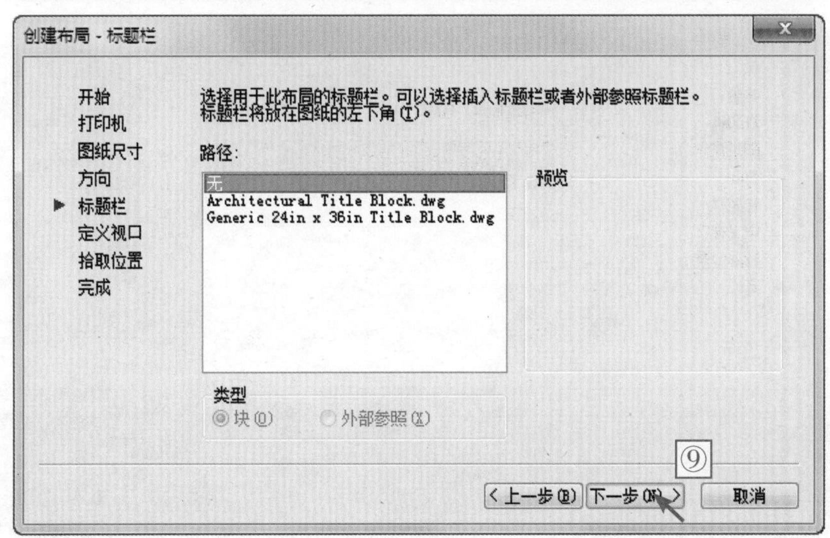
创建布局 - 标题栏
开始
打印机
图纸尺寸
方向
标题栏
定义视口
拾取位置
完成
选择用于此布局的标题栏。可以选择插入标题栏或者外部参照标题栏。标题栏将放在图纸的左下角(T)。
路径:
无
Architectural Title Block.dwg
Generic 24in x 36in Title Block.dwg
预览
类型
块(O)
外部参照(X)
⑨
<上一步(B)
下一步(N)>
取消

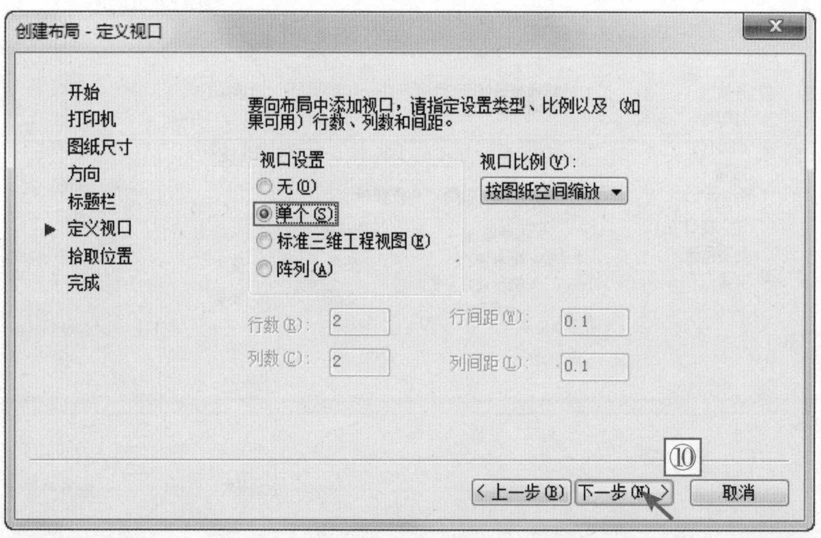
创建布局 - 定义视口
开始
打印机
图纸尺寸
方向
标题栏
定义视口
拾取位置
完成
要向布局中添加视口，请指定设置类型、比例以及（如果可用）行数、列数和间距。
视口设置
无(O)
单个(S)
标准三维工程视图(E)
阵列(A)
视口比例(V):
按图纸空间缩放
行数(R): 2
列数(C): 2
行间距(W): 0.1
列间距(L): 0.1
⑩
< 上一步(B)
下一步(N) >
取消

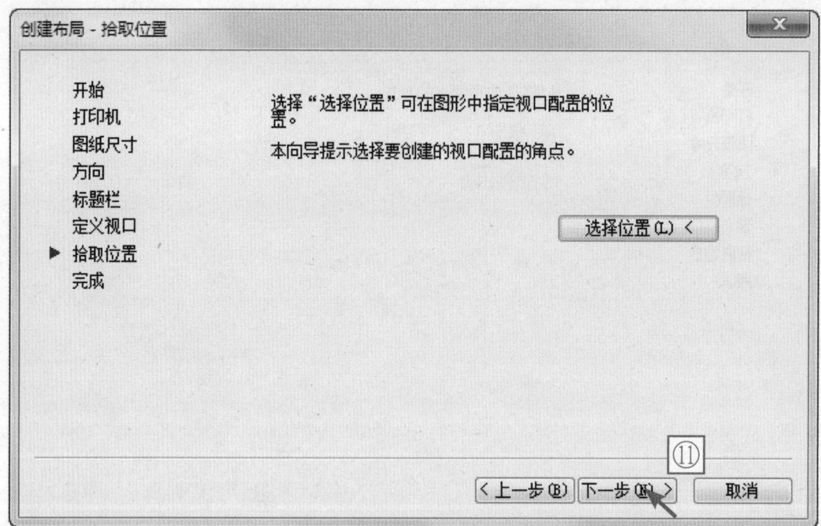
创建布局 - 拾取位置
开始
打印机
图纸尺寸
方向
标题栏
定义视口
拾取位置
完成
选择“选择位置”可在图形中指定视口配置的位置。
本向导提示选择要创建的视口配置的角点。
选择位置(L) <
⑪
< 上一步(B)
下一步(N) >
取消

创建布局 - 完成
开始
打印机
图纸尺寸
方向
标题栏
定义视口
拾取位置
完成
已创建布局“布局3”。
要修改本向导中应用的设置，可选择新布局选项卡，然后使用“页面设置”对话框修改任何现有的设置。
⑫
< 上一步(B)
完成
取消

至此，完成新建布局 3，效果如下图所示。

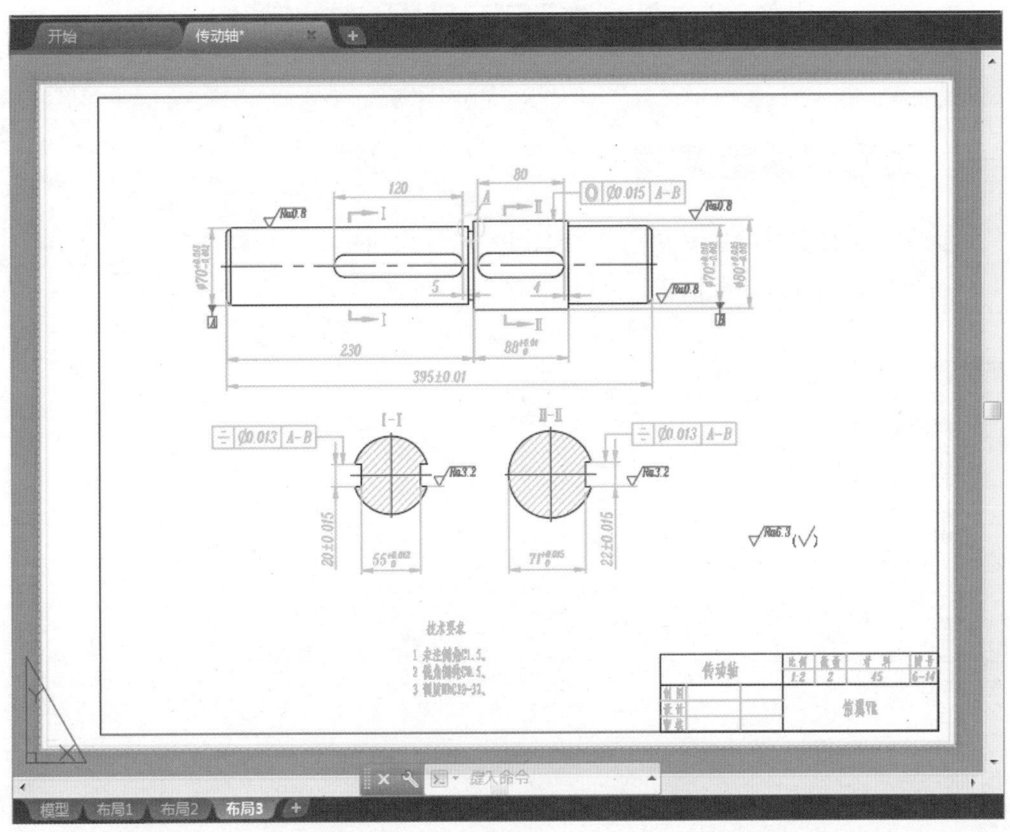


布局 3

## 2. 布局工具创建图纸布局

布局工具栏也可创建图纸布局，创建步骤如下。

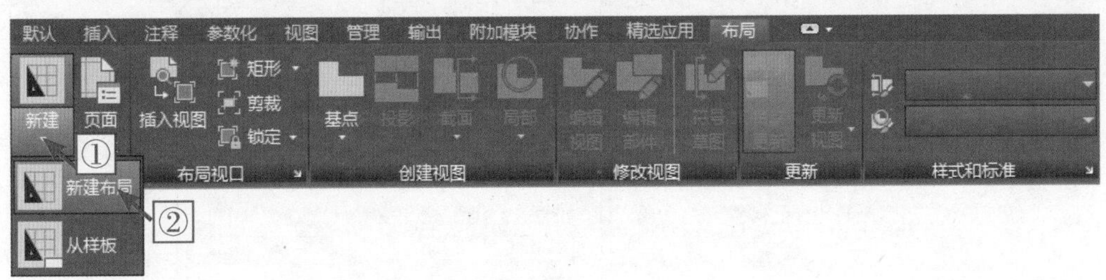


以下创建过程与布局向导创建过程一致（略）。

# 第二节　打印设置与输出

## 一、页面设置管理器

页面设置管理器用来设置打印方案，设置过程如下。

打开传动轴素材文件 ①

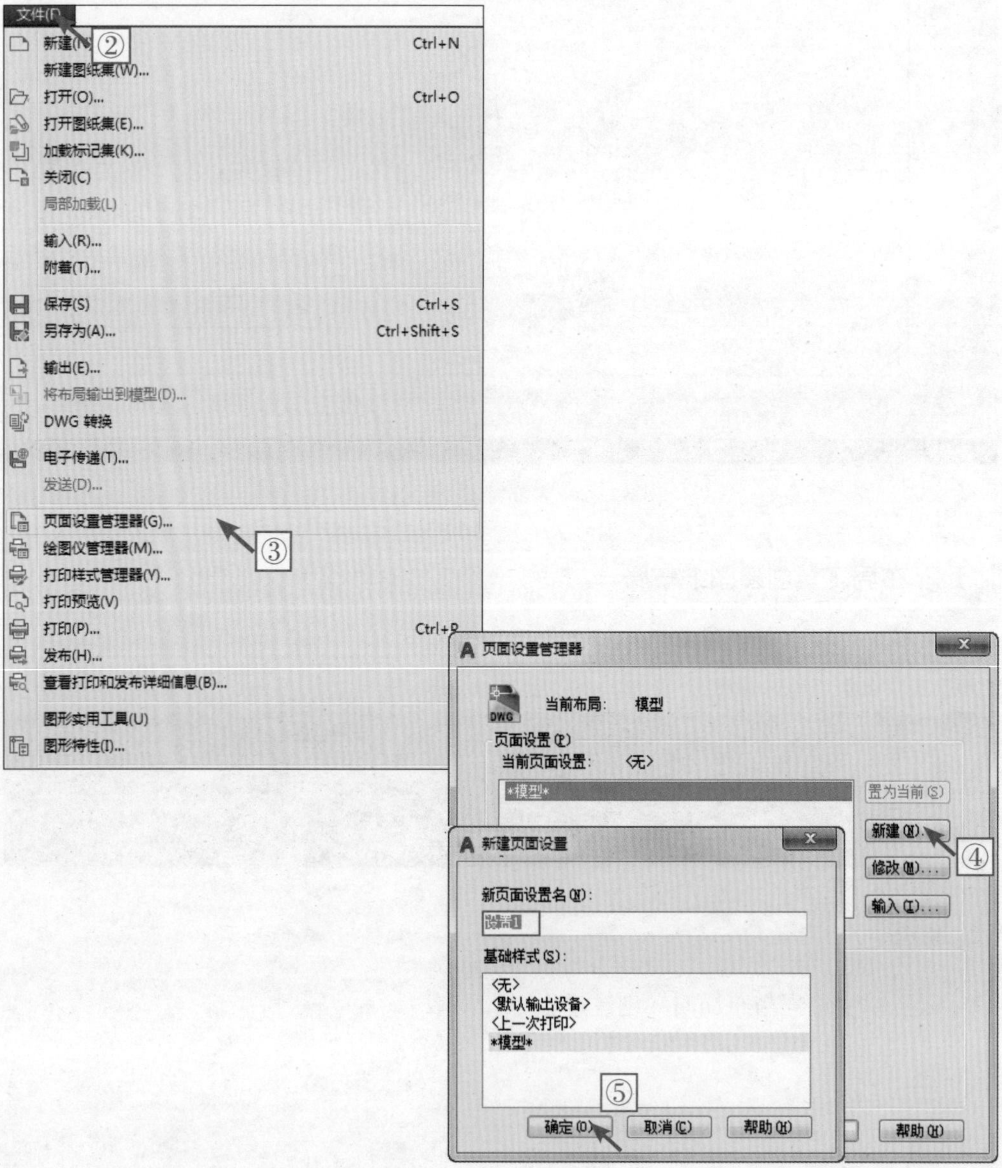

文件(F) ②
新建(N)... Ctrl+N
新建图纸集(W)...
打开(O)... Ctrl+O
打开图纸集(E)...
加载标记集(K)...
关闭(C)
局部加载(L)
输入(R)...
附着(T)...
保存(S) Ctrl+S
另存为(A)... Ctrl+Shift+S
输出(E)...
将布局输出到模型(D)...
DWG 转换
电子传递(T)...
发送(D)...
页面设置管理器(G)... ③
绘图仪管理器(M)...
打印样式管理器(Y)...
打印预览(V)
打印(P)... Ctrl+P
发布(H)...
查看打印和发布详细信息(B)...
图形实用工具(U)
图形特性(I)...

页面设置管理器
当前布局：　模型
页面设置(P)
当前页面设置：　<无>
*模型*
置为当前(S)
新建(N)... ④
修改(M)...
输入(I)...
帮助(H)

新建页面设置
新页面设置名(N)：
设置1
基础样式(S)：
<无>
<默认输出设备>
<上一次打印>
*模型*
确定(O) ⑤　取消(C)　帮助(H)

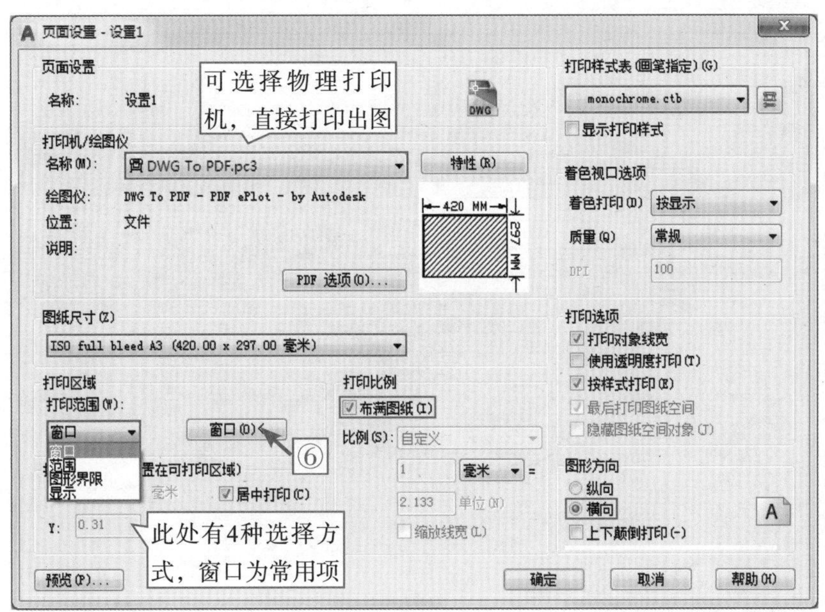


打印区域选择“窗口”，将根据窗口范围进行打印，预览效果如下图所示。

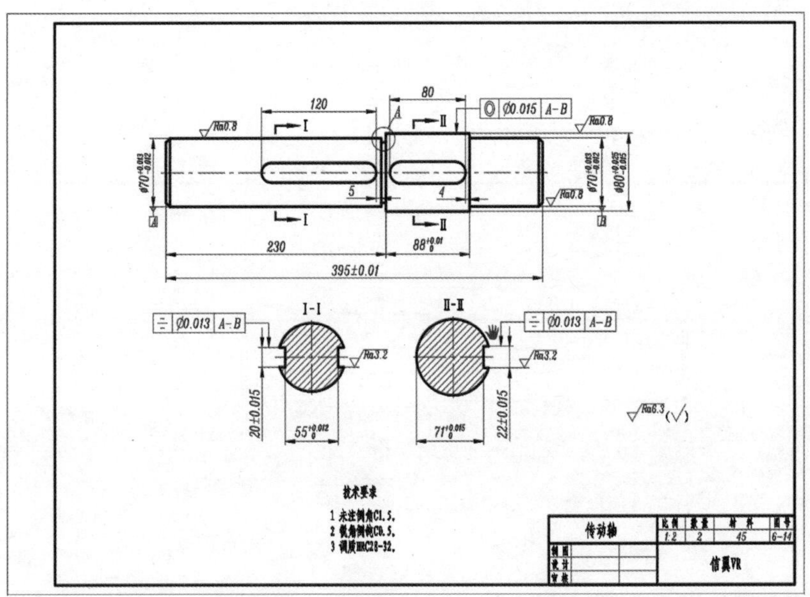

单击“页面设置”对话框中的“确定”按钮，关闭页面设置管理器 ⑦ 至此，完成页面设置。

## 二、打印布局

工程制图中，经常用布局空间来布置视图，即在布局空间中创建视口组合来调整视图和视图位置，可以利用视口来布置局部视图和和局部放大图，如下图所示。

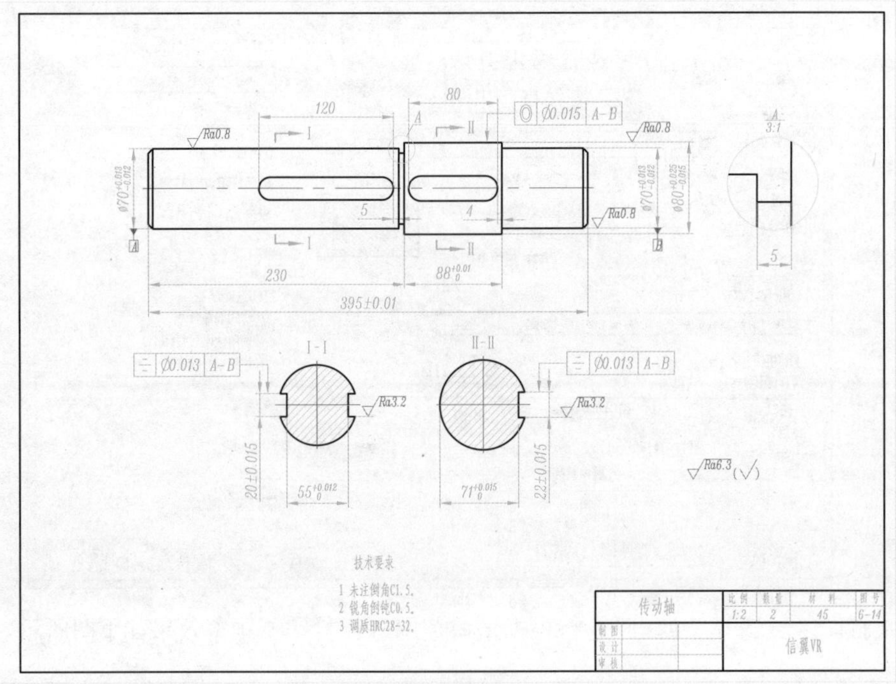


利用视口布置局部放大图

**操作步骤:**

打开传动轴素材文件，如下图所示 ①

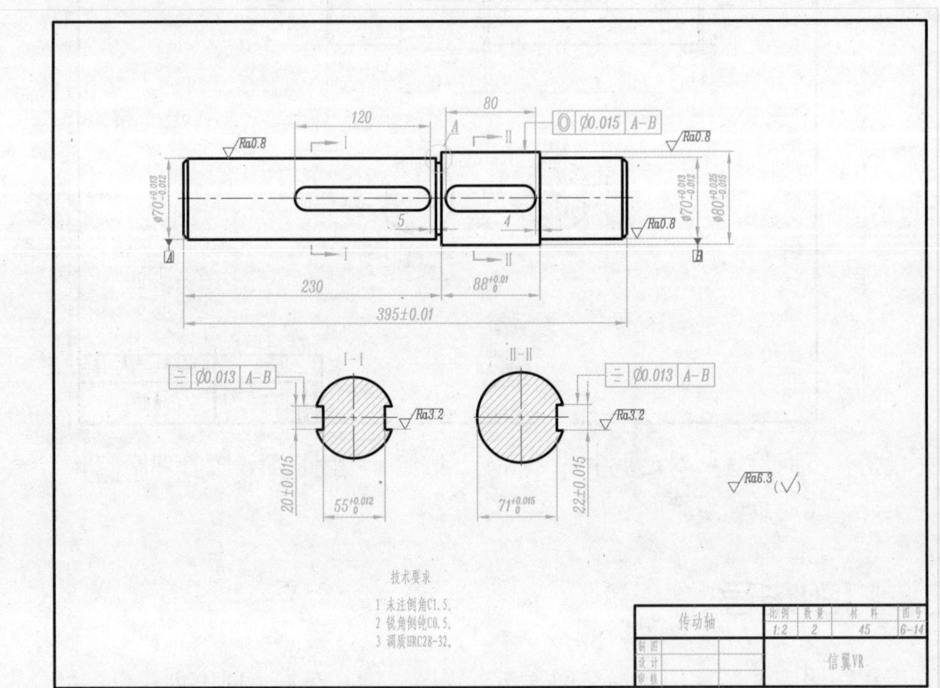


传动轴基本绘图（未添加局部视图）

创建布局，命名为“打印” ②

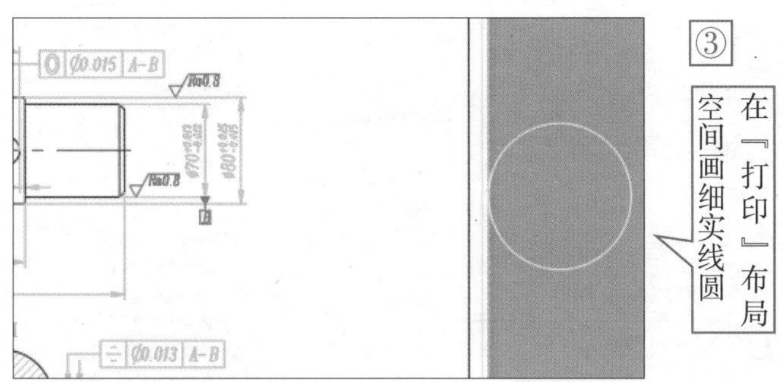


③ 在『打印』布局空间画细实线圆

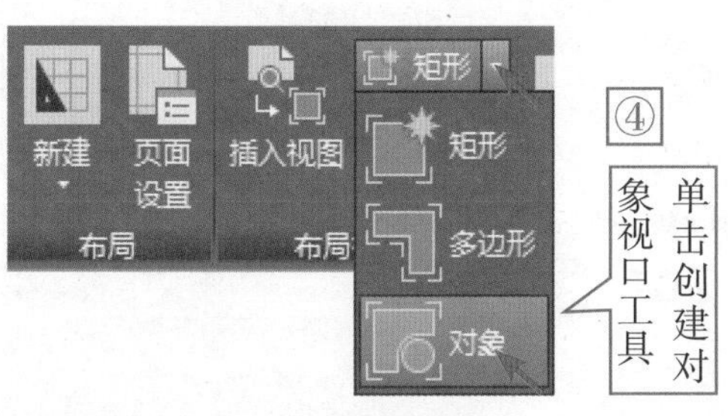


④ 单击创建对象视口工具

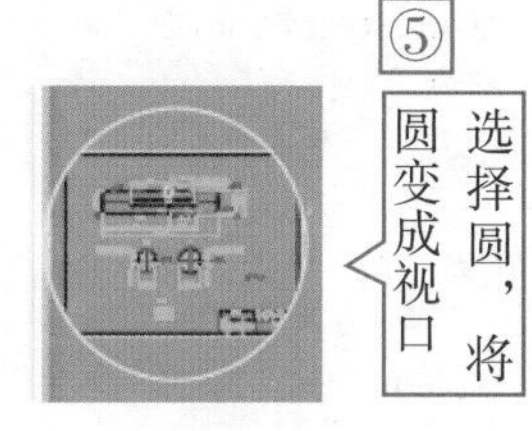

⑤ 选择圆，将圆变成视口

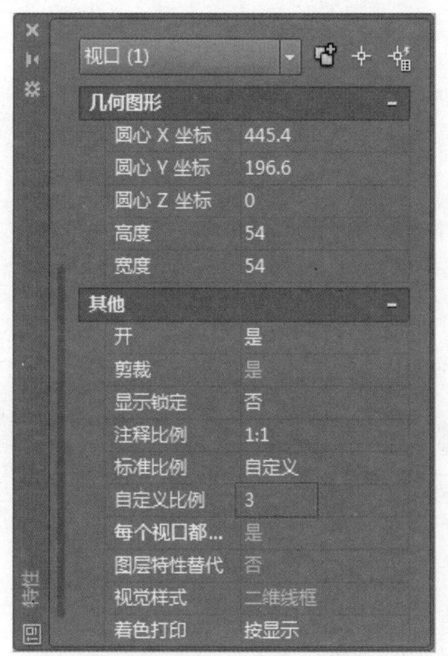


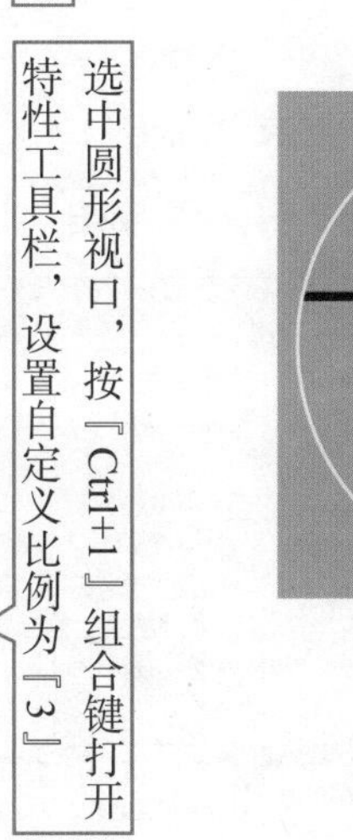

⑥ 选中圆形视口，按『Ctrl+1』组合键打开特性工具栏，设置自定义比例为『3』

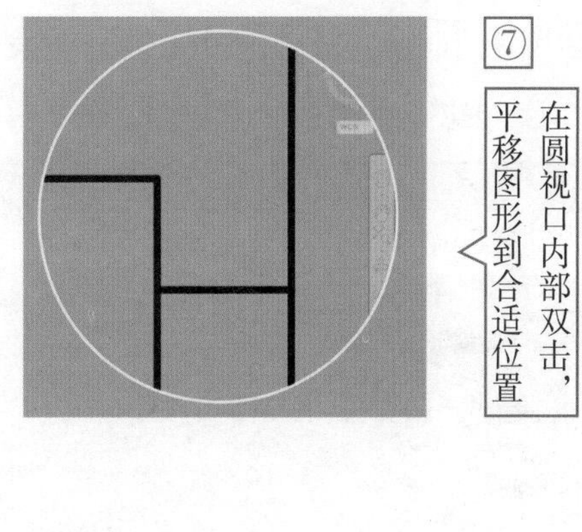

⑦ 在圆视口内部双击，平移图形到合适位置

⑧ 在视口外部双击，回到布局空间。选中圆形视口，右击锁定显示

将圆形视口移到合适的位置，标注尺寸和注释 ⑨

⑩ 打印布局，合理设置，如图所示

确定打印，得到下图所示的最终结果。

## 三、多格式输出

### 1. 输出 PDF 格式

打开传动轴素材文件，操作过程如下。

单击菜单栏中的“文件”→“打印”或按“Ctrl+P”组合键 ①

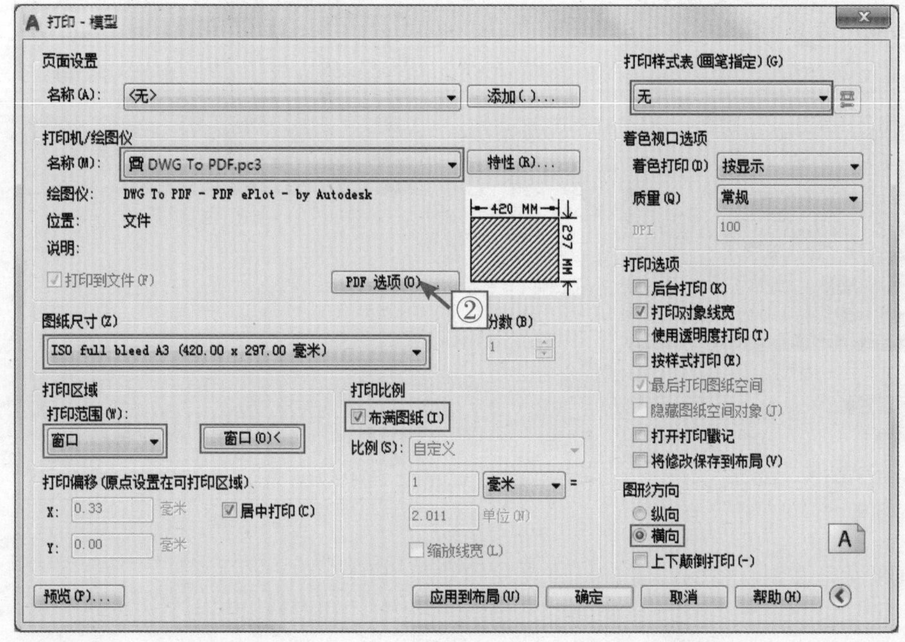

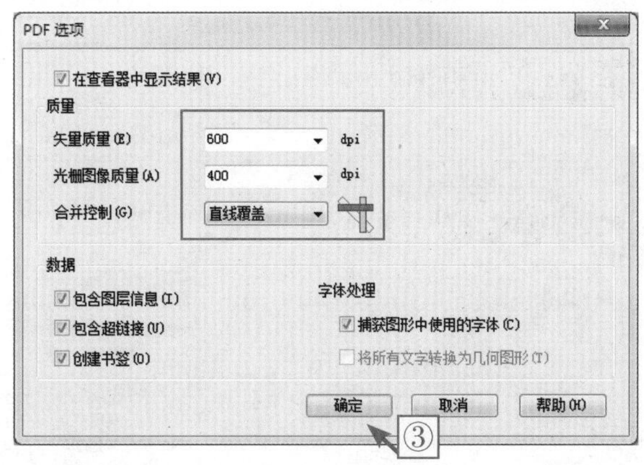


指定窗口打印范围后，确定打印输出保存位置，完成 PDF 图纸输出 ④

## 2. 输出 EPS 格式

打开传动轴素材文件，操作过程如下。

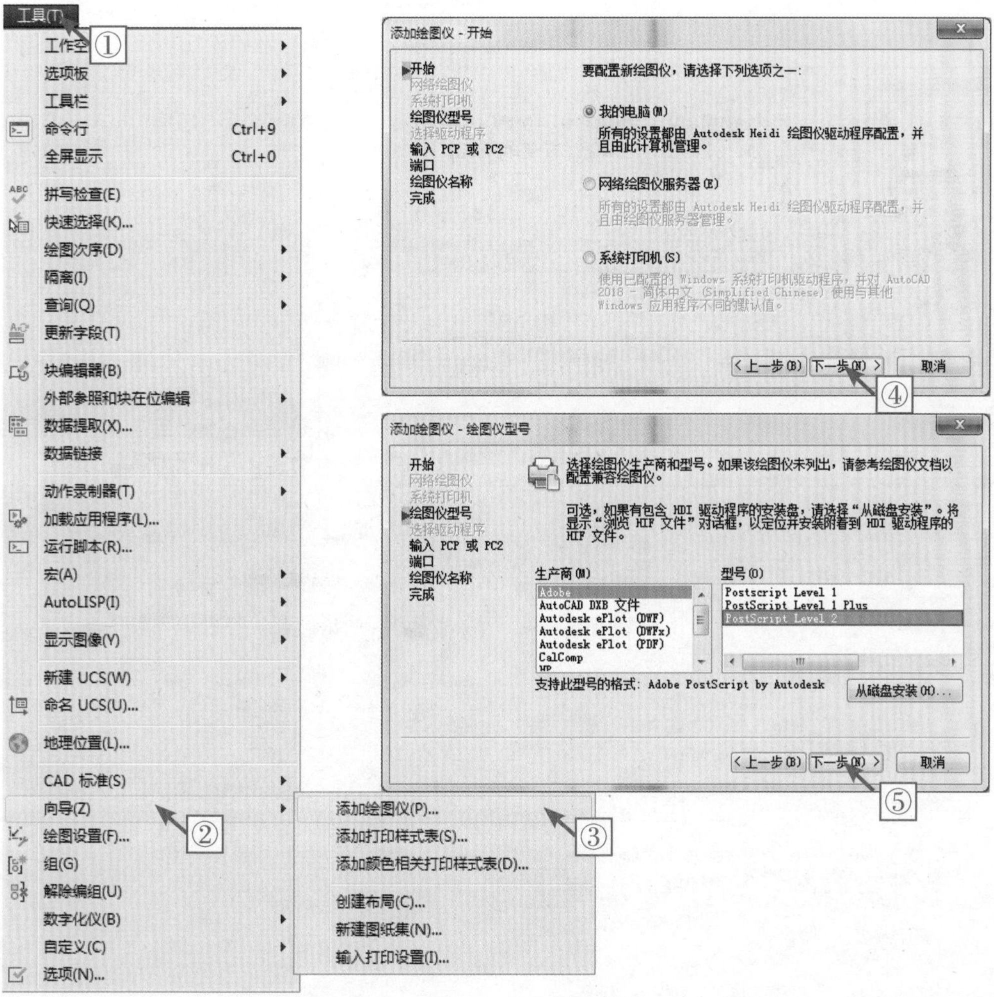

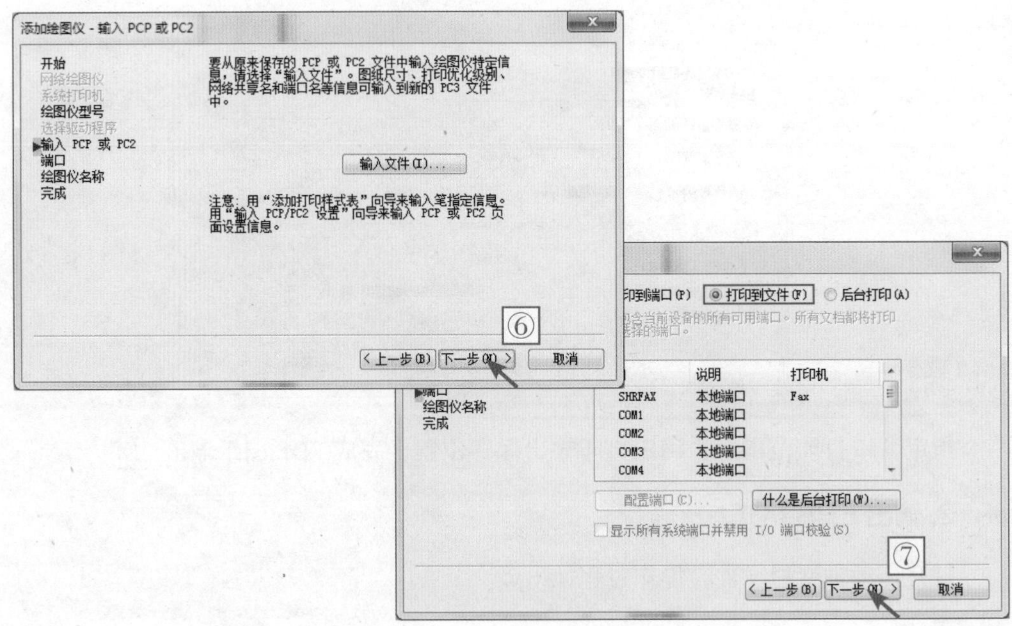


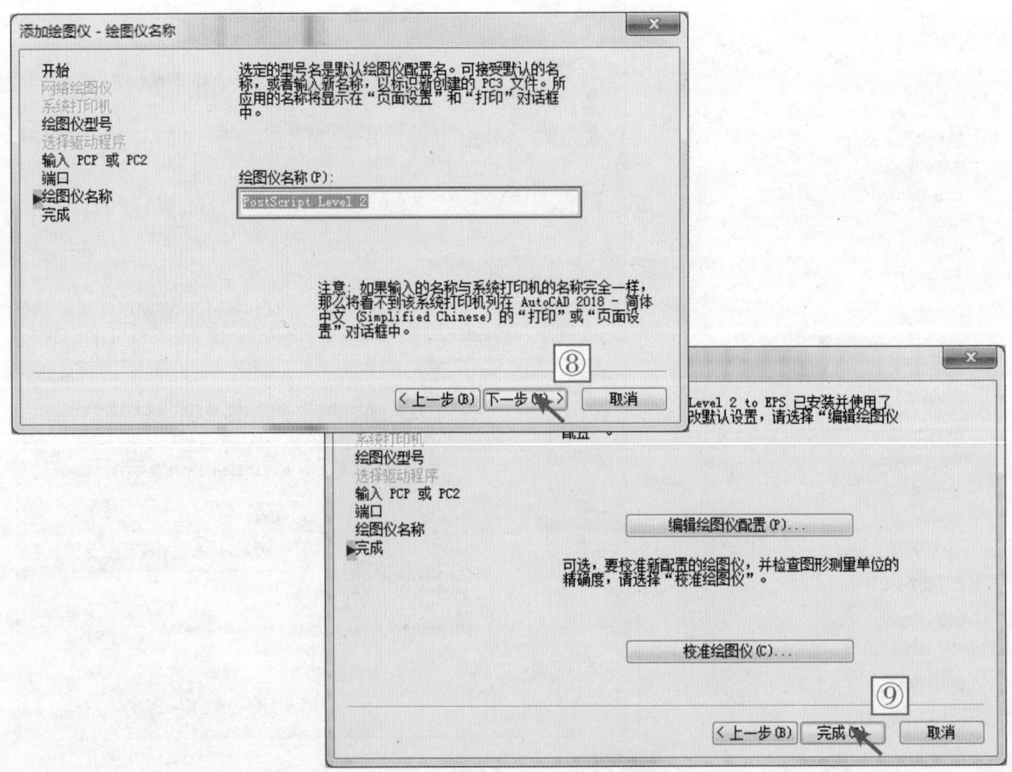


执行打印命令，打开打印对话框 ⑩

打印 - 模型
页面设置
名称(A): <无>　添加(.)...
打印机/绘图仪
名称(M): PostScript Level 2.pc3　特性(R)...
绘图仪: PostScript Level 2 -
位置: 文件
说明:
打印到文件(F)
420 MM
297 MM
⑪
图纸尺寸(Z)
ISO A3 (420.00 x 297.00 毫米)
打印份数(B)
1
打印区域
打印范围(W):
窗口　窗口(O)<
打印比例
布满图纸(I)
比例(S): 自定义
1 毫米 =
2.272 单位(N)
缩放线宽(L)
打印偏移(原点设置在可打印区域)
X: 19.37 毫米　居中打印(C)
Y: 0.00 毫米
打印样式表(画笔指定)(G)
无
着色视口选项
着色打印(D) 按显示
质量(Q) 常规
DPI 150
打印选项
后台打印(K)
打印对象线宽
使用透明度打印(T)
按样式打印(E)
最后打印图纸空间
隐藏图纸空间对象(J)
打开打印戳记
将修改保存到布局(V)
图形方向
纵向
横向
上下颠倒打印(-)
A
预览(P)...　应用到布局(U)　确定　取消　帮助(H)

指定窗口打印范围后，确定打印输出保存位置，完成 EPS 图纸输出 ⑫

## 3. 输出 JPG 格式

执行打印命令，打开打印对话框 ①

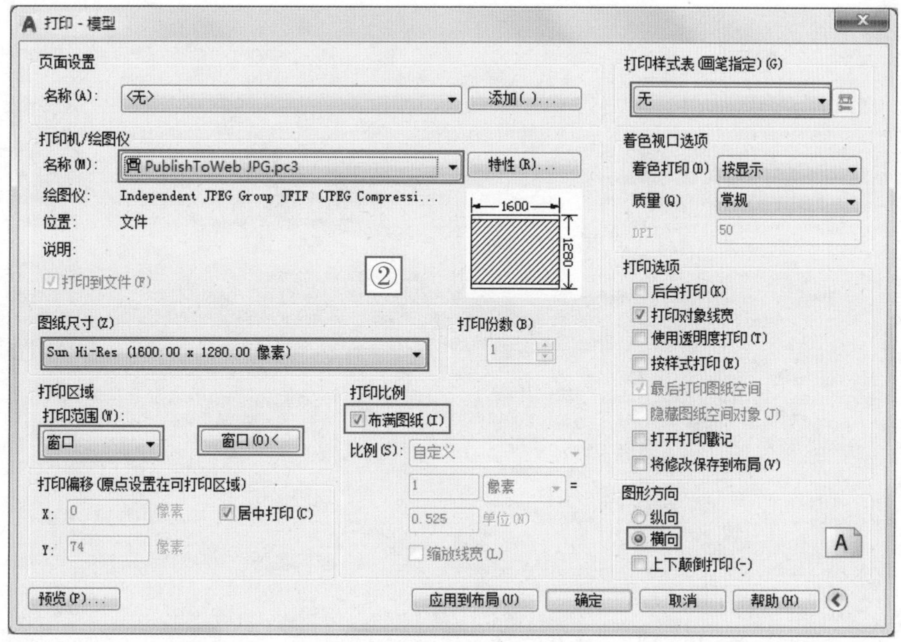


指定窗口打印范围后，确定打印输出保存位置，完成 JPG 图纸输出 ③